中国建筑工业出版社
学术著作出版基金项目

月面原位建造方法概论

INTRODUCTION TO LUNAR IN-SITU CONSTRUCTION

周　诚　骆汉宾　史玉升　肖　龙　闫春泽　主编

丁烈云　主审

中国建筑工业出版社

图书在版编目（CIP）数据

月面原位建造方法概论 = INTRODUCTION TO LUNAR
IN-SITU CONSTRUCTION / 周诚等主编. -- 北京：中国
建筑工业出版社，2024．9．-- ISBN 978-7-112-30171-3

Ⅰ．TU2；V1

中国国家版本馆CIP数据核字第2024YS3559号

本书系统阐述了月面原位建造的基本原理、技术体系，面临的科学难题与工程挑战，以及当前国际上最先进的研究成果与实践案例，内容涵盖月面极端环境和月面原位建造方法、结构、材料、工艺及装备等多个核心议题，旨在为相关领域的研究人员、工程师以及对太空探索感兴趣的读者提供一份全面、深入的理论与实践指南。

责任编辑：朱晓瑜　李闻智　张智芊
书籍设计：锋尚设计
责任校对：赵　力

月面原位建造方法概论
INTRODUCTION TO LUNAR IN-SITU CONSTRUCTION

周　诚　骆汉宾　史玉升　肖　龙　闫春泽　主编
丁烈云　主审

*

中国建筑工业出版社出版、发行（北京海淀三里河路9号）
各地新华书店、建筑书店经销
北京锋尚制版有限公司制版
建工社（河北）印刷有限公司印刷

*

开本：787毫米×1092毫米　1/16　印张：20½　字数：387千字
2024年11月第一版　2024年11月第一次印刷
定价：**72.00**元
ISBN 978-7-112-30171-3
　　（43571）

编委会名单

主　编　周　诚　骆汉宾　史玉升　肖　龙　闫春泽

副主编　周　燕　文世峰　李　潇　潘　博　孙金桥

主　审　丁烈云

编　委　（按姓氏笔画排序）

王　江　左文强　孙华君　佘　伟　陈　健

陈　睿　周　浩　韩文彬　蔡礼雄　霍　亮

随着人类探索太空的步伐不断加快，月球作为近地空间的重要基地，其开发利用已成为新时代航天事业的关键方向。受地球外（简称"地外"）太空探索技术革命的驱动，特别是人工智能、机器人技术、自动化与远程操控等领域的飞速发展，月面建造正从科幻概念转变为现实挑战。美国国家航天局（NASA）、欧洲航天局（ESA）以及其他国家纷纷制定月球探测及开发计划，强调原位资源利用与建造能力的重要性，旨在通过技术创新抢占未来太空经济的战略高地。我国在探月工程前三期圆满收官后，亦计划以探月工程四期为先行任务，同多国合作建设长期自主运行、短期有人参与的国际月球科研站，并通过逐步开展的建造任务，在2045年后将其升级为实用型、多功能的月球基地。与此同时，我国计划于2030年前实现载人登陆月球，逐步实现地外长期载人科考，由定点登陆探测向长期驻留与大范围探测演进。月面建造已成为国际新一轮探月热潮和深空探测的重点方向，对于党的二十大提出的航天强国战略具有突出的现实意义和支撑作用。

月面原位建造方法是有效利用月球原位资源进行"就地取材"，实现月面基础设施的快速、可持续建设的系统性技术体系。其中，原位资源利用（In Situ Resource Utilization，ISRU）技术因能减少从地球运输的资源，提高深空探测效率，被世界航天强国列为重点发展方向。众所周知，月面原位建造面临着与地球上不同的大气、重力、温度、辐射、磁场、震动等极端环境条件，被《科学》（Science）、《自然》（Nature）等列为重大科学和技术挑战。本书系统阐述了月面原位建造的基本原理、技术体系，面临的科学难题与工程挑战，以及当前国际上最先进的研究成果与实践案例，内容涵盖月面极端环境和月面原位建造方法、结构、材料、工艺及装备等多个核心议题，旨在为相关领域的研究人员、工程师以及对太空探索感兴趣的读者提供一份全面、深入的理论与实践指南。

本书由华中科技大学周诚教授、骆汉宾教授、史玉升教授、闫春泽教授、中国地质大学（武汉）肖龙教授主编，由华中科技大学原校长、中国工程院院士丁烈云主审，并由国家数字建造技术创新中心联合北京空间飞行器总体设计部、中建工程产业技术研究院有限公司、中国地质大学（武汉）、东南大学、武汉理工大学、中国科学院武汉岩土力学研究所等行业技术专家承担编写任务，全书共7章，各章编写分工如下：

第1章　月面建造方法概述，执笔人：周诚、骆汉宾、周燕；

第2章　月面原位建造面临的极端环境，执笔人：肖龙、王江、陈健；

第3章　月面原位建造的典型结构，执笔人：周诚、韩文彬、陈睿；

第4章　月面原位建造材料，执笔人：史玉升、闫春泽、周燕、孙华君、佘伟、左文强；

第5章　月面原位建造工艺，执笔人：文世峰、孙金桥、霍亮、蔡礼雄；

第6章　月面原位建造装备，执笔人：李潇、潘博、周浩；

第7章　月面原位建造方案案例，执笔人：周诚、周燕、文世峰、韩文彬、陈睿。

同时特别感谢博士生高玉月，硕士生陈权要、王中旭、李雄彬、李浩然、余悦、夏一峰以及其他研究人员所做的资料收集、整理、修改工作等。

本书系统地介绍了月面原位建造方法的内涵、发展现状及应用案例。其中，第1章介绍月面建造方法的内涵、关键技术及发展现状；第2章详细分析了月面原位建造面临的极端环境；第3～6章分别着重介绍了月面原位建造的典型结构、材料、工艺及装备；第7章主要介绍了月面原位建造方案案例。

本书出版受到"十四五"国家重点研发计划项目"轻量化可重构月面建造方法研究"（2021YFF0500300）、"十四五"国家重点研发计划项目"面向月面原位建造的关键结构材料及应用基础研究"（2023YFB3711300）、中国工程院战略研究与咨询项目"中国月球基地建造战略研究"（2023-XZ-90）、中国工程院战略研究与咨询项目"地外建造与可持续发展战略研究"（2023-JB-09-10）、中国空间站科学实验和技术试验项目"空间站暴露环境下月壤烧结样品性能演化研究"的支持！

由于篇幅有限，本书无法覆盖所有内容，仅选择性地介绍了若干典型月面原位建造方法及案例。同时，也因本书是多位编者合作的成果，限于编者的水平有限，缺点与错误在所难免，恳请广大读者不吝赐教！

编者

2024年4月于喻园

目 录

第3章 月面原位建造的典型结构

第6章 月面原位建造装备

第**1**章

月面建造方法概述

1.1 月面建造背景与意义

人类的太空探索是一段持续发展、不断超越的旅程。自20世纪50年代以来，美国和苏联开展了十余年的探索竞赛，Apollo计划和Luna计划掀起了第一轮探月高潮[1,2]，实现了大量深空探测技术突破。进入21世纪后，人类探月工程已处于从"认识月球"转向"认识与利用并重"的重大转折阶段。NASA、ESA以及其他国家纷纷提出月面空间中长期驻留的设想，制定月球基地等相关建造计划。月面建造逐渐成为新一轮深空探测的重点研究领域。

21世纪以来，美国已提出多个以月球基地建造、火星基地建造为核心的计划或方案。2009年至今，NASA已提出三版月球探索路线图[3]，规划了一系列建造目标，如月表能源存储设施建造、月表运输系统建造等。2017年，NASA公布了Artemis计划[4]，在月球南极建立人类在月面天体的首个立足点。该计划第一阶段将建立"门户空间站"，并实现载人登月。作为距离地球约40万km的环月小型空间站，"门户空间站"将支持30～90天的四人乘组驻留，成为航天员进行科学实验、星际探险的基地。该计划第二阶段将在月球南极建立"大本营"，建造一系列配套的基础设施，如通信、电力、辐射屏蔽、废物处理设施等，以支持长时间、可持续的月面驻留与深空探索活动，为未来的火星登陆进行技术验证。在此基础上，NASA于2022年发布了《月球到火星的目标》[5]，该文件涉及13类基础设施目标、12类交通驻留目标，以及12类运营维护目标，描述了在月球和火星上建立有人基地的总体目标规划。

与美国类似，ESA也已发布多个与深空探测关键技术发展有关的文件。2015年，ESA在《太空探索战略》[6]中列举了数个未来重点研究领域，描绘了积极研发太空建筑领域新型材料的愿景，并指出未来ESA将投入栖息地建设的相关研究中。为进一步推动人类在太空中建造基础设施的进程，ESA于2020年正式发布了"月球村"设计文件[7]，以基地居住系统需求为中心，旨在利用月球表面的自然资源开展建造活动，为科学、商业乃至旅游业提供永久性基地。

当前，其他各国也积极参与这场太空竞赛。俄罗斯凭借在太空探索方面的丰富经验，计划通过未来Luna-26～Luna-29系列任务实现对月球南极地区的深度探测和采样[8]，奠定月球南极基地建设的坚实基础。同时，日本宇宙航空研究开发机构（JAXA）和印度空间研究组织（ISRO）也在积极参与国际太空合作，签署NASA发布的《Artemis协定》[9]。除此之外，阿联酋航天中心（MBRSC）也于2017年提出百年计划[10]，目标于2117年在火星上建造第一个人类定居点。

我国在探月工程前三期圆满收官后，亦计划以探月工程四期为先行任务，同多国合作建设长期自主运行、短期有人参与的国际月球科研站。通过逐步开展的建造任务，在2040年后将其升级为实用型、多功能的月球基地[11]。此外，载人登月工程关键技术的攻关也已开始，计划于2030年前实现载人登陆月球，逐步建设月面长期驻留平台，由定点登陆探测向长期驻留与大范围探测演进。

目前，月面建造对于党的二十大提出的航天强国战略具有突出的现实意义和支撑作用。首先，空间科学的不断发展和宇宙奥秘的重大发现离不开月球、火星等科考活动，月面建造所提供的科考站等各类基础设施将有力支撑深空可持续探测活动；其次，月面建造领域已成为国际新一轮科技、军事前沿竞争的热点，特别是在国家战略安全方面，可以通过月面建造相关任务，将近地空间安全态势感知能力提升到地月空间乃至更大范围的月面空间[12]；最后，月面建造将为人类活动空间提供新疆域，是未来深空探测发展的必然趋势，月面建造的规模化将为推动建立人类命运共同体提供重要支撑。

早在人类开展深空探索之前，月面建造的设想就已存在。1936年，英国星际学会主席P. E. Cleator首次提出了月球前哨站的建造设想[13]。1959年，在美国的地平线计划（Project Horizon）[14]及Apollo月球探测系统（LESA）[15]项目中，月面建造任务被正式提出，其建造对象包括于月表工作的多类基础设施，如防护掩体、核电站、供电设施等。1970年，NASA发布的《建造永久性月球基地的目标》[16]文件中，月球轨道空间被纳入月面建造范围，建造的轨道基地用于承担轨道科学验证及月球样品分析任务。随后，NASA发布了《月球基地综合性研究》报告，亦采用月表基地（LSB）与月球轨道空间站（OLS）同期运行的方案[17]，成为后期Artemis计划中"Artemis大本营"与"门户空间站"的概念雏形。20世纪80年代，火星基地建设方案在著名的"90天报告"[18]中被提出，月面建造的场景从地月空间拓展至其他天体空间。2003年，"太空建筑"被正式确立为一个学科，其定义为"在外层空间中设计和建造宜居环境的理论与实践"，旨在讨论在月球建造人类宜居环境的工程学问题[19]。月面建造的历史和发展对于深空探索具有重要的意义，为未来太空探索奠定了基础。月面建造在深空探测领域具有重要意义，其价值体现在多个方面。首先，从科学研究需求的角度来看，月面建造为科学家们提供了一个独特的实验平台，相关研究不仅有助于增进人类对月球的了解，还能为地球和其他行星的科学研究提供宝贵的参考和数据。其次，从国家安全需求的角度来看，月面建造为国家提供了一个战略性的前沿基地，能够支持太空监视、通信、导航、预警等功能，提升国家在太空领域的安全保障能力。最后，从可持续发展需求的角度来看，月面建造有望成为人类探索太空和发展太空资源的起点，为人类未来的太空移民和资源开发奠定基础，同时也能够促进地球上的可持续发展，为人类未来的生存和发展提供新的空间和可能性。具体地：

（1）科学研究需求方面，空间科学的不断发展和宇宙奥秘的重大发现离不开月面科考活动，月面建造活动的科学需求则由多个维度组成，如月球地形地貌与地质构造、月球物理与内部结构、月球化学（物质成分与年代学）、地月空间环境、月基天文观测、月基对地观测、月基生物医学实验以及月球资源原位利用。相关科学研究对重返月球可能带来的潜在实验和发现充满热情，例如研究月球的陨石坑、水循环、月震学，以及安装无线电望远镜研究来自早期宇宙的辐射。除此之外，还需考虑在月球上产生氧气、水和金属副产物等，以及应用太阳能聚光器、反射镜和地质转化材料等技术，以实现建立长期可持续的月球基地，并从月冰中开采氧气和氢气等月面资源，推动月球基地建造实现重大工程关键技术的突破。2021年，《科学》杂志策划发行的《125个科学问题——探索与发现》增刊聚焦世界最前沿的科学问题，涉及数学、化学、医学健康、生命学科、天文学、物理学、信息科学、材料科学、神经科学、生态学、能源科学和人工智能等多个领域，涵盖范围广，学科领域丰富。其中，"我们有可能在另一个星球上长期居住吗"和"是什么阻止了人类进行深空探测"等问题的提出，为空间科学等多学科领域交叉带来了新的机遇与挑战。

（2）国家安全需求方面，在当前的国际格局下，太空领域的重要性日益凸显，成为全球竞争的焦点之一。首先，我们必须警惕美国正在积极发展的太空霸权，他们正在努力将地月空间发展为当代太空的新军事平台。美国在多项政策性文件中明确强调地月空间的态势感知能力和太空作战能力，例如《地月科技战略》《国家安全战略》《国家太空政策》《商业航天条例》等。美国政府与SpaceX等公司合作研发的星链、星盾等项目也直接威胁着各国的国家安全。其次，我们也必须认识到美国正试图阻挠中俄对月球的探索，挤压中国在月球的生存空间。这种行为包括其在暗中实施的"跑马圈地"现象，设立所谓的安全区、保护区，签署《Artemis协定》和实施科技封锁等。因此，在当前阶段，太空军事化的趋势愈发明显，我国必须积极开展月面基础设施建造，抢占月球这一未来发展的制高点，以保障国家安全。这意味着我们需要将近地空间安全态势感知能力提升到地月空间乃至更大范围的月面空间，以确保我国在太空领域的战略主动权和安全稳定。只有如此，我们才能在激烈的国际竞争中保持优势并不断突破前进，为太空事业的发展贡献中国力量。

（3）可持续发展需求方面，月球的可持续发展需求是"月球探索路线图"中的一个关键部分，这一需求不仅涉及科学研究，还包括未来人类在太空中的生存和发展。正如吴伟仁院士所指出的那样，月球是人类迈向更远深空的中转站，也是研究生命、太阳系和宇宙"三大起源"的重要途径之一。在这个过程中，建设国际月球科研站具有重要意义。这个站点将成为一个大型、长期的科学研究平台，为月面天体和空间的研究提供重要支持。通过国际合作，我们可以在月球上建立一个多功能的基础设施，为未来的太空探索和利用奠定基础。这样的科研站不仅可以支持科学实验和探索，还可以为未来载人登月任务提供基础设施和支持。同时，这也是一个展示国际合作精神和实力的重要平台，有助于推动全球太空领域的发展与合作。因此，建设国际月球科研站对于推动人类太空探索事业的发展，促进太空科学研究，以及实现太空资源的可持续利用具有重要的战略意义。

1.2　国内外发展现状概述

1.2.1　美国月面建造概述

美国早期的月球探测历史是太空探索史上的一段重要篇章。20世纪中叶至20世纪末，美国通过先驱者、探险者、水手号、徘徊者、勘察者等无人探测计划，对月球进行了一系列探测活动。上述计划不仅为人类提供了关于月球的第一手科学数据，而且为人类对太空的认知和未来的深空探测任务奠定了坚实的基础。Apollo计划，作为20世纪最具标志性的太空探索活动之一，不仅代表了人类首次离开地球踏上月球的壮举，也是美国太空竞赛中的决定性胜利。这一时期，美国的航天事业以载人登月为奋斗目标，因而也被誉为美国的"Apollo时代"，这是美国20世纪载人航天和深空探测的重要里程碑。Apollo计划是美国在1961—1972年组织实施的一系列载人登月飞行任务，其目的是实现载人登月飞行和对月球的实地考察，为载人行星飞行和探测做好技术准备。Apollo计划规模庞大，历时长久，耗资巨大，倾国而动。自1961年至1972年12月第6次载人登月成功，前后历时11年，共进行17次飞行（原计划20次），包括6次无人亚轨道飞行和近地轨道飞行、1次载人近地轨道飞行、3次载人月球轨道飞行、7次载人登月飞行。事实上，美国早在20世纪50年代就为实现载人登月的宏伟计划而研制了无人月球探测器，从1958年8月率先进行了无人月球探测，至1968年4月Apollo载人环月飞行前共发射34次无人探测器（包括失败任务）。

通过这一系列任务，美国不仅在全球范围内树立了其科技领导地位，还增强了国民对政府能力的信任和国家自豪感。此外，Apollo计划为未来的月球基地建设和深空探索奠定了基础。通过对月球表面的详细勘测和样本收集，科学家们对月球的地质结构和资源分布有了更深入的了解，为后续的月球基地建设提供了宝贵的数据支持。进一步地，建造月球基地有助于测试长期太空生活的可行性，为人类探索火星等更远太空目标做准备。

进入21世纪，NASA为深入了解月球又发起了一系列的重要任务。较为成功的有月球陨坑观测、遥感卫星（LCROSS）和GRAIL双子探测器。于2009年6月18日发射的LCROSS任务，主要目标是确认月球南极永久阴暗区域是否存在水冰。此项任务通过撞击月球表面，分析撞击产生的尘埃，成功地证实了月球上确实存在水。鉴于水不仅是生命的基础，也是长期居住和深空探索的关键资源，所以这一发现对于未来的月球探索和基地建设具有重大意义。

之后，NASA还于2011年9月10日发射了GRAIL双子探测器，旨在精确测绘月球的重力场，以揭示月球的内部结构。这对于理解月球的形成和演化至关重要。通过这些数据，科学家能够更好地推断月球的地质活动，为未来的月球探索提供宝贵的信息。

上述任务不仅提供了关于月球环境和资源的关键数据，而且对于设计长期居住设施和支持深空任务至关重要。另外，这些探测任务还展示了美国在太空探索领域的技术实力和领导地位。此外，月球基地的建设不仅能够促进对月球的科学研究，还能作为未来深空探索的跳板，为人类探索更远的太阳系提供支持和保障。

1.2.2 欧洲月面建造概述

2000年以前，在美苏争相展开探月任务时，ESA也曾制定过几项雄心勃勃的探月行动计划，例如月球轨道观测台（MORO）计划和欧月2000计划，其中包括轨道器和着陆器的规划与研究。然而，上述计划均至多进展到设计阶段。迈入21世纪后，ESA重振旗鼓，在其规划的地平线2000计划和SMART计划下向月球探索发起了新一轮的冲击。ESA的上述科学计划旨在提升欧洲在太空科学领域的地位，促进技术创新，并维护欧洲太空基础设施。此外，进入21世纪后，ESA也成功开展多个月面探测活动和任务。2003年，ESA的Mars Express抵达火星轨道进行探测活动，至今仍在工作。2008年，ESA发射了哥伦布实验室，并成功与国际空间站（ISS）对接，正式成为ISS运作的合作伙伴。2013年，ESA提出3D打印月球前哨站的概念，其内部是由悬链线圆顶结构的充气外壳所包裹的人类活动区域，外部使用3D打印的月球风化层覆盖整个前哨站。

英国在ESA的探索计划中也发挥着重要作用，这得益于英国的专业知识和能力涵盖广泛的探索活动。痕量气体轨道飞行器（TGO）于2016年作为ExoMars计划的一部分发射，配备了英国制造的仪器，用于搜索和表征火星大气中的痕量气体。TGO还充当着罗莎琳德·富兰克林漫游车的通信卫星，它用来探索并采集火星表面以下2m处的风化层样本。特别地，罗莎琳德·富兰克林漫游车是欧洲第一辆漫游车，并且是在英国建造的。2015年，蒂姆·皮克成为第一位访问ISS的英国宇航员。

未来十年，探索的机会只会增加：从"阿尔忒弥斯一号"开始，即证明重返月球不是"一次性"任务，而是持续存在的。就像在地球上一样，发展需要可靠、可持续、可用且负担得起的骨干基础设施。到21世纪20年代中后期，月球门户将投入运行，并为月球基地的发展提供跳板。门户和基地为开发和测试促进月面生活和支持人类首次火星之旅的技术提供了前所未有的机会。这是航天机构和商业企业正在进行和计划的众多探索任务背后的催化剂。

鉴于商业太空服务正在为改变太空科学和探索提供积极的帮助，英国航天局（UK Space Agency）提出了2022—2025年计划，旨在建造空间站并支持人类重返月球和首次登陆火星，并于2023年7月20日出台《太空探索技术路线图》（Space Exploration Technology Roadmap，SETR）。英国的太空探索计划涵盖人类和机器人，前往人类有一天可能生活和工作的地方，这包括前往月球、月球附近地区和火星，以及近地轨道（LEO）的相关活动，尽管许多技术将不可避免地超越这些界限。

《太空探索技术路线图》旨在表明探索的关键技术以及英国航天局可能集中支持的领域，通过与整个行业的学术界、工业界和机构进行磋商，与其他行业和国外感兴趣的合作伙伴建立了一系列明确的合作关系。该路线图的最终目的不只是成为与太空探索相关的所有技术的综合列表。相反，该路线图对英国的能力进行了全面分析，并根据全球太空经济和探索任务中的机会领域进行了详细评估，从而为优先考虑已确定的技术提供了有力的支持和依据。

1.2.3 俄罗斯月面建造概述

近年来，俄罗斯出台了围绕月球探索与开发的多项政策并制定了本国月球计划，以月球无人探测器为先遣，继而开展载人登月，最终实现月球基地永久驻留的发展目标。俄罗斯是目前唯一针对月球基地做出明确建设规划的国家，并在有意愿参与国际合作月球轨道平台项目的同时，制定了本国月球轨道计划且稳步推进相关技术研发工作，为俄罗斯未来在月球探索与开发领域可能率先取得重大突破奠定了基础。2013年4月19日，普京签署《2030年前及未来俄联邦航天活动领域国家政策原则的基本规定》，提出采取"三步走"策略保障月球计划的顺利实施：第一步包括利用无人航天器开展月球探测，借由国际空间站运输任务测试新型载人飞船及其他相关技术，以及建立月球轨道站基础模块；第二步是开发月表着陆运载系统，实现航天员从月球轨道站登陆月球，部署首个月球基地模块；第三步是采用轮值制度建造和运行月球基地，形成无人和载人月球探测综合系统。2016年3月23日，俄罗斯政府批准《2016—2025联邦航天计划》，将月球计划列为优先发展方向之一，计划实施一系列月球无人探测任务，主要考察月球南极地区，研究遥感和采样方法，采集原始状态的月壤和水冰返回地球，为2025年后载人登月和建立月球基地做准备。根据2019年2月俄罗斯国家航天集团（Roscosmos）和俄罗斯科学院联合制定的《月球综合探索与开发计划草案》，俄罗斯月球计划周期为2019—2040年，每5年为一个阶段，共分为4个实施阶段。

1. 第一阶段（2019—2025年）

在《2016—2025联邦航天计划》框架下，通过开展"月球-25"（Luna-25）、"月球-26"（Luna-26）、"月球-27"（Luna-27）、"生物-M2"（Bion-M2）和"返回-MKA"（Vozvrat-MKA）等任务解决以下问题：①验证月球极区登陆和工作环境，在不同波段内对整个月球进行测绘。②研究月球极区风化层的性质和组成以及该区域的水和挥发性化合物。③研究月表及月壤的物理性质，包括月尘、初级和次级宇宙线、静电场和亚表层结构。④为未来俄罗斯月球基地选址。⑤研究失重条件、宇宙辐射和亚磁环境对生物系统产生的综合影响。利用包括国际空间站在内的多种平台开发月球探测所需的关键技术，包括航天医学、机器人、月球车、高精度安全着陆技术等。研发地—月往返运输系统，包括建造和演示超重型运载火箭和新一代货运/载人运输飞船。

2. 第二阶段（2026—2030年）

利用"月球-28"（Luna-28）实施月球极区月壤采样返回，交付给俄罗斯化学和生物化学分析中心分析其组成。利用重型月球车对极区自然环境开展综合性研究。部署月球基地部件，并在月表建造天文台。启动月球基地建设国际合作计划。在月球轨道和月表对月球永久阴影区开展详细研究。向月球发射系列航天器，在轨开展月球探测并保障月球全球通信和定位导航。启动载人登月任务准备工作，验证相关关键技术。利用可重复使用的自动着陆器和载人轨道飞行器实施载人近月轨道飞行，在月球最具研究价值的区域多次采集月壤，为科学探测器建立月球研究网络。

3. 第三阶段（2031—2035年）

全面开展月球科学实验：建立月球自动站系统，在不同地貌区域多次采集月壤样品，在月表建造射电天文观测设备，建立宇宙线研究设施，运行月球车。部署辅助设备，包括中继站、电力模块以及在极区工作的机器人。对着陆—上升模块进行技术测试，招募航天员参与月球基地建设。利用月球原位资源开展实验，开发生命保障系统，继续建造月球基地。

4. 第四阶段（2036—2040年）

月球基地进入全面运行阶段。向月球基地交付大吨位载荷，用于开展各种科学实验。完善月球卫星导航系统。苏联曾于1964—1974年提出了"星辰号"（Zvezda）无人月球基地方案，并针对基地目的、建设原则、部署阶段、科学与建筑设备组成以及潜在的军事应用前景等问题开展过系统设计与详细论证，积累了丰富的经验成果。后来，由于未能实现项目所需的运载能力和项目成本过高等原因而被迫取消。

1.2.4 其他国家月面建造概述

1. 日本

日本在1990年就发射过月球探测轨道器"羽衣号"（也有人译为"飞天号"），此外还研制过"月球A"（Luna-A）月球探测器，因设计不够合理，所以计划改动频繁；又因为国内无法及时提供发射用运载火箭，搁置时间过久致使卫星部分器件失效而报废。但是这对于掌握月球卫星研制提供了经验；正在返回地面的小行星探测器"隼鸟号"的研制与应用也为月球探测卫星的研制提供了经验。

日本"月亮女神"于2007年9月14日发射成功。日本"月亮女神"耗资550亿日元（4.84亿美元），探测器重达3t。日本科学家称，"月亮女神"计划是继几十年前美国Apollo号登月计划之后世界上技术最为复杂的月球探测任务。"月亮女神"主卫星在围绕月球的轨道上，距离月面约100km，然后把两枚子卫星部署于月球极轨道上。"月亮女神"计划绕月一年，目标包括探测月表元素和矿物、月表与深层结构、磁场、月球两侧的地理特征。上述的这些信息的获取，无疑将为科学家了解月球、研究月球，从而更好地开发月球、利用月球资源发挥重要作用。

如今，日本的太空计划采用了与各盟国合作和自主开发的双轨式模式推进。日本与美国签署了协议，正式加入了美国主导的Artemis计划，并希望最终能送日本"太空人"登月。之前，日本宇航员野口聪一已经成功参与美国宇航计划并顺利进入国际太空站。

2. 印度

印度曾于2008年10月成功发射首个月球探测器"月船1号"，获得大量图像和探测数据。印度第二个月球探测器"月船2号"于2019年7月22日发射升空，但当年9月7日其着陆器尝试在月球表面软着陆时失联。据印度空间研究中心2020年1月的报道，"月船3号"（Chandrayaan-3）探测器登月计划已经正式启动。据悉，"月船3号"在"月船2号"基础上进行，于2023年7月14日下午发射升空。同期，印度首个载人航天飞行项目——加甘扬计划，也已在紧锣密鼓地筹备。加甘扬计划预计将4名宇航员送入近地轨道，并在3天后将他们带回。

3. 以色列

以色列虽然国土面积不大，但是科技发达。据以色列科技部介绍，其准备在2025年之前发射"创世纪2"（Beresheet 2）登月。这也将是以色列所发射的第2个月球探测器。以色列科技部还说，"创世纪2"登月计划将由以色列非营利机构以色列太空登陆组织、以色列航天局、以色列航空航天工业公司等合作完成。2019年2月，以色列首个月球探测器"创世纪"号搭乘美国"猎鹰9"型火箭升空奔月。探测器由以色列太空登陆组织设计，在以色列航空航天工业公司、以色列科技部等机构支持下建成。在准备登月数分钟前，探测器与地面失联，撞向月表。

1.2.5　中国月面建造概述

中国自古就有着对太空的向往和探索精神，而中国的探月之梦自20世纪末萌发。早在1994年，中国航天科技工作者就进行了探月活动必要性和可行性研究，并于1996年完成了探月卫星的技术方案研究，之后又于1998年完成了卫星关键技术研究，随即开展了深化论证工作。从2004年正式立项至今，中国探月工程已经走过了20年，探月工程领导小组以中国浪漫神话故事为其命名为"嫦娥工程"。经过数十年的酝酿，最终确定中国整个探月工程分为"绕""落""回"三个阶段。

2022年4月24日，中国探月工程三期圆满收官后，探月工程四期即全面启动，中国航天事业正全面开启星际探测的新征程。探月工程四期的主要目标是对月球南极开展科学探测，建立月球科研站的基本型。后续将分嫦娥六号、嫦娥七号和嫦娥八号三次任务实施，计划在2030年之前完成。此外，由于科学家们还期望能在月球南极探测到水冰，探月工程四期还研制了飞跃器，着陆之后飞跃器可飞向可能有水冰的月坑方向开展勘察、采集样本。

具体而言，探月工程四期主要包括四次任务。第一次任务是已经成功实施的嫦娥四号，其后续还有三次任务：嫦娥六号要到月球高价值地区进行采样返回，后续还有新的月壤、新的样品返回地球；嫦娥七号主要对月球极区进行科学探测，特别是对月球水分布进行探测；嫦娥八号将实施极区的科学探测以及对科研站后续的关键技术进行验证。探月四期工程基本要实现建设科研站基本型的目标，为后续中国与国际合作建设国际月球科研站打下基础。中国和国际同行也在密切沟通协调合作开展相关探测。例如，嫦娥七号任务已经和俄罗斯Luna-26签订协议，共同进行探测。按照整体研制进展，2025年前后将完成嫦娥六号和嫦娥七号相关工作，同时开展嫦娥八号研制；2030年之前完成嫦娥八号发射。综合上述考量，预计在2030年前探月工程四期能取得预期成果。

中国航天将坚持面向世界航天发展前沿、面向国家航天重大战略需求，陆续发射嫦娥六号、嫦娥七号、嫦娥八号探测器，开展任务关键技术攻关和国际月球科研站建设。探月工程四期计划的实施将为中国在月球科学研究、资源勘测、未来载人登月等领域奠定基础，为中国航天事业的长远发展提供重要支持。

同时，中国还积极参与国际月球科研站项目。国际月球科研站是指通过吸引可能的国际伙伴共同参与，在月球表面或月球轨道上建设的可进行月球自身探索和利用、月基观测、基础科学实验和技术验证等多学科、多目标科研活动的长期自主运行、远景有人参与的综合性科学实验设施。在项目建设上，中俄两国采用了"勘、建、用"三步走的战略：

（1）"勘"：2025年前，主要通过现有计划任务对月球进行勘察，对国际月球科研站实施设计及选址，并且为实现高精度软着陆进行技术验证。任务包括中国向月球发射嫦娥六号和七号，俄罗斯发射Luna-25、Luna-26轨道探测器和Luna-27探测飞船。

（2）"建"：2026—2030年，中国嫦娥八号探测器和俄罗斯Luna-28将在月球选定地点着陆。该阶段将完成国际月球科研站指挥中枢技术验证；实现月球采样返回；大承载货物运送及确保高精度软着陆，并且开始联合操作。这一阶段也标志着国际月球科研站建设的开始。

2030—2035年，项目将集中建设国际月球科研站，完成在轨和月面能源、通信、月面运输等设施建设，月球资源原位利用的研究、探索和验证等设施建设，以及其他一些未来共性技术。中国计划在此期间试射长征九号重型运载火箭，支持基础设施建设。

（3）"用"：2035年之后，参与方将充分利用已完成的国际月球科研站开展月球研究与探测、技术验证支持人类登月任务，并且根据需要扩展、维护各系统模块。

国际月球科研站的建设不仅将解决月球科学关键问题，实现重大原创性科学发现，还有助于推动航天技术的跨越式提升，促进多学科融合创新发展。此外，还意味着对于月球资源的进一步开发利用，成为构建地月经济圈的重要平台。最终，通过聚集全球优势科技资源，构建新型太空治理体系。探月工程四期计划和国际月球科研站计划的实施，将为人类对月球的深入了解和未来的深空探测活动提供重要支持和基础。中国作为国际空间合作的重要成员，积极参与国际月球科研站计划，与其他国家共同推动月球探索和深空探测活动的发展，为人类探索宇宙、实现深空探测和未来载人登月等目标做出贡献。

1.3 月面建造方法概述

月面建造方法主要分为四种类型，分别为"预制—发射—着陆建造""预制—发射—展开建造""预制—发射—组装建造""月面原位建造"。

1.3.1 预制—发射—着陆建造

"预制—发射—着陆建造"方法首先在地球上预制建筑组件，通过火箭或其他航天器送往月球，在月球表面着陆后在舱内将这些组件组装成完整的建筑结构。该方法可以在地球上充分利用资源和技术，以及对建筑的质量进行严格控制。由于在地球上进行预制，可以避免月球表面的施工环境的影响，减少施工时间和风险。但是，需要大型运载火箭将预制组件送入太空，成本较高。此外，需要在月球表面进行着陆和组装，可能会面临着陆精度、组装过程中的技术难题和人力资源的挑战。典型的建造案例有NASA的ATHLETE轮式移动实验舱方案和ESA未来月球村方案。

ATHLETE轮式移动实验舱是NASA基于新型"六足机器人"技术研发的一种新型月面防护掩体结构形式。该系统主要由一个加压实验舱模块与两个三角形构型的ATHLETE移动机器人单元构成。值得注意的是，ATHLETE本身是一种全地形月面探测机器人，其核心技术亮点在于装备了六组具有负重功能的轮腿结构，旨在适应广泛的作业场景需求，包括但不限于大范围的移动能力、通信支持、原位资源采集、储能管理、着陆器的装卸与搬运任务，以及场地平整、构造物铺设和建造等多元应用场景。在具体操作中，ATHLETE移动平台通过横向运动机制实现对密封实验舱模块的组装与分离。其腿部设计采用了灵活关节技术，并结合六个具备全方位移动能力的负重轮，使得远程操控下能够在月球表面进行高效稳定的长距离移动。ATHLETE机器人的尺寸约为13英尺（约396cm），拥有强大的负载搬运能力，能攀爬最大坡度达36°的斜面。因此，其核心应用价值在于能够搭载各种功能模块以应对多样的任务需求：比如当集成刚性实验舱时，可转变为一个移动式的月球实验室，实现科研设施的大范围转移；又或者装配太阳能矩阵，利用太阳能对月壤物质实施加热熔融成型处理。此外，ATHLETE移动平台的每个轮足均可配备相应的工具设备，从而实现多功能应用，涵盖了钻探采样、抓取搬运，甚至是月壤熔融成型等多种复杂的月面建造作业活动。

2021年，在第17届国际建筑展上，ESA携手知名建筑设计事务所SOM共同发布了未来月球村的概念设计，其选址于一个庞大的月球撞击坑边缘地带。经过严谨考量，最终选定沙克尔顿陨石坑作为建造区域，该陨石坑坐落在南极—艾特肯盆地内，直径达到21km，深度为4km。选择此处的关键在于其独特的地理优势：陨石坑底部处于永久阴影区，不受月球表面极端温度变化的影响，从而成为建立月球基地的理想候选地。在ESA提出的未来月球村构想中，可移动式防护掩体采用了刚性复合材料框架与柔性的充气结构外壳相结合的设计方案。主基地结构采用半充气式的月球居住模块设计理念，一旦抵达月面后，这些模块将通过充气膨胀过程实现体积的加倍，从紧凑状态扩展至原始预设容量。每个模块内部精心设计成四层高立体空间布局，包含多种功能区域，以满足生活、实验及后勤保障等多元需求。这种设计使得工作人员能够在适宜月球重力环境下轻松穿梭于各楼层之间，从而确保了未来月球村的高效运行和宜居性。

1.3.2　预制—发射—展开建造

"预制—发射—展开建造"方法与"预制—发射—着陆建造"方法类似，但在月球表面着陆后，建筑组件会自动展开或膨胀成完整的建筑结构，而无须进行设备建造。相比着陆建造，展开建造过程可能更快速和简便，减少了人力和时间成本。但是，展开或膨胀机制的设计和实现可能较为复杂，需要确保在月球表面能够正常工作。此外，对于较大规模的建筑结构，展开或膨胀的过程可能受到空间和技术限制。典型的建造案例有NASA的TransHab充气移动实验舱方案。

TransHab充气移动实验舱，是NASA提出的一种融合了多种结构优势的月面防护掩体设计方案。该系统由两大部分构成：外层采用可充气扩展技术的柔性外壳，以及位于其中心位置的刚性核心结构单元。TransHab的核心创新在于其将高强度碳基复合材料构件通过精密机械连接技术与编织而成的压力壳紧密衔接，巧妙地结合了充气式结构易于部署、轻量化的优势，同时又确保了硬质结构承载力高的特点。TransHab内部空间被精心设计为三层功能区，主要目标是为长期太空任务提供能容纳多达六名航天员生活和工作的环境。TransHab中央硬结构核心包括一系列重要组成部分，这些组件共同构成了实验舱坚固耐用且功能完备的基础。具体到每一层的生活功能区域布局，都展现出TransHab在极端环境条件下的人性化居住空间设计。

1.3.3　预制—发射—组装建造

"预制—发射—组装建造"方法类似于前两种方法，但在月球表面的组装过程需要遥控操作，而不是展开建造和预制组件建造。相比自动展开或膨胀，组装可能更加灵活，适用于各种建筑形式和规模。但是，组装需要在月球表面进行，可能面临着陆精度和组装技术的挑战。典型的建造案例有ESA的Argonaut方案和中国的登月舱方案。

Argonaut作为欧洲自主研发的月球着陆器，在为欧洲自主登陆月球的探索与建设中扮演关键角色，目标是在未来十年内实现欧洲宇航员登月。2030年，Argonaut计划通过搭载阿丽亚娜6号火箭发射升空，并具备向月球表面运送货物、基础设施和科学仪器的能力。Argonaut系统由三个核心组件构成：首先，负责引导飞抵月球及精准降落任务的月球下降模块；其次，充当着陆器与有效载荷间连接纽带的货物平台模块；最后，根据任务需求设计的具体有效载荷模块。Argonaut的月球下降模块具备强大运输能力，能够将高达2100kg的各类货物及有效载荷安全送达月球。Argonaut作为欧洲通往月球的关键平台，其多功能性和适应性尤为突出。其中，货物平台模块的设计充分体现了高度灵活性，可兼容多种不同类型的任务配置方案，包括但不限于向着陆点附近的宇航员输送物资、利用月球原位资源进行生产活动以及布置月球望远镜等。因此，Argonaut能够满足多样化的月球科考和资源探索任务场景。

中国空间技术研究院提出月球基地建造方案由行走分系统、能源分系统、控制分系统、环控生保分系统、信息分系统组成。行走分系统主要是为月球基地的移动提供动力和行走装置；能源分系统为基地提供能源，由于月面停留时间较长可以采用太阳能电池发电；控制分系统由基地内部的控制子系统和基地移动时的控制子系统组成；环控生保分系统为基地提供舒适的生活环境和必需的生活用品；信息分系统为基地提供信息通信服务。根据登月舱的规模、活动空间等技术指标要求，确定有人月球基地总体初步构型。有人月球基地由2个登月舱组装而成。2个登月舱的区别在于密封舱内部设备不同。单个登月舱总高10m，最大包络10m；单个密封舱直径4m，总长9.5m，总容积约120m³。登月舱由密封舱和推进舱组成，配置4条具有缓冲功能并设有转动轮的着陆腿。值得一提的是，上海航天技术研究院也提出了另一套创新性的月面居住舱设计方案。

1.3.4 月面原位建造

"月面原位建造"方法是在月球表面直接利用月球原位资源进行建造的方法，即使用月壤或其他原材料，通过3D打印或其他建造技术进行建造。月面原位建造方法可以最大限度地利用月球原位资源，减少对地球资源的依赖，并且可以根据实际需要灵活调整建造结构设计。建造过程中可能面临建造材料和建造工艺方面的挑战，需要在月表提供足够的能源和设备支持。此外，原位建造可能需要更长的时间来完成，并且对建造技术和材料的要求更高。典型的建造案例有NASA的SinterHab

方案、"Lunar Lantern-月灯笼"方案和ESA的月球前哨站方案。

SinterHab是NASA提出的一种利用月面原位资源及3D打印技术建造并配备生物再生生命维持系统的月球南极前哨站核心舱的设计方案。该方案之所以被称为SinterHab，是因为它需要熔结月尘，使得细小的月壤颗粒粉末被加热融化并且形成类似于陶瓷一样的固体，即将月壤烧结制成3D打印建筑构件。该建筑构件是可展开结构和原位建造结构的混合体，综合了可展开的膜结构和预制的刚性构件与烧结风化壳，以加强防护性能抵御辐射和微陨石。防护掩体内部覆盖了一层充气膜，其灵感来自TransHab项目。充气膜内部是闭环生态系统，将支持在月球上的可持续活动，特别是研究活动。核心舱可容纳4~8人，并提供实验室作为直接在使用环境中开发月球新技术的试验平台。用于粮食生产的植物也是大气再生和水处理的有效组成部分。SinterHab项目的目标是构建一个具有闭环生物再生系统的自我可持续综合体，并利用原位资源进行更有效的扩张。

2021年，NASA资助的ICON公司提出了名为"Lunar Lantern-月灯笼"的月面实验室项目，该方案旨在打造一个集多功能于一体的综合性月球前哨基地，利用自动3D打印机器人技术在月球表面进行建设。这一构想与NASA的Artemis计划紧密契合，采用原位资源利用（ISRU）技术，最大限度地减少对地球物资的依赖。"月灯笼"由多个功能模块组成，包括实验舱、居住舱和后勤舱。其中，防护体部分采用了三个关键结构组件：底座隔离器、张力电缆以及惠普尔护盾。底座隔离器实质上是一种减震装置，它们被设置于月表以吸收源自月球内部地震活动带来的冲击与应力。浅层月震通常发生在地下50~220km处，主要由于月壳温度变化及陨石撞击引发；而深层月震则更为罕见且强度更高，起源于约700km深度的月球内部，主要是由月球与地球间的潮汐作用所导致。紧随其后的外部张力电缆系统，通过向栖息地的3D打印墙体施加压应力，从而增强整体结构稳定性。最后，最外层的惠普尔护盾是一个双层防护外壳，内含一层格状结构和一层外部屏蔽板。这种设计不仅能够有效防御微陨石和由附近撞击事件产生的喷射物造成的弹道冲击，还能够在极端环境下为内部结构提供保护，防止直接暴露于太阳辐射下产生的极高热量影响。

2013年，ESA与世界知名的建筑设计公司Foster+Partners提出了月球前哨站概念设计方案，旨在探索利用月球表面原位资源进行建造的可行性。方案中设计了一座能够容纳4名宇航员的生活工作防护掩体。具体建造过程为：首先从地球发射一个集存储、密封保护和进出功能于一体的柱状舱体，该舱体内包含预压缩折叠的可充气扩展舱。在抵达月球并完成基地建设后，该柱状舱体将转换为基地的气闸系统，确保内部充气结构的安全稳定运行。根据设计方案，当柱状舱体被放置在预定位置后，会从前端释放预先封装好的折叠式气囊结构，由柱子顶部逐层展开形成一个圆形屋顶构造。以此圆形屋顶作为支撑核心，通过移动式3D打印月壤分层堆积，构建起环绕基地主体的防护壳体，以有效抵挡宇宙辐射和流星体撞击。当内部气压标准达到设定值时，将形成一个密闭的生活环境和自循环生态系统，以支持宇航员在月球上的长期生活。

1.3.5 月面原位建造关键科学技术挑战

月面原位建造是以重大科学技术问题和需求目标为牵引的复杂系统工程，其中面临的关键科学技术挑战对应于整个工程任务的"5W1H"体系，即"为什么建"（Why）、"什么时候建"（When）、"在哪里建"（Where）、"谁来建"（Who）、"建什么"（What）、"如何建"（How），具体包括月面原位建造目标体系与系统工程模型、月面原位建造选址的影响因素与原位工程勘测技术、真实月壤工程性质多尺度表征与原位性能测试、面向月面原位资源的建造材料成型机理与型性调控、基于厌氧微生物矿化的月面原位生物建造方法、月面原位建造结构—材料—性能一体化设计与优化方法、轻量化可重构无人自主月面智能建造方法、月面关键结构的中长期服役性能演化规律与提升方法、月面极端环境的地面高保真模拟方法与平台九个方面。总体而言，月面原位建造是以上述关键科学技术挑战为引领的综合性工程任务，应分阶段循序渐进完成，最终实现物质、能源与环境的综合可持续建造。

1. 月面原位建造目标体系与系统工程模型

月面原位建造任务规模庞大、实施周期长、任务难度高，涉及多个建设阶段与各类建造目标，是一项复杂的系统工程。凝练月面原位建造总体原则、分阶段规划任务目标，对月面原位建造任务的顺利开展具有重要意义。NASA、ESA等均已开展多轮从月球到火星的科学目标体系与深空探测任务架构的系统工程模型研究。针对月面原位建造领域，首先必须回答"为什么建""建什么"以及"什么时候建"等问题。因此，开展月面原位建造目标体系及优先级分析，确定总体任务的系统构成及分阶段实施方案，建立包括各子系统性能、资源、代价、风险等在内的月面原位建造系统工程模型是当务之急，通过上述研究进一步为提出清晰可行的月面原位建造技术路线图和主攻方向提供重要的系统科学依据。

2. 月面原位建造选址的影响因素与原位工程勘测技术

月面原位建造选址是决定工程实施的关键前提条件和总体目标的重要约束。目前，月球南极等连续光照区已成为月球基地选址的热门区域，如沙克尔顿坑等，但尚未规划出具体的建造位置。事实上，月面原位建造选址受月面天体的极端自然环境、苛刻的资源环境、有限的运输条件等多因素影响，需综合考虑地形、地貌、地质、能源、原位物质、运输代价与可达性等。但是，目前很多因素的影响规律尚不清晰，如月球不同区域的天然月基工程性质、原位月壤矿物组成等。因此，针对"在哪里建"的问题，亟须研究并揭示月面原位建造选址的关键影响因素及其影响规律，开展更深入的月面钻探、洞穴勘探等原位工程勘察技术攻关，为未来月面建造选址提供重要的科学依据和技术支撑。

3. 真实月壤工程性质多尺度表征与原位性能测试

随着Apollo计划、Luna计划的落幕与嫦娥工程前三期任务的圆满完成，人类已成功采样带回约300kg的真实月壤，开展了一系列性能表征研究，包括矿物组分分析、地质年代推测等。然而，极其有限的真实月壤导致难以开展大规模、破坏性的工程性能表征实验，拥有真实月壤的国家目前均处于初步探索和认识阶段。因此，亟须开展真实月壤工程性质的多尺度表征与原位性能测试，包括但不限于：在微观尺度上，通过月壤物性的原位精细化表征方法，阐明其复杂颗粒形貌和传力效应对月壤工程性质的影响机制；在介观尺度上，通过原位智能随钻等技术探究月壤堆积过程中颗粒流的接触应力和月壤在外部荷载作用下的变形机理；在宏观尺度上，研究月壤及重塑月壤的流变动力、承载力、稳定性等工程性能的表征及模拟方法，从而为月面原位材料利用和建造材料制备提供真实可靠的科学依据。

4. 面向月面原位资源的建造材料成型机理与型性调控

通过模拟真实月壤的基本物性，国内外开展了以模拟月壤作为主要建材的成型方法和固化机理研究，并成为先进工程材料领域的研究热点和前沿。然而，在月面极端环境下，特别是小重力特殊环境下模拟月壤的原位成型机理尚不清楚，亟须从"地面模拟成型"转向"原位固化成型"研究，包括月面环境下不同成型方法中不同矿物成分、颗粒级配的月壤固化过程及机理；原位成型过程中的微观组织、介观结构、宏观性能的多尺度演化模型，以及月壤材料原位型性协同调控方法等。因此，揭示原位材料在真实月面环境下的成型机理，建立高效型性协同调控方法，将为"用什么材料建"这一问题提供重要科学支撑。

5. 基于厌氧微生物矿化的月面原位生物建造方法

利用微生物（如各种厌氧菌）矿化产物（如碳酸钙）作为胶凝材料开展原位建造已成为当前研究热点[20]。然而，面向月面原位建造，该系列生物建造材料及建造方法的开发与应用仍处于启蒙阶段[21,22]。在月面无氧大气环境及微重力等多因素限制下，生物建造面临着如何维持微生物生命体征以及矿化活性的巨大挑战，其相应的基因与细胞层面的生理调控机制是重要的科学研究问题。相应地，针对直接可利用水资源匮乏以及微生物生长所需的有机营养物质短缺的挑战，如何将水资源以及生物代谢产物进行循环利用，或与其他植物、动物等生命体形成微生态系统，从而构建可持续生长的结构与构件体系，是月面生物建造的关键核心技术问题；钙等矿化原材料的原位提炼技术的开发是提升建造原位利用率的另一技术瓶颈问题。在材料成型方面，微重力等极端环境对碳酸钙晶型、晶粒、形貌及其与月壤的胶粘性能影响的定量规律，是微生物建造材料微结构调控过程所面临的重要科学挑战。基于碳酸钙结构调控的增强增韧机制（如碳酸钙与无机物或有机质复合体系的开发）及相应工艺方法是重要的技术问题。

6. 月面原位建造结构—材料—性能一体化设计与优化方法

月面极端环境是月面结构设计、建造和服役面临的重要挑战，如大温变引发的结构内部热应力、高频震动引发的结构动态响应，以及微流星体、太阳风等带来的各种随机冲击和粒子爆轰。实际上，无论是"地面制造—月面部署"方式还是"原位建造"方式，月面建造结构都必须实现大空间、轻质高强、保温隔热、抗震防震、抗冲击、防宇宙辐射等设计目标。因此，亟须围绕防护掩体、着陆场、道路交通等月面基础设施，研究面向小重力、真空/稀薄大气、大温变、高频低强长时震动、宇宙强辐射等极端环境下的结构设计原理，建立月面建造结构—材料—性能一体化设计与优化方法，以充分发挥不同材料的性能优势、提高整体结构的性能效率，保障月面结构的安全性、可靠性和可维护性，为准确回答"建什么"提供重要科学技术支撑。

7. 轻量化可重构无人自主月面智能建造方法

针对"谁来建""如何建"的问题，NASA、ESA等机构提出的未来月球村[7]、月球安全港[23]等各种月面建造计划中，都指出必须通过月面建造装备，特别是建造机器人的参与来完成建造任务。随着越来越多月面建造结构与方案的不断深化论证，月壤开挖与采集、原位勘查与3D打印、月面结构吊装与拼装等月面建造装备正在成为星球机器人领域的研究热点。然而，目前大多数研究还停留在"原理样机"阶段，尚不能有效开展地面模拟"综合验证"，且仍缺少融合信息技术的智能化无人自主建造方案。因此，需进一步研究建立轻量化大成型空间建造机构耦合动力学模型，以揭示不规则地貌、松软月壤边界等因素对建造机构平稳运动和位姿稳定特性的影响规律。同时，研究包括移动平台的轮、足、履运动模式可重构，末端执行机构的铲、挖、运、吊、打印等工作模式可重构，以及整体机构空间自展开、自组装、自扩展等结构功能可重构在内的可重构智能建造装备，并通过网络化交互、可视化认知、高性能计算、智能化决策等技术，实现多种月面建造任务的远程遥控操作和无人自主决策操作，为月面智能建造方法提供理论依据及技术支撑。

8. 月面关键结构的中长期服役性能演化规律与提升方法

月面极端环境下力—热—辐射等多物理场长期耦合作用将引起结构性能劣化和退化，影响结构耐久性与可靠度。受多场耦合模拟实验条件制约，目前国内外针对月面结构服役性能的研究仍停留在"短时效应"阶段，样品测试的服役时长仅为数小时或数天，这类短期实验的数据无法为月面结构长期服役性能评价提供有效支撑。因此，围绕"建什么"问题，必须深入开展月面关键结构服役性能演化规律研究，揭示月面关键结构在多物理场耦合作用下的微结构自组织机制与界面演化特性，建立多场耦合环境的相似性理论，阐明微观与宏观、短时与长效多个维度的服役行为映射关系，研究地位关键结构服役性能劣化规律、失效机制与破坏模式，从"短时研究"转向"长效分析"，为中长期月面生存和载人探测活动提供载体支撑。

9. 月面极端环境的地面高保真模拟方法与平台

国内外围绕深空探测任务搭建了不同规模的月面环境模拟平台与试验设施，用于开展地面先导性实验[24]。然而，现有地面模拟环境装置和平台大多只能实现单一或两种、三种耦合环境的模拟，难以实现低重力、强辐射、高真空、大温变等多种极端环境的耦合模拟，更无法开展高保真、大空间、大尺度的模拟建造实验。因此，为集成验证月面建造材料、结构、工艺和装备的系统可靠性并进行有效的技术迭代，必须建立月面极端环境的地面高保真模拟平台及装置方法，用于月面建造的多场耦合模拟和足尺集成示范验证，以实现月面建造全流程、全要素、全系统的评价，为月面建造任务实施提供重要测试条件和有力保障。

月面原位建造面临重大挑战：①技术方面，月球表面的极端环境和特殊条件对建造技术提出了巨大挑战，月球表面的低温、真空环境、辐射等因素会对材料和设备的性能产生影响，需要研发和应用适合月球环境的建造材料和技术。②工程方面，在月球表面进行建造需要克服重力和微重力环境带来的影响，以及月球表面的不平整地形和松散表面材料等工程挑战。这可能需要开发适用于月球表面的建造设备和工具，并解决在建造过程中可能遇到的地形适应性和稳定性问题。③资源方面，月球资源的获取和利用是月面原位建造的关键，但目前对月球资源的了解仍然有限。如何有效地获取和利用月球原材料进行建造，以及解决可能存在的资源稀缺和供应不足问题是一个重要挑战。④环境方面，月球表面的极端环境条件包括温度波动大、宇宙射线辐射强、微尘等，这些因素可能会对建造过程和建筑结构的稳定性产生影响。因此，需要研究并采取有效的措施来保护建造设备和建筑结构免受月球环境的损害。⑤政策和国际合作方面，月球基地建造涉及国际空间法律、政策和合作等多个方面的问题。国际合作的程度、合作模式和合作对象等都将对月面原位建造的进展产生重要影响。因此，需要制定清晰的政策框架和国际合作机制，以促进月球基地建造的顺利进行。由此可见，月球基地原位建造面临月面极端环境的巨大考验，探月进入"认识利用并重"新时期，国际竞争日趋激烈，我国月球基地建造的战略目标、规划与路线图尚不清晰。

在当前的科技发展和太空探索进程中，月面原位建造面临着重大历史机遇。首先，国际月球科研站的建设将为月球基地建造提供重要的验证场景。计划于2028年依托嫦娥八号实现基本型科研站的建成，并在2040年前后逐步升级为实用型、多功能的月球基地。这将为月球基地建造提供逐步发展和完善的蓝图，为相关技术的验证和实践提供重要契机。其次，载人登月任务以及后续的月球科考活动将为月球基地建造提供新的发展机遇。预计在2030年前实现载人登月后，进一步的月球科考活动和长期驻月计划将成为月球基地建造的重要驱动力。月球基地的建成将为这些任务提供必要的支撑和保障，为人类深空探索的未来打下坚实的基础。最后，智能建造和航天强国战略将为月球基地建造提供重要保障。随着我国在智能建造领域的不断发展，预计2035年将迈入智能建造世界强国行列。这将为月球基地建造关键技术的攻关和颠覆性创新提供有力支持，推动相关技术的突破和应用。

综上所述，国际月球科研站的建设、载人登月任务以及航天强国战略的实施，为月球基地建造提供了丰富的机遇和发展空间。随着科技的进步和国际合作的加强，月球基地建造将迎来更加广阔的发展前景。

第 2 章

月面原位建造面临的
极端环境

　　与地球相比，月球质量较小，月面存在微重力、高真空、大温变、强辐射的极端条件，同时伴有月震作用和微流星体冲击，这些极端环境给月面原位建造带来了严峻的挑战。据此，本书将月面原位建造面临的极端环境分为月面重力环境、月面真空环境、月面温度环境、月面震动环境、月面辐射环境和月面微流星体冲击环境。

　　（1）月面重力环境：天体产生的重力场与它的质量密切相关。月球半径约1700km，只有地球的1/4，质量也不到地球的2%，因此在月球上感受到的重力（月心引力）只有地球的1/6。此外，月球上的逃逸速度只有2.38km/s，比地球上的逃逸速度（11.2km/s）小得多。相对地球1/6的重力意味着物体在月球上的重量更轻，而更低的逃逸速度则意味着从月球发射火箭所需的燃料更少。

　　（2）月面真空环境：月球大气层中只存在很少量的气体，所以在大多数情况下月球的表面被认为是真空环境。由于没有空气作为传播声音的介质，月球表面是一个绝对的宁静环境。但也正因为月球真空环境的存在，月球表面没有足够的大气来阻挡小流星或微流星的撞击以及外空间的宇宙射线辐射和太阳风辐射；此外，月球建造时所用的固体、液体以及气体材料也会因为真空环境压强的改变而导致其特质发生改变。因此在进行月球原位建造过程中，必须采取特殊措施来抵御或屏蔽外部空间的干扰，正确处理和操控液体、气体等真空条件下的建造材料。

　　（3）月面温度环境：月面温度环境是月球表面极端环境最为显著的物理特性之一。几十年来，人们一直使用基于地球的红外和射电望远镜、月球轨道飞行器上的仪器以及勘测者和Apollo站点的原位实验来测量月球表面温度。由于缺乏大气层的隔热和保温作用，月球表面温差极大，其中月球赤道地区白天的平均温度约为116.85℃，而到了月夜温度会骤降至-178.15℃，昼夜温差可达300℃，有时甚至更高。此外，月球表面的昼夜周期持续时间超过29天，这将会导致长期的极热和极冷现象。

　　（4）月面震动环境：尽管月球是一个小型、冷却的天体，没有像地球那样的地壳板块运动，但它仍然经历着月壳变形和能量释放的过程，从而导致月震的发生。月震通常比地球上的地震弱得多，因为月球没有像地球那样的活动地壳板块，同时没有大气层，所以震动的传播方式也不同。月震通常由月震仪探测到，并用于研究月球的内部结构、地质历史和月壳特征。Apollo执行任务期间，宇航员安装了月震仪来监测月震，这些数据可用于了解月震的强度以及频率，从而用于设计优化原位建造建筑的抗震性能。

　　（5）月面辐射环境：在地球上，磁层和厚厚的大气层提供了针对太空辐射的实质性保护。然而，月球的大气层很薄弱，没有全球磁场来维持自己的磁层，而且月球轨道大约有25%位于地球的磁层内，因此针对太空辐射的自然防护是微不足道的，月球上的太空辐射可直接到达表面，使其辐射水平相对较高。在计划月球任务和未来月球基地建设方面，了解月球上的宇宙射线辐射至关重要。

（6）月面微流星体冲击环境：大型陨石撞击其他天体（如小行星、月球、火星等）时会产生碎片和喷射物，其中一些可能最终成为微流星体，这是微流星体的主要来源之一。通常情况下，微流星体在撞击地球之前会燃烧殆尽，不会对地球造成任何威胁，而由于月球没有大气层，其快速撞击会对月球表面产生强大的影响，因此评估月球微流星体冲击环境对于未来月面原位建造的选址及结构设计也尤为必要。

2.1　月面重力环境

2.1.1　月球重力分布情况

获取月球重力场信息最直接的方法就是开展原位测量，但是在地球以外的其他天体上开展原位测量十分困难。目前，仅有Apollo任务进行过数次月面重力测量试验，但其测量精度十分有限。随着卫星技术的发展，特别是月球重力卫星GRAIL任务的实施，解算绕月卫星的轨道摄动量从而获取月球重力场，成为最主要和最有效的月球重力场获取方法[25]。与地球相同，月球极地与赤道的重力也存在差异，但是不同于地球的重力随纬度升高而升高，月球的重力与纬度成反比例关系，月球极地的重力要小于月球赤道的重力。目前认为造成这种现象可能主要是由于月球自转引起的离心力以及地球对月球的引力潮汐效应。

月球的重力场分布并不均匀，经重力测量发现在一些月海盆地内有重力异常现象，其称为质量瘤，如图2-1所示。质量瘤产生的原因目前还没有统一的说法，基本上有外因说和内因说两种[26]。外因说认为质量瘤是由一些小天体坠落在月表形成的，因为这些小天体的密度比初始月壳（主要是斜长岩成分）的密度大。内因说则认为质量瘤是月球本身演化的一种产物：一部分人认为在初期月壳形成以后，小天体撞击月表开凿形成许多月海盆地，盆地深达8km，在月海盆地中月壳较薄，月壳的密度可能低于月壳下月幔的密度，由于月面下仍然是可塑的、炽热的状态，因而月面下的物质能够产生对流，下部稠密的物质涌上，达到月海盆地下面的均衡补偿水平，最终达到重力平衡；正是由于月海玄武岩大面积喷发，覆盖在月海盆地上，形成月球面积1/5的月海玄武岩，因此，月海盆地的部位出现质量过剩而产生重力异常。但另一部分人认为，稠密的物质涌上使月海达到均衡补偿水平是由于上部热的收缩，产生了过剩的压力。

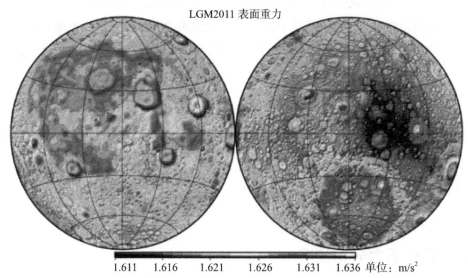

LGM2011 表面重力

1.611   1.616   1.621   1.626   1.631   1.636 单位：m/s²

图2-1　月球表面重力加速度值分布图（左：月球正面；右：月球背面）[27]

2.1.2　微重力环境下的原位建造

对于人类探索月球并在月球定居，月球的微重力环境具有一定的优势。由于月球重力约为地球的1/6，月球结构的承重能力相当于地球结构的6倍，这使得进行以月壤等为材料的原位建造结构设计变得更加容易。这些月面原位建造结构也不需要像地球建筑那样的基础，可以通过烧结工艺使底部稳定平整即可[28]。另外，月面的微重力环境可以使航天器用较少的能量逃脱月球引力束缚，这对于地月运输较为有利[29]。

然而，月球的微重力环境也会带来一些不良的影响。首先，微重力环境会影响月面原位建造中3D打印机的正常工作，会使其不能正常执行送料、混合等流程，导致打印实体的形状、强度、精度、密度、密实性等性质出现缺陷[28]。2013年，NASA MSFC和MADE IN SPACE通过抛物线飞行进行了为期四个星期的微重力测试，如图2-2所示，使用ABS热塑性树脂材料在微重力环境下进行3D打印测试，结果表明微重力打印会减少挤出材料的自压实，这可能导致层间的黏合强度变弱[30]。另外，月球的微重力环境使航天器在着陆时需要喷出大量物质，这些物质具有较强的冲击力，会危害原位建造结构的稳定性[29]。

图2-2　在改装的波音727飞机飞行期间进行微重力环境中的3D打印测试[30]

2.2　月面真空环境

2.2.1　月球大气

月球的大气层极其稀薄，在月夜未受干扰时气体浓度仅约2×10^5 molecules/cm^3，在月球白天甚至可能降至10^4 molecules/cm$^{3[31]}$，这比地球大气层低约14个数量级。目前对月球大气的大部分了解都是基于理论，这并不是因为Apollo任务期间部署的仪器不足，而是因为任务期间着陆火箭释放的气体淹没了原始数据。月球周围大气总量仅为104kg左右，而每次Apollo任务在月球着陆期间可以释放出同样多的气体，这种极端的输送量也反映出了月球拥有近乎真空的表面环境。

目前认为，月球周围大气的主要成分是氖、氢、氦和氩等，如表2-1所示。氖气（^{20}Ne）和氢气（H_2）主要源自太阳风；氦气（He）除了来自太阳风外，约10%可能源自月球的放射源；氩气主要是^{40}Ar，源自月球^{40}K的放射性衰变（只有约10%的氩气是源自太阳风的^{36}Ar）[32]。

月球表面气体丰度[32]   表2-1

大气成分	月昼（molecules/cm³）	月夜（molecules/cm³）
²⁰Ne	$4×10^3 ~ 10^4$	10^5
He	$8 × 10^2 ~ 4.7×10^3$	$(4 ~ 7)×10^4$
H₂	$2.5 ~ 9.9×10^3$	$10^4 ~ 1.5×10^5$
⁴⁰Ar	约为$2×10^3$	$<10^2$
CH₄	约为$1.2×10^3$	
CO₂	约为10^3	
NH₃	约为$4×10^2$	
OH+H₂O	约为0.5	

由于月球稀薄的大气，它的大气压非常低。月球的大气压约为地球大气压的百万分之一。具体而言，月球的大气压通常在0.1nPa以下，而地球上的标准大气压约为101.3kPa。这种极低的大气压会对未来月球建造材料的性质产生一些重要影响，因为在这种环境下，液体、气体和固体的行为都会与地球上的情况有所不同，这会导致月面原位建造工艺与地球上存在差异。

在月球的低大气压环境下，液体的沸点较低。这意味着液体在相对较低的温度下就会开始沸腾和蒸发。此外，液体也会更快地失去热量，因为没有足够的大气来传导和储存热量；而气体的扩散速度将会变得更快，因为气体分子之间的碰撞较少，而且低大气压使得气体更容易流失，所以气体在月球上的储存和运输需要密封得更加严密，以防止气体的流失；同时稀薄的大气几乎没有隔热作用，因此夜间温度会迅速下降，白天由于太阳辐射而迅速上升。物体光照一侧受太阳光的强烈辐射而另一侧的阴影会产生很大的温度梯度。随后可能会出现"热冲击"，即物体的不同部分热膨胀量不同，从而导致可能引发故障的巨大应变。在玻璃、陶瓷或金属等低于玻璃化转变温度（金属的延性—脆性转变温度）的脆性材料中，热冲击的影响更为明显，这给月面原位建造结构服役性能带来了巨大的挑战。

2.2.2　高真空环境下的原位建造

月面真空环境可以为月面原位建造提供一些适宜的条件。例如：用于月面原位建造的3D打印机的散热较少，因此其热激活所需的能量会减少；在真空条件下进行3D打印时，无氧环境可以制造出纯净的金属化合物，因此金属棒材可以表现出更好的应变能力[28]。

　　月球的真空环境也会对原位建造过程造成不良影响。首先，缺乏大气意味着难以获取地球上随处可见的氧气，需要通过额外的工艺制备氧气。其次，月球真空环境会导致液体（如水、油、蒸汽、润滑剂等）的快速蒸发，因此难以在月面使用液压系统。此外，在利用月壤生产月球混凝土时会因为蒸发而产生显著的失水和收缩应变，导致密度、强度和刚度大大降低，即使制备的是无水硫磺混凝土，在真空中也会因硫的升华而导致70%左右的质量损失，如图2-3所示。另外，真空环境也会影响3D打印机泵送过程以及骨料的黏合，使得建造无法顺利开展[28]。

图2-3　无水硫磺混凝土样品在真空中暴露60天[28]

2.3　月面温度环境

2.3.1　太阳辐射的影响

　　太阳是离地球最近的恒星，也是太阳系中所有行星、卫星的主要能量来源。来自太阳的能量也称为太阳辐射（Solar Radiation），其以电磁波的形式传播。太阳辐射由伽马射线、X射线、紫外线、可见光、红外线、微波和无线电波组成。经过地球大气层过滤照射到地球表面的太阳辐射称为太阳光。此外，太阳辐射中的红外线光波可以起到对物体加热的作用。

到达地面的太阳辐射包括直接辐射和散射辐射两部分。由于月球没有大气层，太阳光到达月球表面后要么直接反射回来，要么被吸收并重新辐射到太空中。从表面反射回来的太阳辐射称为反照率。作为一个比率，它没有单位，表示为0～1之间的数字，其中反照率为0表示入射太阳辐射全部吸收，反照率为1表示全反射。天体表面的反照率受到表面特性（黑色材料通常吸收更多太阳辐射，因此表面温度较高）以及入射太阳辐射的波长和入射角的影响。

没有从表面反射回来的辐射将被吸收，吸收的辐射会加热月球表面层，通过传导和辐射扩散到地下，并导致地下温度的变化。而月表在吸收太阳辐射后也会发出热红外线辐射，从而释放热量。这些热红外线辐射决定了月球表面的冷却速率。进入月夜时，太阳辐射不再照射月表，而由于月球没有大气层无法像地球一样对辐射到外空间的热红外线进行反射，这将导致月球表面的温度急剧下降。

虽然月球相对于太阳和地球轨道面的轴倾角约为1.54°，但月球轴向的小倾斜导致太阳光照射两极的入射角非常大。这使得极地附近的地表局部光照受到高程、坡度、方位角等地表特征的影响。由于两极地表地形的影响占主导地位，一些地区终年接收不到阳光。这些区域被称为"永久阴影区域"（Permanently Shadowed Regions，PSR）。相应地，有些地区全年都暴露在阳光下，被称为"永久光照地区"（Permanently Lit Regions，PLR）。据估计，北半球和南半球的永久阴影总面积分别约为13361km^{2}和17698km^2。

2.3.2   月球自转的影响

与地球一样，月球也具有自转运动，月球的自转周期大约是27.3个地球日，与它的公转周期相同。此外，月球总是保持着相同的一面朝向地球，这是由于地球引起的潮汐作用，导致了月球的自转速度逐渐减慢，最终成为潮汐锁定状态。这意味着月球表面的温度和光照条件在两个相对的地区之间存在极大的差异，如图2-4所示。在直接受到太阳照射的月昼区域，太阳辐射直接投射在月表，没有任何遮挡或削弱，使得该区域的温度能够迅速攀升至峰值，约为127℃。而在黑暗的月夜区域，由于没有太阳辐射来源，且缺乏大气层的保温效应，热量迅速丧失，导致温度骤降至-183℃左右。这种不均匀的热分布对月球的地质特征和气候产生了深远的影响。

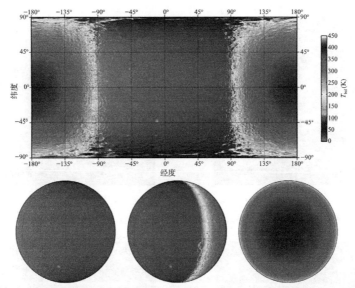

图2-4　根据Diviner测量得出的月球受光照以及不受光照表面的瞬时温度[33]

2.3.3　微重力环境的影响

月球表面的微重力环境也对温度分布产生了影响。在地球上，重力和大气共同作用促进了热量的对流传递。而在月球的微重力条件下，对流几乎不起作用，热量主要通过传导和辐射方式进行传递。然而，月表物质颗粒小且松散，其相互之间的热传导效率较低，使得热量不易在月壤内部得到有效分散，这也加剧了月面温度的极端差异。

2.3.4　月壤性质的影响

月壤（月球土壤）是由岩石碎屑、尘埃和其他颗粒物质组成的混合物，具有较低的热容量和导热率，这使得月壤在受到太阳辐射时迅速升温，而在失去阳光后又会快速冷却，进一步放大了月面温度的瞬时变化。此外，深色月壤具有较高的吸收率和较低的反照率，容易吸收并保留较多的太阳辐射能，因此温度上升迅速；反之，浅色月壤则反射较多的太阳光，吸热较少，温度相对较低。这种颜色差异造成了月表温度在空间上的不均匀分布。例如，根据LRO携带的Diviner仪器得出的热力图，第谷坑是月球夜间红外观测中最显著的热异常地区之一，如图2-5所示。第谷坑由于撞击溅射而暴露的物质显示出较高的反照率，从而导致第谷坑相较于周围区域表现出热异常现象。

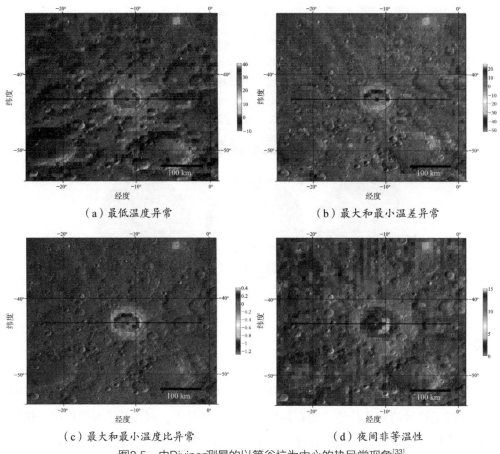

（a）最低温度异常　　　　　　　　　　　　　　　　（b）最大和最小温差异常

（c）最大和最小温度比异常　　　　　　　　　　　　（d）夜间非等温性

图2-5　由Diviner测量的以第谷坑为中心的热异常现象[33]

2.3.5　月球地形的影响

月球的地形复杂多样，包括广阔的平原、深深的撞击坑、崎岖的山脉以及狭长的沟壑等。当阳光直射平坦的月海区域时，由于没有遮挡，热量迅速积累，使得这些地区的温度在白天能达到极高；而在高山峻岭或陨石坑壁等形成阴影的地形上，阳光无法直接照射，使得这些区域在同一天中温度显著偏低。此外，月球的地形地貌对热量的传导和散逸也具有重要影响。例如，陡峭的斜坡在白天接收的阳光角度较大，热量积累快速；而到了夜晚，由于地表的热容量小，热量极易通过辐射等方式迅速流失。同样，深度较大的陨石坑内部由于地形封闭，其温度变化较外部平缓，可以视为一种自然的保温层，尤其是在月球的寒冷夜晚，坑底的温度回升要比周围开阔地带慢得多。

2.3.6　大温差环境下的原位建造

在月面极端温度环境中进行原位建造需要承受不断的热膨胀、冷收缩以及疲劳应力等，这对原位建造的材料及其建造工艺提出了极高的要求。另外，月面热量传递主要依赖于辐射和传导，加上月壤的低热容量和低导热率，使得温度变化极为剧烈且区域不均匀，对未来月球基地的建设提出了严峻的耐温挑战，需要开发能适应极端温差的材料和结构，确保设备稳定运行和宇航员生命安全。同时，由于温差过大，能源储存、保温隔热技术的研发与应用也至关重要，必须设计出既能高效利用太阳能，又能有效防止热量迅速散失的系统，以维持适宜的居住环境和科研活动条件。

2.4　月面震动环境

2.4.1　月震的监测

Apollo任务期间进行了一系列月震实验，其中Apollo被动地震实验（Passive Seismic Experiment，PSE）旨在研究月球的月震活动和内部结构。宇航员在月球上放置了5台高灵敏度的月震仪，其中Apollo 11号地震仪只返回了三周的数据，为月球地震学提供了有用的初步观察，而更先进的月震仪部署在Apollo 12号、14号、15号和16号着陆点，这4台月震仪一直运行到1977年9月底，组成一个近似正三角形的台站网络，如图2-6所示，每台月震仪包含三分向长周期地震仪、垂直向短周期地震仪、隔热层等元件，如图2-7所示，原理与地球上的地震仪完全一致[34]。

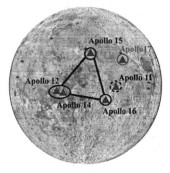

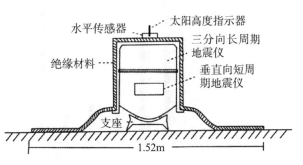

图2-6　Apollo台站在月球上的位置[35]　　　　图2-7　Apollo被动实验月震仪结构[36]

2.4.2　月震的形成与特点

截至目前，Apollo月震仪一共记录了12000多次月震。根据月震形成原因与特点，可以分为深源月震、浅源月震、热月震和撞击事件四类。

深源月震共有7200多次记录，是四种月震中数量最多的。深源月震通常发生在深度700～1200km的下月幔，因其释放的能量较小，通常震级小于3级[34]。深源月震的波形几乎相同，其震源主要分布在月球正面一些丛集性的月震窝中，仅有少量的深源月震记录位于月球背面。深源月震不是由于月球的构造应力引起的，而是月球受到地球和太阳潮汐应力影响，其深部区域的脆性岩层发生错动和断裂而产生的，因此也具有明显的周期性[37]。

浅源月震共有28次记录，是四种月震中最为罕见的。浅源月震通常发生在月海和撞击坑下50～220km的上月幔，并且会释放较多的能量，震级可达5.5级[36]。浅源月震的频谱中主要为高频信号，因此也被称为高频远震事件。浅源月震可能是月球内部热弹性应力释放所引起的，因此也被认为是四种月震中唯一与月球构造活动相关的[38]，其特征与地球上的板内地震较为相似，如图2-8、图2-9所示，例如都发生在岩石圈板块的薄弱区域，并且震级的相对丰度也很相似[37]。

热月震属于短周期月震，是由于月球昼夜温度变化产生的热应力造成月球表面破裂、变形、塌陷而形成的局部小规模月震，因此也被称为局部震动[36]。热月震发生次数少，释放能量小，只能在地震台站附近1.5～4km的范围内被检测到。热

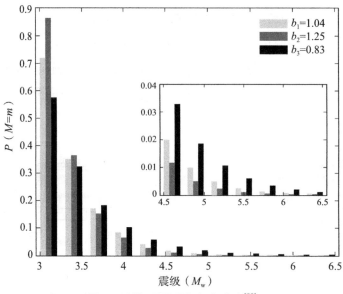

图2-8　浅源月震震级概率分布[39]

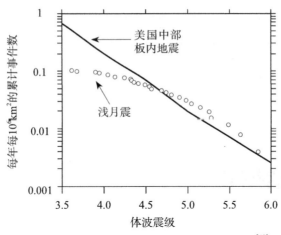

图2-9　浅源月震和板内地震的震级—频率关系[40]

月震具有极强的规律性，拥有相似的波形和幅度，周期为29.5个地球日，其中在日出后48h至日落期间每天约5次事件，日落后下降至每天约3次事件，并持续减少至0次。

撞击事件并非来自月球内部，而是一种特殊的月震。撞击事件可以分为人工撞击与陨石撞击，其产生月震的原理相同且震源均位于月球表面[38]。人工撞击共有9次记录，主要由Apollo计划运载火箭土星五号的第三段助推器或者登月舱上升段故意撞击月球产生，由于这几次撞击的时间、地点与能量已知，因此非常有价值。陨石撞击共有1743次，包括彗星撞击和小行星撞击，大部分陨石的质量分布在0.1～1000kg之间[36]。这些陨石撞击事件不仅可以帮助研究月球内部结构，还可以揭示这些陨石的质量、分布等性质。

2.4.3　月震环境下的原位建造

月震对于月面原位建造的影响和危害是多方面的。首先，月震会破坏月面建筑的结构完整性，尤其是设计用于长期服役的原位建造月球基地等，它们需要在设计时确保能够承受较为罕见震级的月震。其次，月震还可能导致月面土壤的位移，这会影响建筑的基础和稳定性，特别是在月球表面的低重力环境下，这种影响尤为显著。此外，月震还可能影响月面建筑材料的完整性，尤其是那些利用月壤或其他原位资源制成的材料，由于月震的发生，这些材料可能会出现裂纹或其他形式的损坏。在上述四种月震中，深源月震、热月震和撞击事件对月面原位建造结构的影响较小，而浅源月震不仅与地球上的板内地震相似，而且由于月球地质结构等因素，月震波的衰减比地震低，相同震级下浅源月震具有更大的能量，极有可能对月面原位建造结构造成严重破坏，因此在进行月面原位建造设计时，需要额外关注浅源月震的影响。

2.5　月面辐射环境

2.5.1　月面辐射类型

太空中的辐射主要为银河宇宙射线（Galactic Cosmic Rays，GCR）和太阳高能粒子（Solar Energetic Particles，SEP）。大约99%的银河宇宙射线是质子和α粒子，剩余的1%由从锂到铀的各种重元素的完全电离核组成，但电荷通常不高于28。这些宇宙射线会穿越太空并到达月球表面，能量从小于1MeV/u到超过10000MeV/u，中值能量约为1000MeV/u[41]，由于其广泛的能量范围，其对月球表面的影响也有所不同。太阳是太阳系中主要的辐射源，当来自太阳的质子被太阳耀斑或日冕物质抛射冲击加速到能量在1MeV到几百MeV之间时，就会发生太阳粒子事件，这些事件还包括少量的氦气和较重的离子[42]。太阳粒子事件每年发生5～10次，其数量随太阳周期变化（约11年），因此在太阳活动高峰期，月球上的辐射水平也会增加[41]。太阳高能粒子的强度比银河宇宙射线高出许多数量级。

月球上的辐射环境除了上述来自太空的初级辐射外，还包括月球土壤中诱发的二次辐射。二次辐射是指初级辐射与月球表面相互作用后，产生次级粒子的过程。这些次级粒子也可以向上穿越月球表面，进一步增加宇航员的辐射暴露。此外，月球土壤中的某些元素和同位素也可以参与这一过程，产生二次辐射。初级辐射和二次辐射都可能给未来的月球宇航员带来严重的健康问题。

2.5.2　辐射对人类的影响

太空辐射是人类探索太阳系的主要障碍，因为人们对高能高电荷（HZE）离子的生物效应了解甚少，它们是深空辐射风险的主要贡献者。目前对空间辐射造成的风险的性质和程度的预测存在很大的不确定性[42]。HZE产生密集的电离轨迹，会造成严重损害和复杂的DNA断裂，包含受损生物材料混合物的"簇"。在这些条件下，DNA修复更加困难，细胞死亡更加频繁。

辐射对人体的损伤可以分为直接损伤和间接损伤。直接损伤即辐射直接与DNA相互作用；而间接损伤更为常见，即辐射主要与H_2O相互作用并产生自由基，最终与DNA相互作用。辐射对人体的影响可以分为确定性影响和不确定性影响两大类。确定性影响包括白内障、皮肤炎、不孕不育、辐射综合征等，这些症状很快就会显现，其损伤通常随着剂量的增加而增加；不确定性影响包括癌症、白血病、遗传效应等延迟性影响，这些症状短期内可能不会显现，并且随着剂量的增加，受到影响的风险和可能性会增加。确定性影响与太阳粒子事件密切相关，它们会对宇航员的健康产生重大影响，导致任务失败[42]。

目前各个国家已经执行了多次载人航天任务，宇航员的辐射暴露程度可以直接进行测量。Cucinotta等[43]根据测量结果将有效剂量（Effective Dose Rates）作为辐射暴露值。在400km高度环绕地球运行的空间站上的宇航员通常每天暴露在超过0.5mSv的剂量下；在Apollo载人登月期间测量的宇航员有效辐射剂量每天在0.7~3mSv之间。根据国际放射防护委员会（ICRP）等机构制定的辐射剂量限值，如果人体瞬间接受辐射量超过250mSv，身体就会造成不可见的伤害，超过2Sv（1mSv=0.001Sv）则有致死的可能，超过6Sv而未经适当医护，死亡率为百分之百，地球上普通人受到的累计辐射平均值为每年2.4mSv，所以处于月球表面的人类一天受到的辐射量就等同于地球人类一年的辐射剂量。除此之外，表2-2列出了ESA剂量限值；表2-3列出了NASA给出的1年期任务的职业生涯有效剂量限值，其中由于辐射暴露造成的平均寿命损失也包含在括号内。

ESA剂量限值[43]　　　　　　　　　　　　　表2-2

限制	值	注释
职业生涯	1Sv（1000mSv）	ICRP−无年龄或性别依赖性
造血器官（BFO）	0.25Sv（每30天） 0.5Sv（每年）	ISS共识限制
眼睛	0.5Sv（每30天） 1.0Sv（每年）	
皮肤	1.5Sv（每30天） 4.0Sv（每年）	

NASA对男性和女性宇航员的职业生涯有效剂量限值示例[42] 表2-3

年龄（岁）	1年期任务职业生涯有效剂量限值（mSv）	
	男性	女性
30	620（15.4）	470（15.7）
35	720（15.4）	550（15.3）
40	800（15.0）	620（14.7）
45	950（14.2）	750（14.0）
50	1150（12.5）	920（13.2）
55	1470（11.5）	1120（12.2）

注：本表中括号内数值表示平均寿命损失，以年为单位。

2.5.3 强辐射环境下的原位建造

为了减轻辐射对未来的月球宇航员的潜在健康影响，月球原位建造结构必须采取适当的辐射防护措施，包括使用适当的居住和工作结构、地下基础、特殊材料以及严格控制暴露时间。例如在进行月面原位建造基地时，需要额外通过烧结风化层等方式建造辐射屏蔽层，减少结构内部辐射剂量，为宇航员的安全工作与生活提供保障。此外，还需要进行详细的辐射监测和研究，以更好地了解月球上的辐射环境，以及开发更有效的辐射保护方法。

2.6 月面微流星体冲击环境

2.6.1 微流星体基本特征

要确定微流星体环境对月面结构所带来的风险和威胁，首先需要了解和确定其基本特征，如大小、质量和密度。微流星体是质量$10^{-6} \sim 1g$的小型固态粒子，直径通常不足1mm，起源于彗星、小行星和其他星际碎片等各种天文物体[44,45]。微流星体虽然直径相对较小，但由于其具有超高速度，在碰撞前仍有较大的动能，其在撞击月球表面之前的速度为0～72km/s，平均速度可以达到20km/s[44]。在发生碰撞时，微流星体的能量会以冲击波的形式直接传递到建筑结构上，有可能导致结构发生损伤甚至是毁灭性破坏。由于月面原位建造结构的广泛应用，不管是无人探月任务和有人月球基地任务均面临着微流星体超高速撞击的潜在威胁。

2.6.2　微流星体通量

研究微流星体撞击月球的一个重要技术是了解目前月球流星体的通量及其在月球表面产生的事件。图2-10为月球轨道的四个不同区域（30°～330°、150°～210°、60°～120°和240°～300°）微流星体通量和月球上各个地方纬度之间的函数关系[44,45]。月球微流星体通量的模型可以通过几种不同的方法来建立，例如月震试验、照相测量和流星体收集器的分析。其中MEM（Meteoroid Engineering Model）是NASA开发的一个流星体工程模型，于2004年提出，并持续发展改进，旨在用于表征对NASA载人任务和无人航天器构成威胁的流星体颗粒。该模型将具有威胁的流星体质量范围定义在10^{-6}～10g之间，这是因为小于10^{-6}g的颗粒不太可能穿透航天器材料，大于10g的颗粒过于罕见，不会构成重大威胁。

图2-11（a）为MEM中的微流星体通量与其质量之间的关系曲线。MEM假设的微流星体平均密度为1g/cm³，并假设其为球体[45]。由图2-11（a）可以

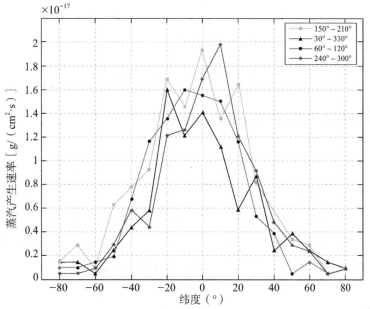

图2-10　月球轨道上不同区域的微流星体通量与月球纬度之间的函数关系[44,45]

看出，质量为10^{-6}g的微流星体的通量为5.71$m^{-2}yr^{-1}$，表示的是每平方米的月球表面上，平均每年受到5.71个质量为10^{-6}g的微流星体的撞击；而质量为10g的微流星体的通量约为$10^{-9}m^{-2}yr^{-1}$，表示的是每平方米的月球表面上，平均每年受到10^{-9}个质量为10g的微流星体的撞击。图2-11（b）为假设在月球表面暴露一年的平面铝合金靶上的预期累积陨石坑密度，可以看出，每平方米的月球表面上，每年产生约30个尺寸大于0.1mm的微陨石坑，表明月球微流星体的撞击要更加频繁。研究推测，月球上约150m^2的表面每年平均会被一个直径大于0.5mm的微流星体以13km/s的速度撞击，这种撞击规模和速度足以对铝合金材料造成一个直径大于1.8mm且深度大于1mm的坑洞。而尺寸约为0.1mm的微流星体，即使在金属目标上也可以产生直径为350μm且深度相当的坑洞[23]。从图2-11（a）和图2-11（b）可以看出，质量越大（尺寸越大）的流星体越罕见。

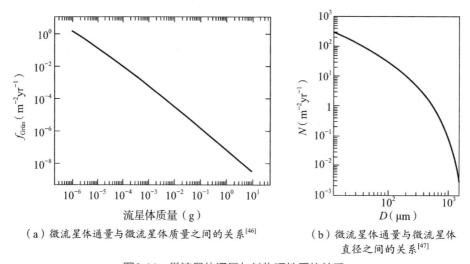

（a）微流星体通量与微流星体质量之间的关系[46]　　（b）微流星体通量与微流星体直径之间的关系[47]

图2-11　微流星体通量与其物理性质的关系

2.6.3　微流星体冲击环境下的原位建造

　　鉴于这些微流星体撞击事件的频率和高能量性质，加上它们撞击月球的不可预测性，月球表面的微流星体威胁是月球探索和月球建设的各个阶段研究中的重点。为了确保未来月球基地和其他月面设施的可靠性和稳定性，迫切需要深入研究月面原位建造结构的微流星体冲击防护问题。因此，在充分了解月球微流星体环境后，在设计月球结构时需要着重考虑微流星体防护等相关措施。

第**3**章

月面原位建造的
典型结构

本书依据不同的建造方式将月面建筑结构分为刚性结构、可展开式结构和充气式结构。

刚性结构：刚性结构包括砌筑拼装结构和3D打印结构。砌筑拼装结构的核心思想是在月面上利用增材制造的方式制造砌块或模块化建筑构件，通过粘结、榫卯连接、互锁作用等方式，在机器人的帮助下实现砌块或模块化建筑构件之间的拼接。这种结构的优点在于损坏时只需更换小部分构件即可，避免了结构部分破坏导致整体失效；3D打印结构主要通过利用月球风化层进行增材制造的方式实现结构的整体式建造。这种结构方案极大地利用了月球原位资源，具有可持续建造和发展的功能特点。但这种类型建造方案难度较大，关键核心技术有待进一步突破。

可展开式结构：可展开式结构是在地球预制建筑结构的核心部分，并能够以折叠、收缩的形式进行运输，到达月面后建筑结构的核心部分由折叠收缩的状态缓慢展开，以获得支撑建筑结构的骨架。该结构类型最大的优点是可以在运输过程中紧凑地存放，减少占用空间。目前大多数可展开式结构都集中应用在小型、轻量级的结构上。

充气式结构：充气式结构一般由具有高强度、耐高低温、抗辐射等功能的纤维织物通过充气或加压等方式膨胀形成。它们可以轻松地从占用最小空间体积的初始状态膨胀成设计的结构形式，从而获得更大使用体积以达到人类生活所需的空间环境。充气式结构由于预期的内部压力，它们可以有效地承受高拉力，以及在充气之前，它们占用的空间很小，因此可以轻松地进行运输，极大地节约了运输成本。与可展开式结构不同的是，充气式结构是通过向结构内部充入气体的方式来完成结构的成型，而可展开式结构则是通过机械运动的方式将建筑结构从折叠收缩的状态变成展开状态。

3.1 月面原位建造的典型结构形式

3.1.1 刚性结构

1. ESA月球村概念

月球村（Moon Village）是欧洲航天局（ESA）提出的一个概念，旨在促进工业、学术界和专业人士之间的国际合作，实现共同目标，其概念设计如图3-1所示。

作为ESA月球村计划的一部分，月球村的概念研究由建筑公司与ESA和麻省理工学院航空航天系合作进行。

月球村计划旨在在月球南极附近的沙克尔顿陨石坑边缘建造大型永久人类定居点，并对该区域珍贵的自然资源进行大规模开发，在满足资源供给需求的同时完成科学研究目标。为了适应沙克尔顿陨石坑边缘的不规则地形，月球村的总体布局被设计成线性分布。

月球栖息地（Lunar Habitat）是月球村的核心，ESA初步计划将一批月球栖息地部署在月面上构成月球村基本型，允许宇航员在月球上工作和生活，并继续建造月球村。未来随着额外的基础设施与设备发射至月面，月球村将不断扩大规模并完善功能。

图3-1　ESA月球村概念图[48]

2. 月球栖息地结构设计

展开后的月球栖息地总质量为65433kg，高15.5m，展开前后体积由388.53m³膨胀至698.29m³，可容纳4名宇航员在月球表面停留长达300天。月球栖息地主要由刚性支撑骨架和柔性充气外壳组成，并采用外围结构设计，相较集中结构可以完全解放中间区域，以方便人类和设备的灵活移动和运输。同时刚性骨架上还设置了窗户，可以缓解宇航员长期生活在有限环境下的心理压力。

1）刚性支撑骨架

月球栖息地的主要承载结构是刚性支撑骨架，为栖息地寿命期间提供所需的刚度、强度与稳定性。它由三根截面为1200mm×400mm的凹形钢柱组成，因此该结构也被称为"三柱"结构［图3-2（a）的外壳部分］，总质量约为30239.14kg。"三柱"结构于顶部和底部连接，中间区域均匀分布在栖息地外侧的三个方向，支撑外部柔性充气外壳和内部的活动区域，这种设计最大限度地提高整体框架的性能，并最大限度地分解内部的压力，使所有结构材料处于拉伸状态。

由于月球的低重力环境，可以减少地板结构的质量与厚度，因此月球栖息地采用0.2m厚的可展开式结构地板，如图3-2（a）所示，并且穿过"三柱"结构以提供重力荷载支撑，可承受400kg/m²的重量（包括地板和支架）。每层地板的三个柱间区域各有5根可展开支撑梁，如图3-2（b）所示，左右分别为收起和展开形态，4层总共60根，每根梁的质量与所受扭矩分别约为1kg与472N·m，它们通过铰链与地板连接，并因月球重力保持展开，起到扩大栖息地可用面积和加固整体结构的作用，每个铰链的质量与所受荷载分别约为200g和2.4kN。

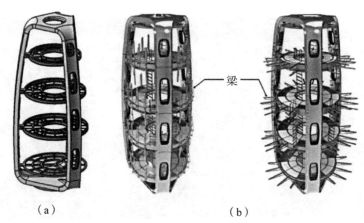

（a）   （b）

图3-2 月球村结构[48]

2）柔性充气外壳

月球栖息地采用一系列高性能纤维材料组成的柔性充气结构作为外壳，其厚度为25cm，总面积约为420m²，总质量约为7200kg（不包括原位材料）。纤维复合材料具有高韧性和较大的杨氏模量，可以使结构具备高刚度等良好机械性能。同时纤维复合材料质量很轻，相比钢或氧化铝等常见材料具有轻质优势。除此之外，纤维复合材料还具有不易腐蚀、设计自由、热伸长率低和模具成本低等优点。纤维复合材料分为二维层压复合材料与三维复合材料，与二维层压复合材料相比，三维复合材料在Z方向添加额外的黏性纤维，确保材料的抗分层性。综上所述，三维复合材料是在航空航天应用中替代金属部件的首选。常见的四种三维编织结构（正交、全厚度角度互锁、层间角度互锁、完全交错）具有高成型性，表现出较少的纱线卷曲，同时预制件可以直接放入模具中，无需其他处理。除此之外，还可以通过拉挤成型工艺制造具有恒定横截面的纤维复合材料。该工艺将浸润树脂的纤维材料拉过加热的模具，使其在通过模具时固化，稳定性和产量均很高，生产的复合纤维材料主要作为低成本单向增强纤维或者粗纱使用。

3）原位建造辐射屏蔽层

由于月球的大气层非常稀薄，因此运行阶段的月球栖息地会暴露在银河宇宙射线（GCR）和太阳高能粒子（SEP）中。根据ESA近地轨道任务和NASA一年期任务辐射剂量限值，月球栖息地内人类活动区域的BFO剂量当量不得超过500mSv/年和250mSv/月。由于其外部的充气外壳不能提供足够的辐射屏蔽，栖息地需要在内部或周围添加和优化额外的辐射屏蔽以保护内部的人类活动。月球村计划采用创建避难所的方案，即通过局部加厚墙壁在栖息地内创建一个安全区域，宇航员在其中度过大部分时间，以达到辐射屏蔽目的，相较于广泛屏蔽方案更加节省资源。

为了验证该方案的有效性，设置了三种方案进行对比分析，每种方案辐射屏蔽设施的属性如表3-1所示。方案1为没有任何额外辐射屏蔽的空白方案，如图3-3（a）所示；方案2为避难所方案，用较薄的烧结/松散风化层覆盖整个栖息地充气外壳，同时用较厚的烧结/松散风化层覆盖整个底层，并在底层的顶部设置一个水箱，形成避难所，如图3-3（b）所示；方案3为广泛屏蔽方案，它将栖息地部分置于地下，同时用更厚的烧结/松散风化层覆盖整个栖息地，并在栖息地上方设置更厚的水箱，如图3-3（c）所示。基于射线追踪法对三种方案进行分析，得到GCR和SEP在栖息地不同位置的BFO平均剂量当量估计值，如表3-2所示，并与500mSv/年和250mSv/月两个标准进行比较。方案1结果表明，额外的辐射屏蔽是有必要的，同时由于栖息地底层的储存空间以及上方三层的屏蔽，栖息地底层比顶层得到更多的辐射屏蔽；方案2结果表明，形成的避难所可以满足辐射屏蔽要求；方案3结果表明，广泛屏蔽方案和/或将栖息地部分置于地下，辐射屏蔽效果更好，未来可以作为避难所方案的改进方向。

不同方案的辐射屏蔽设施属性　　　　　　　　　　表3-1

辐射屏蔽方案	辐射屏蔽设施	厚度（cm）	平均密度（g/cm³）	质量（kg）
方案1	充气外壳	25	0.7	7205
方案2（相较于方案1）	覆盖充气外壳的烧结/松散风化层	4/2	1.5/3	25238
	覆盖避难所的烧结/松散风化层	40/20	1.5/3	118187
	栖息地/避难所顶层的水	10	1	～8000
方案3（相较于方案1）	围绕栖息地的烧结/松散风化层	50/25	1.5/3	492798
	栖息地/避难所顶层的水	20	1	～16000

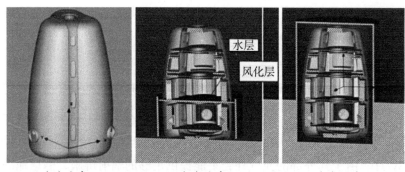

（a）方案1　　　　　　　（b）方案2　　　　　　　（c）方案3

图3-3　三种辐射屏蔽方案[48]

三种不同辐射屏蔽方案的栖息地BFO平均剂量当量估计值　　　表3-2

辐射屏蔽方案	底层SEP ［mSv/年（月）］	底层GCR （mSv/年）	顶层GCR （mSv/年）	年度总计 （mSv/年）
方案1	720（241）	225	274	994
方案2	228（82）	201	248	466
方案3	71（27）	128	206	227

3.1.2　可展开式结构

美国科学家提出的一种混合型月球充气结构（Hybrid Lunar Inflatable Structure，HLIS）采用的是可展开式结构的设计方案，其由刚性结构和充气织物部分组成[49]。HLIS月球栖息地结构设计的灵感来自雨伞的折叠和展开功能：普通雨伞在不使用时能够折叠成高度紧凑的外形，并在使用时扩展成宽阔的圆顶。HLIS月球栖息地结构的框架在地球工厂加工预制完成，在从地球到月球部署地点的运输过程中能够收缩成紧凑的形式以减少结构所占的体积。当到达月面后，HLIS月球栖息地结构逐渐展开并充气形成最终的状态。图3-4为HLIS月球栖息地结构折叠和展开过程示意图。

在该设计方案中，HLIS月球栖息地结构可以提供与全刚性结构相当的结构能力，具有良好的承载能力，同时具有充气结构的加压和较大空间的存储能力。与纯充气的月球基地结构相比，HLIS月球栖息地结构有几个优点：设计相对简单、自主且耐用。它在设计上不像完全充气结构那样简单，也不像完全刚性结构那样复杂。该结构旨在从地球发射并在月球表面上自动展开，减少了展开时大型建筑设备和人员存在的需求。在HLIS月球栖息地结构完全展开并部署充气织物圆顶结构后，可在其最外层覆盖并压实月壤以形成防护层，保护其中的人员、科学设备和仪器免受微陨石撞击、辐

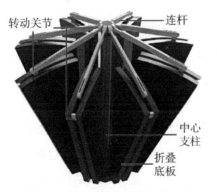

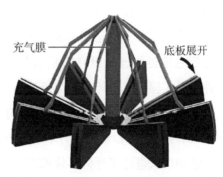

（a）HLIS月球栖息地结构折叠状态　　　　　　（b）HLIS月球栖息地结构展开过程状态

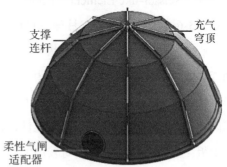

（c）HLIS月球栖息地结构刚性框架完全　　　　（d）HLIS月球栖息地结构完全展开后部
　　　　展开状态　　　　　　　　　　　　　　　　　署充气织物圆顶

图3-4　HLIS月球栖息地结构折叠和展开过程[49]

射、极端温度变化等危害。

　　为将HLIS月球栖息地结构在实际中制造出来，该结构经历了多次设计迭代，以简化和支持其制造过程。研究者开发了一种利用加压气体释放进行自主展开的新型展开机制，并在实验室条件下制造了一个原型，如图3-5所示，其展示HLIS月球

（a）结构展开过程　　　　　　　　　　　　（b）综合展开测试

图3-5　HLIS月球栖息地结构实际展开过程[49]

栖息地结构的可行性，为未来的研究奠定了坚实的基础。

为解决飞行任务中运载体积的限制，加拿大学者Amin Lak和Maziar Asefi[50]在对月球栖息地进行理论研究的基础上，分析了可变形、可展开月球结构的评价标准，并进行实验研究以评估整个结构的最佳展开策略。通过刚性板与薄膜结构的结合，他们提出了一种通过简单的可移动关节运动进行展开的月球栖息地结构。在Rhino和Grasshopper参数化设计软件中建立了物理和数字参数化建模过程，对不同的几何结构形式进行了评估，优选出合适的结构方案。他们在该结构方案中应用剪刀状元件（Scissor-like Element）机制完成了可展开式月球栖息地设计。

如图3-6所示，可展开式月球栖息地结构由两个成角度的剪刀状单元环、一个中心核心、一组改良的极性剪刀状单元、一组简单的互连线性元件、一个可移动的中间连接元件、刚性面板、一个间距元件和一个压力防护层组成。改良的极性剪刀状单元作为屋面主结构，成角度的剪刀状单元环组成以中央结构为中心的上下两个相同的环，并通过简单的互连线性元件连接，刚性面板和压力防护层则作为竖向防护和地板。这种结构提供了相对较高的对极端环境的保护，由于其快速和简单的部署机制，减少了组装所需的舱外活动时间。结构的折叠状态使子系统的集成具有较小的体积。

（a）结构折叠和展开状态　　　　　　（b）小规模原型结构的折叠和展开状态

图3-6　可展开式月球栖息地结构[50]

如图3-7所示，该结构提供大约170m³的内部体积，允许4名宇航员在月球表面定居，执行为期180天的任务。Amin Lak和Maziar Asefi[50]提出的结构系统将充气结构中的快速充气展开机制与刚性结构的适当保护特性相结合，以降低与月球定居计划相关的成本。除此之外，该结构考虑使用保护板覆盖在栖息地的顶部，提供相对较高的保护程度。

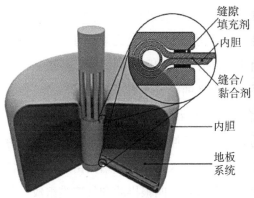
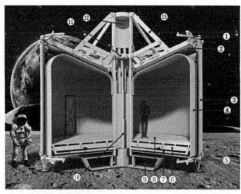

图3-7　栖息地处于展开状态的剖面图[50]

①—上环；②—顶板；③—墙板；④—压力屏障；⑤—下环；⑥—互连线性元件；⑦—多级千斤顶；
⑧—地板；⑨—间距元件；⑩—执行系统；⑪—可移动中心元件；⑫—中央核心；⑬—极性剪刀状单元

3.1.3　充气式结构

　　1986年，NASA约翰逊航天中心[51]提出了一种充气式月球栖息地方案，图3-8展示了该栖息地方案的内部结构和出入口。这种充气式月球栖息地由填充有结构泡沫的双层表皮膜构成，其中加压圆环下部结构提供边缘支撑，并由覆盖的月球风化层提供防护作用。施工过程中需要对地面进行整形，并在其上展开未充气的结构，然后对环形下部结构进行加压，之后将结构泡沫注入充气部件，并对内部隔间加压。充气式月球栖息地的底部需要填充压实的土壤，以提供稳定和平坦的内部地板表面。在设计方案中，这种充气球体的设计直径为16m，体积为2145m^3。充气外壳由高强度芳纶纤维Kevlar-29制成，厚度为0.114mm，破坏强度为525N/cm^2，外壳质量约为2200kg。

图3-8　充气式月球栖息地[51]

一般的充气式月面栖息地结构是可折叠的，这样的设计便于小型运载火箭运输，从而降低了运输成本。此外，与刚性机械结构相比，充气式柔性可展开结构的总重量更低，更有助于降低发射成本。由于其展开和功能所需的机械部件最少，充气式结构还具有降低系统复杂性和提高系统可靠性的固有优势。

另一个充气式月球栖息地结构的概念设计是枕状充气结构[52]，如图3-9所示。该月球栖息地由使用纤维复合材料填充的充气加压拉伸结构组成。结构的保护层由月球风化层覆盖而成，并通过开口等方式容纳阳光进入其中。该结构由几个基本模块组成，每个模块由屋顶和地板膜、四根立柱和基脚、四根拱肋和外墙膜组成。每个模块的尺寸为6.1m×6.1m×3.0m，屋顶薄膜的曲率半径为6.1m。这种模块化方法使用最少数量的结构部件，以便于生产制造、外墙膜的可扩展性和模块化。因此，这种由复合薄膜组成的模块化充气结构可概述为：

（1）初步模块尺寸为6.1m×6.1m×3.0m，屋顶薄膜的曲率半径为6.1m；

（2）3.3m月壤防护、0.3mm厚的屋顶薄膜与1.94mm厚的柱薄膜；

（3）组件被连接成模块，可根据所需的建筑形式组装成更大的结构。

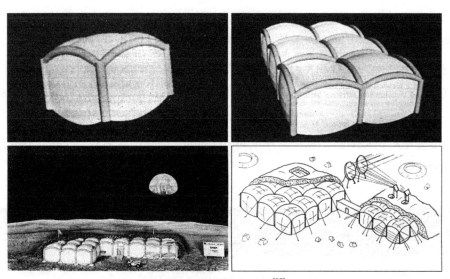

图3-9　枕状充气结构[52]

TransHab是一种独特的充气式混合结构[53]，它由一个可充气的外壳和一个中央结构核心组成。TransHab利用机械连接将增强碳基复合材料结构与"编织"的压力壳连接起来，具有充气结构的包装和质量效率，以及刚性结构的优点。TransHab内部分为三层，分别用于不同的工作和生活场景，主要目标是为长期月面任务提供一个栖息地，它被视为在太空和月球上建造地外建筑的第一步。TransHab混合结构将重量轻与强度高两种优势结合在一起，具有可靠性和可修复性，并提供保护，免受空间辐射和微流星体的影响。

如图3-10所示，TransHab结构由纵梁、发射架、舱壁、防辐射水箱、公用设施和集成的管道系统组成。多层外壳是TransHab的主要结构，在发射时围绕核心结构进行折叠和压缩。一旦结构进入轨道，它就会被充气填充。充气舱包含乘员舱，提供轨道碎片保护和隔热。微流星体轨道碎片防护屏障由多层复合材料组成，可以吸收以超高速运动的粒子和碎片。Kevlar防护层的设计可容纳多达四个大气压，同时气囊和内部防护分别提供阻燃和耐磨保护。该项目的主要目标是为长期太空任务提供一个栖息地，满足以前经验中已知的所有要求。

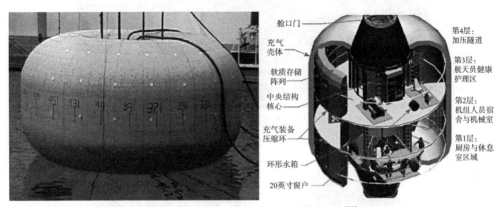

图3-10 TransHab结构及其剖面结构[53]

NASA约翰逊航天中心提出了一种名为LS1型柔性可展开式月球栖息地的设计方案[54]，如图3-11所示。LS1型柔性可展开式月球栖息地主体部分由两个旋转的椭圆柔性可展开月球居住单元组成，其中一个是航天员居住舱，另外一个是实验舱。每个舱体直径8.5m，长度3.6m，体积约174m³，可居住4名航天员。如果在两个旋转的椭圆柔性可展开月球居住单元的基础上增加一个体积为78m³的柔性月球栖息地后勤保障舱，可满足4名航天员180天的月面探测和科研需求。每个椭圆柔性可展开月球居住单元的四周设计有3个标准化对接口，其中1个接口连接气闸舱，另外2个接口可与其他单元连接，形成更大的月球基地结构。

如图3-12所示，旋转椭圆体柔性可展开月球居住舱单元的设计来源于TransHab太空舱结构，其核心装置为内部中心的刚性结构芯轴。芯轴由可展开的横板和固定的竖向支撑柱组成，对接口和出入舱口作为可展开横板的一部分，收拢于结构中心，支撑柱的顶端和底部连接有圆形的平板，并将结构内部划分为多个部分。柔性可展开蒙皮在折叠状态下封装于结构中心，在充气展开状态下形成围绕刚性芯轴的环形柔性结构，具体展开过程如图3-12所示。

图3-11　LS1型柔性可展开式月球栖息地[54]

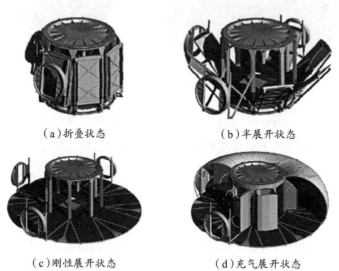

（a）折叠状态　　　　　　　　　（b）半展开状态

（c）刚性展开状态　　　　　　　　（d）充气展开状态

图3-12　旋转椭圆体柔性可展开月球居住舱单元展开过程[54]

3.1.4　结构形式对比

根据上述对月面原位建造典型结构的介绍，月球原位建造典型方案可分为刚性结构、可展开式结构和充气式结构三种方案，这三种方案各有优缺点，适用于不同月面任务时间的月球栖息地。对于三种典型月面原位建造结构的优缺点总结如表3-3所示。

三种典型月面原位建造结构的优缺点对比分析　　　　　表3-3

结构类型	优点	缺点
刚性结构	（1）保留了刚性+柔性舱结构优点 （2）可利用月面资源进行防护层的构建和维护 （3）载人月球栖息地的使用寿命长	（1）需解决月面资源开采利用技术等一系列问题，技术难度大 （2）需要一系列载人月球栖息地构建设备，包括施工机械、月球车和月球机器人等，月面构建过程复杂
可展开式结构	（1）保留了刚性舱结构优点 （2）扩展了登月宇航员的舱内活动空间 （3）柔性舱便于发射时携带及月面运输	（1）柔性舱构建、密封、安装测试、防护技术难度较大 （2）受月面恶劣环境的影响较大，寿命较短
充气式结构	（1）重量轻，体积小，降低了发射成本 （2）能够迅速展开和充气成型，构建速度更快 （3）可以调整大小和形状，可扩展性较好	（1）充气式结构的抗压能力和抗冲击能力较弱 （2）内部需保持一定的气压以维持结构稳定性，要求材料和连接部位具有极高的气密性

但是，在其他关键结构功能如防护能力、驻留时间、逃生功能等方面，刚性结构具有明显的优势。

1. 防护能力

防护能力包括科研站对大温变以及宇宙辐射的防护。可展开式结构主要由金属材料建造而成，考虑到从地面运输的成本较高，因此其壁厚不宜过大，金属等材料的防辐射能力较差且导热率较高，因此由金属材料构成的移动式刚性站的防辐射能力较差、抗温变能力中等；对于柔性可展开式结构，由于其仅仅由非常薄的一层膜构造而成，尽管具有较高的抗拉性能，但是无法抵御较强的辐射与大温变，因此防辐射能力较差、抗温变能力较差；对于刚性结构，可由混凝土等材料建造而成，厚度较大，且混凝土材料抵抗辐射与大温变的能力较强。此外，混凝土上部可覆盖月壤，可以有效屏蔽宇宙辐射以及大温变。因此，刚性结构防辐射能力、抗温变能力较强。

2. 驻留时间

可展开式结构内部空间小，防护能力较差，内部可携带资源有限，因此无法支持宇航员长期生存，难以支持长期驻留；充气式结构虽然防护能力较差，但是内部空间较大，可以容纳较多配套设施，因此能够支持较长时间月面驻留，但存在一定风险；刚性结构防护能力较好，且可以实现大规模建造，内部空间较大，可以容纳较多的配套设施，因此刚性结构可以支持较长时间月面驻留。

3. 逃生功能

考虑到可展开式结构尺寸小，内部功能区划分单一，无法设置多舱段多出口逃生方案，且逃生设备的搭载和维持能力有限，因此可展开式结构的逃生功能有限；对于充气式结构，在长期使用中可能出现材料老化、气体泄漏等问题，需要定期检查和维护，充气设备的故障或失效可能影响整个逃生系统的有效性；对于刚性结构，由于内部空间较大，可以划分多个功能区及多舱段，并且可以设计多个逃生出口，在某个舱段发生意外后，宇航员也有足够的时间逃生至其他舱段，因此刚性结构的逃生功能较强。

综上所述，月面刚性结构具备多项关键优点，首先是其强大的力学稳定性和结构耐久性，能够抵御月球表面的微陨石撞击、极端温差变化以及低重力环境下的应力变形，从而确保建筑物的长期稳定存在。其次，这类结构可通过合理设计和选用高性能材料，有效隔绝月表温度变化对内部环境的影响，提供适宜宇航员居住和科研设备正常运作的恒定温度条件。再次，刚性结构具有良好的扩展性和模块化设计潜力，可以根据任务需求灵活配置和升级，有利于未来月球栖息地的可持续发展。最后，与可展开式结构和充气式结构相比，刚性结构在初始部署时虽然运输成本相对较高，但在运营阶段的可靠性和安全性更能满足长期无人或有人值守任务的严格要求。

下面将围绕刚性结构具体介绍砌筑拼装结构和3D打印结构。

3.2 砌筑拼装结构

3.2.1 月球基地砌筑拼装结构

在过去的历史中，楔形拱石（Voussoir）圆顶建筑因其坚固的结构性能和就地材料利用的优点获得人类的青睐。NASA提出了一种月面拼装结构[55]，组成该结构的模块化砌块是通过在月球风化层模拟物和铝粉的混合物中引发地热反应制造的，该结构可以保护宇航员和设备免受微流星体的撞击和辐射。

历史中的楔形拱石圆顶建筑证明，这种结构的接缝在不使用砂浆或其他水泥的情况下也能保持稳定。当然，楔形拱石圆顶建筑也可以与能够密封或者粘结的材料结合使用，以提高结构的强度和稳定性。

在该月面结构方案设计中，楔形拱石圆顶建筑的设计利用了经典砌体结构的三个基本假设：砌体没有抗拉强度，应力足够低，可以认为砌体具有无限的抗压强度且不会发生滑动破坏。楔形拱石圆顶建筑可以使用来自风化层模拟物—铝粉地热反应的材料来制造：

（1）可以使用强度相对较低的材料来生产坚固、稳定的结构。

（2）大型结构的组装可以使用小单元（块）完成。

（3）砌块可以简单地以正确的顺序堆叠从而构建稳定的结构。

该方案设计了具有代表性的楔形拱石圆顶建筑后，便确定了楔形砌块的几何形状。结构的圆顶近似于八角形，考虑到整体结构的形状，完整的模型结构总共需要33个砌块，同时设计了5种不同的基本砌块。为简单起见，对整个结构进行了简化，删除了入口、出口和窗户等细节。NASA提出的5种不同的基本砌块和Voussoir砌块圆顶结构如图3-13所示。

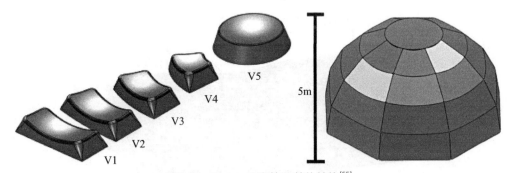

图3-13　Voussoir砌块和整体结构[55]

虽然楔形砌块穹顶的概念足以保证结构完整性，但保持气压稳定和其他设计要求可能需要阻隔材料，因此将阻隔材料集成到大型结构中至关重要。图3-14为该团队提出的可能解决方案和组装方案。

该方案的组装步骤如下：

（1）安装基石：这些类似于铺路材料——由地热反应产生。

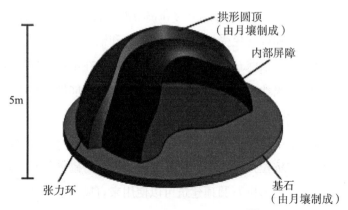

图3-14 栖息地建筑的横截面[55]

（2）安装和充气内部屏障：这可能是一层坚硬的膜，可以抵抗微陨石撞击，并作为环境密封的主要部件——从地球运输过来。

（3）竖立土质圆顶——由地热反应产生。

（4）安装张力环：把从地球运来的部件组装起来。

在方案设计中，膨胀的内膜将作为支撑结构，直到圆顶结构施工完成。用于入口/出口的拱顶和舱门等元件需要更详细的设计，以提供所需的抗压载荷以及适当的密封。舱门等组件需要从地球运输，并且需要与着陆器集成，以最大限度地减少发射质量。图3-15是楔形拱石砌块月球基地群落的示意图。

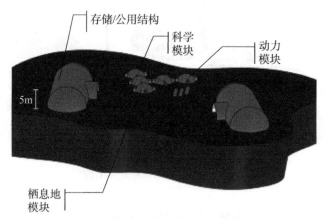

图3-15 月球基地布局的概念[55]

华中科技大学提出了一种名为"玄武基地"砌筑拼装的拱形月面结构方案[56]，其概念设计起源于中国古代文化中四大神兽之一的玄武，形状类似于黑龟。在玄武神兽图腾的基础上，将玄武基地的整体造型进行概括和浓缩，并在设计中运用参数化、模块化等方法，形成了以拱形结构为基础的建筑轮廓。在这个设计中，建筑物的外立面不是传统的平面，而是倾斜和交错的。玄武基地主要由拱门和拱脚结构组成。拱形结构具有稳定的结构形式，在荷载作用下主要承受轴向压力，同时使应力可以比较均匀地分布，从而避免应力集中。玄武基地还在外层设计有保护层，可用于防护辐射和隔热等。图3-16为玄武基地及其组成结构概念图。

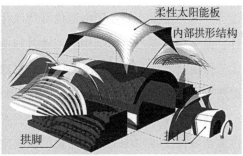

图3-16　玄武基地及其组成结构概念图[56]

在玄武基地的概念设计中，另一个不同于其他月面结构设计的特点是标准化和可扩展的设计架构。如图3-17所示，几个标准化的月球基地通过通道相互连接，形成不同的月球栖息地群落。标准化的设计通过提供增强的建筑部件来帮助改进玄武基地的设计，从而带来灵活性、可扩展性和可维护性等优点。月球居住设计是一项困难且耗时的任务，必须处理相互冲突的因素和组织建筑元素的不同方式。因此，玄武基地这种建筑风格的优点在于标准化的月球居住，简单的连接部件，以及可持续的建设。

玄武基地月球结构预期使用寿命大于30年，可供3~6人使用。鉴于月面极端环境条件，应选择合适的结构形状，并将月球栖息地设计为模块化结构形式，以便在需

图3-17　玄武基地群落示意图[56]

要时可以组装标准化的紧急逃生箱和空间车库。在此之后，行星乐高积木将被设计用于月球现场建筑，该建筑将由一系列标准的可竖立方块和拱形屋顶部分组成，它们由原位月球风化层制成。行星乐高积木的尺寸可遵循一定的标准模数。榫卯结构是中国古代建筑、家具等木制器具的主要结构模式。拱形结构也用于许多传统的中国建筑中。结合上述两种结构，提出了使用预制积木的可竖立月球栖息地的概念结构设计。本方案提出的使用由原位月球风化层制成的预制积木的可竖立月球栖息地设计，是一个半球形拱形结构。拟建月球栖息地的侧墙和地基由立方块制成，屋顶由拱形屋顶段竖立，顶部放置了2m厚的月球风化层以保护整个结构。2m的月球风化层屏蔽层可以保护月球极端环境下的压力和辐射，它还可以防止结构的内部空气泄漏。

　　该方案使用模块化预制建筑砌块或拱段构件作为拱门和拱脚的基本单元结构，以原位月球风化层作为建造原料，并采用高温烧结的方式进行制造。在预制建筑砌块或拱段构件制造完成后，由中国超级泥瓦匠（Chinese Super Mason，CSM）按照结构设计拼装而成。CSM技术是一种自主机器人施工建造系统，能够在现场自动组装预制的结构砖块和拱段。玄武基地的侧壁和地基由立方块拼装而成，屋顶由带有点动接头的拱形段拼装而成。在整体结构拼装完成后，还在顶部覆盖了2m厚的月球风化层，以保护整个结构免受月面极端环境的影响。在该方案中，设计了月球风化层模块化预制建筑砌块或拱段构件的结构方案，如图3-18所示。整个玄武基地结构长14.0m，宽8.0m，高5.5m。

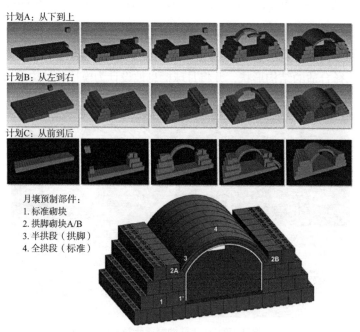

图3-18　玄武基地的拼装过程及最终结构示意图[56]

如图3-19所示，分别设计了六种类型的砌块，即标准砌块、矩形砌块、拱脚砌块A/B、全拱段和半拱段[57]。设计的标准块的大小遵循一定的标准模量，在该方案中建议模量尺寸为1m。每两个标准块的点动接头是四个齿槽接头。矩形块设计为标准块的一半。凸起的拱脚块A和凹形的拱脚块B设计用于固定拱形屋顶段，而拱形屋顶部分也具有凸边和凹边。由于拱顶段的交错接合装配模式，每隔一个拱门都使用半拱顶段。这种设计能够连接多个模块化结构单元，根据需要纵向竖立更复杂的月球栖息地结构。月球风化层覆盖整个结构，以抵抗月球上的极端温度和陨石撞击。风化层的厚度是根据先前的研究结果确定的，在本方案中，月球风化层的厚度假设为2m。

在月球栖息地结构设计中，考虑了低重力、真空、温度和陨石撞击。这部分实

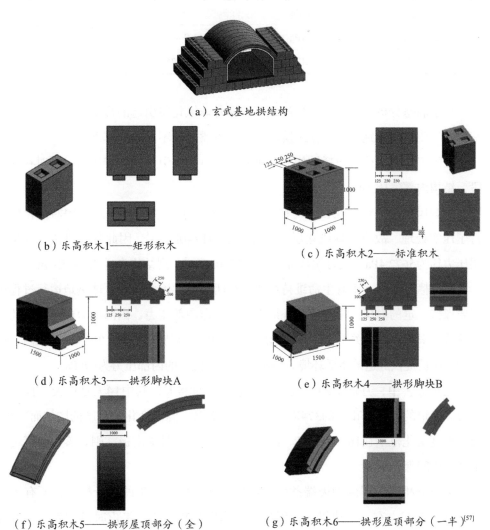

（a）玄武基地拱结构

（b）乐高积木1——矩形积木　　　　　　　　　　（c）乐高积木2——标准积木

（d）乐高积木3——拱形脚块A　　　　　　　　　　（e）乐高积木4——拱形脚块B

（f）乐高积木5——拱形屋顶部分（全）　　　　　（g）乐高积木6——拱形屋顶部分（一半）[57]

图3-19　行星乐高积木设计（mm）

现了静态分析、热分析和陨石撞击分析。设计月球栖息地的目的是保护宇航员并为他们提供休息的地方。辐射不是影响结构性能的因素，因此未将其纳入模型中。当然，2m的月球风化层也足以抵御月球极端环境下的辐射。

在提出了玄武基地的设计方案后，该团队利用ABAQUS软件对该结构进行了受力分析，以验证其可靠性。行星乐高积木和月球风化层的材料特性如表3-4所示。

行星乐高积木和月球风化层的材料特性[57]   表3-4

指数	单位	行星乐高积木	月球风化层
密度	kg/m^3	2500	1740
泊松比	—	0.21	0.3
杨氏模量	GPa	21.4	0.06
抗拉强度	MPa	3.9 ~ 7.6	—
抗压强度	MPa	39 ~ 75.7	—

对于静态分析，考虑了三种静载荷，即月球风化层引起的覆土压力、结构自重和内部气压，并分别考虑了施工阶段和运营阶段两种不同的工作条件。

在施工阶段，荷载包括结构的自重和月球风化层引起的覆盖压力，同时在此阶段，结构内部气压为0。

月球风化层的密度在1500 ~ 1700kg/m^{3}之间变化，由于施工过程中对风化层进行了压实处理，故将月球风化层的密度设定为1740kg/m^3，因此月球风化层的覆盖层压力约为5672.4Pa。设月壤块体密度为2500kg/m^3，则结构自重为4075N/m^3。

月球栖息地是一个有生命维持系统的封闭环境。因此，在月球基地运行过程中需要保持一定的内压。由于没有外部空气来平衡内部压力，内部压力成为结构的不利荷载。根据一些相关工作，月球栖息地内部压力维持在34.5 ~ 101.4kPa范围内，可以为宇航员提供舒适的生活环境。在本方案中，设计的内部压力为69kPa。

在热分析中，月球上的一天相当于地球上的28天，其中14天是白天，14天是黑夜。赤道的气温由正午的374K变为夜间的120K。温度变化随纬度的增加而减小，极地温度变化范围在160 ~ 120K。若玄武基地建设在月球南极，则日落后温度迅速下降，夜间保持恒定。

热力分析考虑了两种极端条件，包括月球午夜和正午的热分析。在所有工况下，均设置左、右、下边界为保温边界。由图3-20可知，午夜时月球表面温度为120K。由于夜间缺乏阳光照射，温度在月球栖息地结构表面分布均匀。与月球风

化层的温度相同，结构表面的温
度可设定为93K。在正午，月球
表面暴露面的温度设定为161.6K，
同时另一侧是120K（图3-20）。考
虑到阳光的影响，结构暴露在光
照的一面温度达到343K，另一面
温度达到105.1K。在午夜和正午，
结构内部温度均保持在296.2K
（23℃）。

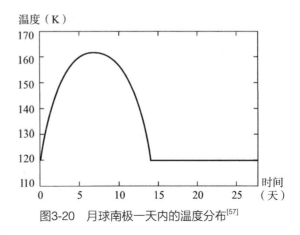

图3-20　月球南极一天内的温度分布[57]

陨石撞击分析基于SPH（平滑粒子流体动力学），这是一种用于模拟连续介质力学（如固体力学和流体流动）的计算方法。

在考虑了月球上的环境条件（地球重力的1/6，约300K的温度变化以及频繁的月震）后，为了研究玄武基地结构在这种极端载荷下的力学性能，使用有限元软件ABAQUS建立二维数值模型，对拟建的月球基地进行静态分析。采用PE4单元（四节点双线性平应变四边形）用于模拟结构的横截面。总共生成了3678个网格。月球风化层砌块的基本属性如下：弹性模量为$3.0×10^4$MPa，泊松比为0.3，密度为2500kg/m³。考虑的静载荷包括由压实的月球风化层作用在结构上的压力、结构的自重以及居住运营时保持的内部气压。玄武基地的边界荷载条件如图3-21所示。

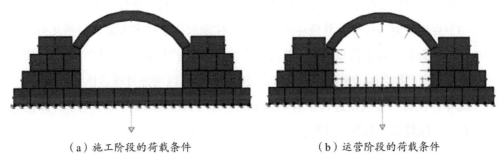

（a）施工阶段的荷载条件　　　　　　　　（b）运营阶段的荷载条件

图3-21　玄武基地的边界荷载条件[57]

模型计算结果如图3-22和图3-23所示，在施工阶段，最大主拉应力约为0.02MPa，最大主压应力约为0.11MPa；运营阶段最大主拉应力约为0.66MPa，最大主压应力约为0.11MPa。考虑到拟建的月球基地是预制结构，主拉应力决定了结构的安全性。在这种情况下，施工阶段最大主拉应力仅为0.02MPa。因此，该结构是相对安全的。而运营阶段结构最大主拉应力为0.66MPa，位于拱顶段与拱脚连接处。在实际中预制构件可能无法承受如此大的拉力，因此在该方案设计中，建议内部压力必须由内部膜承担。尽管如此，该团队还是建议增加一些特殊的结构设计来提高连接的抗拉强度。

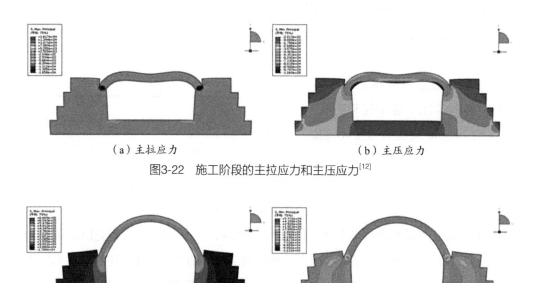

（a）主拉应力　　　　　　　　　　　　　　（b）主压应力

图3-22　施工阶段的主拉应力和主压应力[12]

（a）主拉应力　　　　　　　　　　　　　　（b）主压应力

图3-23　运行阶段的主拉应力和主压应力[57]

　　根据计算结果，所提出的玄武基地结构抗压强度相对安全，但抗拉强度必须加强，特别是各模块连接点和立方块构成的基础部分。正确的设计需要充分了解立方块点动节点中的应力分布及其破坏强度。接头性能取决于许多参数，包括几何和材料参数。接头的几何形状和所用材料的内在特性决定了力学性能。研究表明，固化后黏合层与黏附物之间的黏附力以及黏合层的内聚力可以增强月球居住的抗拉强度。

　　此外，也对三维模型进行了有限元分析。基于ABAQUS构建了用于月球栖息地分析的三维模型，如图3-24所示。

图3-24　玄武基地三维模型[57]

如上所述，施工阶段和运营阶段两种工况的模型如图3-25所示。

模型计算显示了两种工况的主拉应力等值线和主压应力等值线，如图3-26所示。结果表明：施工阶段最大主拉应力为0.083MPa，最大主压应力为0.217MPa；运营阶段最大主拉应力为0.358MPa，最大主压应力为0.208MPa。月球栖息地结构在运行阶段的最大主拉应力高达0.358MPa，位于结构顶部拱顶段之间。预制结构无法承受这样的拉力。因此，建议内部压力应由内膜承担。图3-27也显示了两个阶段结构的Von Mises应力和Tresca应力，其结果与主拉应力分析相似。

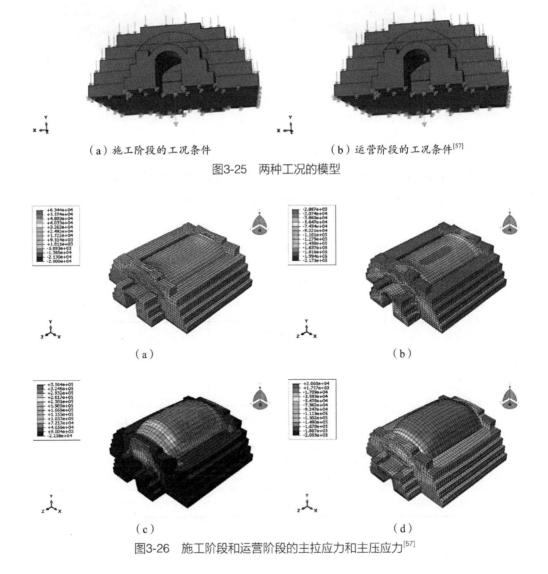

（a）施工阶段的工况条件　　　　（b）运营阶段的工况条件[57]

图3-25　两种工况的模型

（a）　　　　　　　　　　（b）

（c）　　　　　　　　　　（d）

图3-26　施工阶段和运营阶段的主拉应力和主压应力[57]

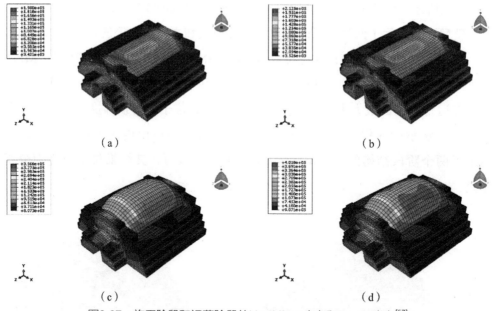

图3-27　施工阶段和运营阶段的Von Mises应力和Tresca应力[57]

在热力分析中，午夜和正午的月球栖息地的热边界条件如表3-5所示。月球栖息地结构由月球风化层、地基和结构组成。根据相关工作，月球风化层的比热容和导热系数随温度在100～350K之间的变化关系，如表3-6所示。

午夜和正午的月球栖息地的热边界条件　　　　　　　表3-5

时期	对象	温度（K）
午夜	月球表面	120
	月球栖息地的表面	93
	月球栖息地的内部	296.2
	月球表面暴露的一面	161.6
	月球表面未暴露的一面	120
中午	月球栖息地的暴露面	343
	月球栖息地未暴露的一面	105.1
	月球栖息地的内部	296.2

对于月球表面的热力学参数，一些相关研究估计，月球表面的导热系数为$0.9 \times 10^{-3} \sim 1.3 \times 10^{-3}$W/（m·K），通过分析Apollo样品数据，比热容为870J/（kg·K）。

假设热力学参数与地球上玄武岩相似，比热容为885J/（kg·K），导热系数为
1.85W/（m·K）。表3-6为不同温度下月球风化层的热参数。

不同温度下月球风化层的热参数　　　　　　　　表3-6

温度（K）	比热容［J/（kg·K）］	导热系数［W/（m·K）］
100	275.7	0.0007
150	433.9	0.0008
250	872.4	0.0011
300	758.1	0.0014
350	848.9	0.0017

　　温度场和热流图通过数值模型进行计算，结果如图3-28、图3-29所示。由计算
结果可得，午夜时外部和内部温差较大，拟建结构单位长度（1m）的热损失约为
2.852W。正午相同长度结构的热损失约为1.113W。这两种极端情况下的热损失处
于较低范围内。因此，该方案建议在拟建的月球栖息地提供一个功率至少为3W的
加热器，以保持室内温度。数值模拟结果表明，拟建的玄武基地月球结构具有良好
的隔热性能。

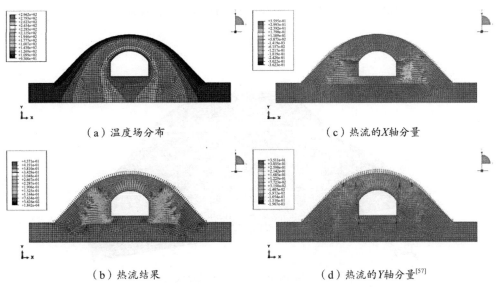

（a）温度场分布　　　　　　　　　　（c）热流的X轴分量

（b）热流结果　　　　　　　　　　（d）热流的Y轴分量[57]

图3-28　午夜的温度场和热流图

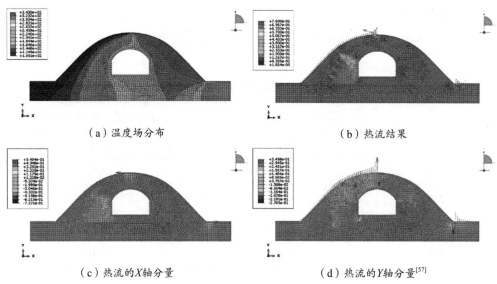

（a）温度场分布　　　　　　　　　　　　（b）热流结果

（c）热流的X轴分量　　　　　　　　　　（d）热流的Y轴分量[57]

图3-29　正午的温度场和热流图

根据美国联邦航空管理局的规定，选择了质量为1.2kg、速度为240m/s的碎片进行结构抗冲击的仿真模拟分析。该方案分别基于SPH（平滑粒子流体动力学）-FEM耦合方法模拟了300g陨石和800g陨石对月球栖息地结构的影响过程。图3-30是拟建结构的SPH-FEM模型，其中受撞击影响的部分位于结构的顶部。这部分由SPH粒子PC3D单元模拟，结构的其余部分使用固体单元C3D8R进行模拟，同时使用离散刚体R3D3单元来模拟陨石。图3-30为月球栖息地的SPH-FEM模型。

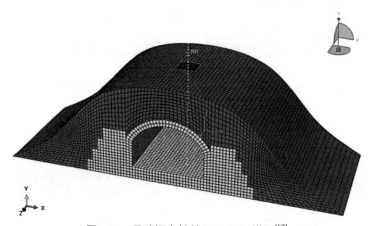

图3-30　月球栖息地的SPH-FEM模型[57]

模拟仿真结果如图3-31所示。整个仿真过程持续了30ms。从图中可以看出，每颗陨石在撞击月球栖息地的风化层0.1～0.2ms后达到最大深度，然后在结构中剧烈振动。陨石在3ms左右基本停止，之后受撞击影响的月球风化层开始飞溅。根据仿真结果，800g陨石撞击下的粒子比300g陨石撞击下的粒子飞溅得更多、更高。由此可以得出结论：2m的月球风化层可以保护结构免受陨石撞击，SPH是模拟土壤大变形行为的准确实用方法。

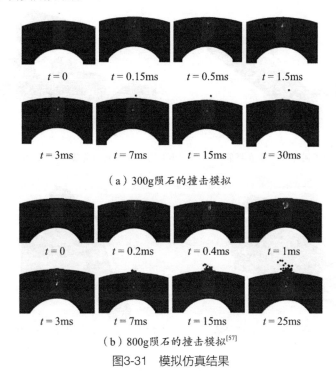

（a）300g陨石的撞击模拟

（b）800g陨石的撞击模拟[57]

图3-31　模拟仿真结果

　　佛罗里达国际大学提出了一种以建筑模块为重点的月球基础设施建设的新思路，引入了可以组成月球基础设施、具有联锁功能的模块化砌块[58]。这些用于建造月球基地结构的建筑模块由当地可用的月球风化层制造而成，其中包含少量胶粘剂材料，如热固性塑料或热塑性塑料。方案中用于月球基地结构的建筑模块被设计为空心砌块，充当能够容纳原始月球风化层的外壳，最大限度地减少了需要从地球带来的制造产品和胶粘剂，并采用3D打印技术以减少现场人员建造和组装的流程。这种月球建造方法的优势在于它与任何类型的月球基础设施兼容，其中构件块将被设计组合在一起，形成一个保护屏障，免受恶劣的月球环境的影响，包括辐射、陨石撞击、极端温度波动和真空条件。

　　这种方案在设计时提出了四种不同的砌块设计和拼装方式，如图3-32所示。不过它们尚未包含任何入口或窗户等开口功能，仅关注整体结构的全局形状。

　　1）垂直拼装方法

　　垂直拼装方法是模块化砌块的最基本拼装方法。由于这种拼装方法形成的结构的长度和宽度在整个高度中保持不变，因此建筑砌块之间的区别很小，便于建造。而这种方法的缺点主要是在屋顶结构的设计和构造上需要内部支撑构件，或者结构内覆盖风化层的组合，从而将砌块固定到位，实现屋顶结构的拼装。

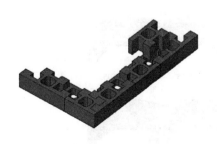

（a）两个不同元件的垂直拼装

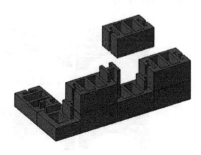

（b）较小、较大和角落模块化砌块的垂直拼装

（c）两种不同类型砌块的倾斜拼装

（d）倾斜拼装，其中每行由相同的砌块组成，尺寸随高度变化[58]

图3-32　模块化砌块的初步设计

2）倾斜拼装方法

模块化砌块的倾斜拼装方法意味着可以实现具有抛物线形状的基础设施，如拱形和圆顶状结构。这种方法的优点是具有可施工性和易于屋顶设计，砌块可以在结构顶部拼接成型。倾斜拼装的另一个优点是全局形状和力的分布，没有拐角和高应力集中。这种方法的缺点是它需要各种不同的块尺寸，其中每行将具有相同尺寸的砌块，同时随着高度的增加，这些尺寸需要改变，对于砌块的制造有很大的挑战。

3）混合拼装方法

混合拼装方法是垂直拼装和倾斜拼装两种方法的组合。在结构设计中，垂直拼装的砌块达到一定高度后，通过结合倾斜拼装的方法来解决垂直拼装中屋顶结构的问题。然而，在两种不同方法的过渡中，这种结构仍将具有高应力集中和额外的复杂性。因此，提出一种混合拼装方法，即以圆柱形方式实施模块化砌块拼接，到一定高度后利用倾斜拼装法拼装具有透视功能的预制屋顶，为居民提供更舒适的环境。屋顶结构可以用基于地球和ISRU衍生的组件的组合制造，旨在提供与欧洲航天局在国际空间站上建造的天文台类似的环境能力。

初步考虑了五种不同的全局结构形状，包括球形、圆环形、穹顶形、圆柱形和混合结构形状，并给出每种结构的优缺点，然后决定最终的结构形式。

球形结构在体积利用上具有最高的效率，即在给定体积下，其表面积和质量最小。同时对于在结构内部加压充气的情况，应力也将均匀分布在结构内部。然而这种结构形式的主要缺点是其双曲线墙体的建造效率低下，以及需要对风化层外保护壳进行较为详细的构造设计，特别是作为建筑组件的模块化砌块部分，需要较高的制造精度。

圆环形结构具有在宜居体积内提供空间分区的优势，但由于其复合曲率，导致建筑的空间利用效率较低。当内环为较小直径时，需要在结构中间布置支撑的柱子，当内环为较大直径时，将导致较小的开口体积。内环和外环部分需要不同尺寸的模块化砌块，从而给施工过程带来更多复杂性。

穹顶形结构的压力主要沿子午线上分布，而拉力则由平行线或圆环线承载。这种类型的结构形状主要由压应力和材料强度控制，但在承受拉伸载荷时表现不佳。由于低重力和大气压力不足，穹顶结构缺乏抗拉强度成为一个潜在的问题。如果加压环境没有与由模块化砌块制成的防护风化层分离，那么在承受较大的内部压力时，结构可能会发生隆起。如果是这种情况，可以采用后张索来抵消上升力，防止穹顶结构变形过大。此外，这种形状的另一个复杂性是模块化砌块的尺寸会随穹顶结构高度而变化，增加了砌块制造过程的复杂性。

圆柱形结构比上述结构形状提供了更方便的选择，因为其墙壁只在一个方向上弯曲。由于它为垂直方向，垂直墙比双重弯曲的墙提供更多的可用空间。此外，模块化砌块尺寸的通用性是这种情况下的一个优势，除了气闸和其他连接的细节外，只需要更少的不同尺寸的砌块。然而，对于圆柱形结构，质量和膜应力会更高，因为圆柱形桶中的环向应力是相同直径的球体的两倍。通过使用后张索有助于抵消高环向应力，并防止在内部加压系统与风化层保护壳耦合系统中出现不良膨胀。圆柱形栖息地的另一个缺点是屋顶系统的设计，可以结合上述整体形状来解决。

混合结构为上述每个结构形状存在的问题提供了可行的解决方案。在该方案设计中，混合结构采用圆柱形结构与穹顶结构相结合的方式。这种方案使用模块化砌块塑造一个圆柱形底板，该底板将由工作区、急诊室、食品和用品储存、与两个气闸的连接以及休闲区组成。屋顶结构通过建造穹顶外壳来解决，通过使用模块化砌块或安装带有观测星体的预制组件作为基地的二楼。该团队最终采用混合结构的设计方法，图3-33为混合结构的概念图，并给出了具有内部中空的模块化砌块的示意图，旨在放置松散的风化层以消除对重型块的需求，但仍能提供足够的保护以免受恶劣的月球环境的影响。

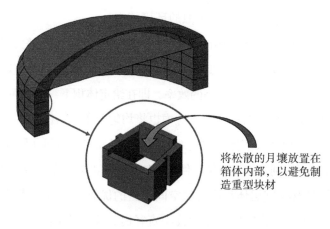

将松散的月壤放置在箱体内部，以避免制造重型块材

图3-33　带有穹顶形屋顶的圆柱形混合结构月球栖息地概念图[58]

该团队确定了五种不同的方法来叠加内部大气压力和由模块组成的保护性风化层，以确保安全的环境和机组人员的正常操作：

（1）一种可充气的机制，将为机组人员提供内部宜居压力，并将与保护宇航员免受辐射的外部风化层分离，且具有隔热功能。这种方法对充气系统的包装体积要求较低，但在意外降压的情况下可能需要额外的内部支撑结构。

（2）一个由某种金属制成的分离式硬壳加压环境，在运送到月球表面后，其模块化组件将被拼装起来，以免受月球极端条件的影响。该系统需要大容量运输，但将提高装配过程的简便性。

（3）一种可充气的机构，提供一个安全和加压的环境，同时与保护壳的内部结合。这种连接可以通过"刚性连接"来实现。

（4）依靠模块化砌块的联锁机制，为机组人员提供恒定的内部压力。这种方法成本最低，安全系数也最低，并且完全依赖于区块之间的联锁连接。

（5）在防护层的内侧喷涂/涂抹类似胶粘剂的材料，以密封任何可能的开口，并提供更好的模块黏合。从材料运输的角度来看，这种方法提供了一种具有成本效益的解决方案；然而，它可能需要将额外的机器人设备带到月球表面来完成胶粘剂的喷涂。

此外，该团队考虑了三种不同的施工方法，如图3-34所示，并将第三种方法作为最可行的选择，因为其简单性和当前技术的可行性。

1）龙门系统

龙门系统将逐块拣选，并将其放置在彼此旁边或顶部，具体取决于结构的形状和路径。该系统除了需要一个单独的机械臂进行复杂的砌块拼装外，其空间运输和组装也将是一个重大挑战。

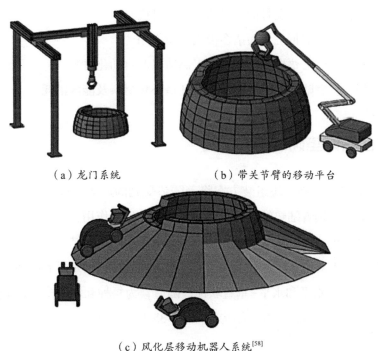

（a）龙门系统　　　　　　（b）带关节臂的移动平台

（c）风化层移动机器人系统[58]

图3-34　月球栖息地不同的施工方法

2）带关节臂的移动平台

与龙门系统相比，使用具有铰接臂的移动平台来移动模块化砌块及其风化层覆盖是一种更实用的解决方案，具有更低的运输要求和移动能力。然而，这一选择需要高精度的关节臂操作，以及重要的空间运输和技术发展。

3）风化层移动机器人系统

风化层移动机器人系统，其大小和要求类似于最近开发的风化层高级表面系统操作机器人（RASSOR），目前已经开发出用于运输风化层的机器人技术。

除用于居住或防护掩体建筑结构外，月面着陆垫也是未来月球表面的重要基础设施。月面着陆垫可用于提高着陆器着陆过程中的安全性，减轻发射和着陆引起的月尘问题。一般情况下，月面着陆垫所受的荷载主要为着陆器脚垫的动态机械载荷和逆向的火箭羽流载荷。在仅考虑着陆器脚垫的动态机械载荷的工况下（后者将在未来的研究中进行探讨），华中科技大学提出了一种月面着陆垫的预制模块组装方案[59]。根据着陆垫的建造原因、服役环境以及面临的荷载情况，其应具备以下基本功能：

（1）封闭性：防止羽流将月壤颗粒从缝隙处吹出。

（2）强度：能够承受着陆器着陆瞬间的冲击力以及静止时的重力。

（3）稳定性：能够承受月面频发的低强度月震。

（4）耐久性：能够抵抗月面诸多极端环境作用。

（5）易用性：着陆垫模块应便于加工制造以及自动化拼装。

（6）节能性：着陆垫模块的制造应保证最小化材料及能源消耗。

3.2.2 月面着陆垫砌筑拼装结构

月面着陆垫的预制模块组装方案将着陆垫受到的局部负载传递到周围的几个块，因此组装的联锁着陆垫结构可以作为一个整体发挥作用，提高了结构的承载能力。此外，联锁模块的形状、尺寸和厚度也会显著影响整体结构的力学性能。为研究模块间约束类型对整体结构性能的影响，根据联锁形式确定了着陆垫结构的机械联锁形式：垂直、水平和水平–垂直联锁。随后，为每种互锁形式设计了简单的形状和尺寸以及用于比较的非互锁结构，如图3-35所示。

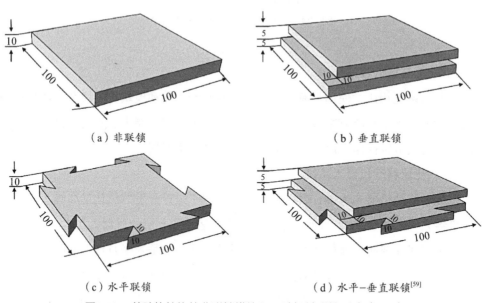

(a) 非联锁 　　　　　　　　　　　　 (b) 垂直联锁

(c) 水平联锁 　　　　　　　　　　　　 (d) 水平–垂直联锁[59]

图3-35　着陆垫结构的非联锁模块和三种机械联锁形式（mm）

如图3-36所示，对于方案一而言，模块之间没有互锁，因此在外力的作用下，极易产生水平以及垂直方向的相互移动。对于方案二而言，模块之间有垂直互锁，但无水平互锁，因此在外力的作用下，模块间不易产生垂直方向的相互移动，但极易产生横向的相互移动。对于方案三而言，模块之间无垂直互锁，但有水平互锁，因此在外力的作用下，模块间不易产生水平方向的相互移动，但极易产生垂直方向的相互移动。对于方案四而言，模块之间既有垂直互锁又有水平互锁，因此在外力作用下，模块间既不易产生水平方向的相互移动，也不易产生垂直方向的相互移动。因此，在月面频发的月震作用下，方案四可能较其他三种方案更稳定。但方案四中，模块的形状、尺寸对整体结构稳定性的影响仍需进一步探究。

为了进行月面拼装着陆垫的有限元模拟仿真，首先采用板载试验评价拼装混凝土砌块板的结构性能。利用ABAQUS软件建立了相应的板载试验有限元模型，并通过数值与实验结果的对比验证了模型的正确性。基于月球表面环境、Apollo 11号的重量和验证后的拼装混凝土砌块板有限元模型，建立了在着陆器冲击作用下月面拼装着陆垫结构性能的有限元模型。随后，采用有限元模型进行参数化研究，评估影响月面拼装着陆垫结构性能的关键因素，包括联锁模块的尺寸和厚度以及载荷位置。板载试验有限元模型仿真模拟在本书不再赘述，具体详见参考文献[59]。图3-36为四种着陆垫建造方案模型部件示意图。

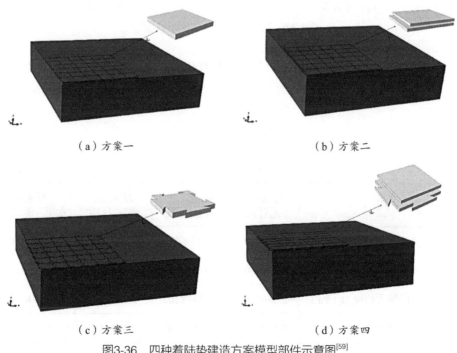

（a）方案一　　　　　　　　　　　　　（b）方案二

（c）方案三　　　　　　　　　　　　　（d）方案四

图3-36　四种着陆垫建造方案模型部件示意图[59]

采用的月壤的密度为1600kg/m³，弹性模量为25MPa，泊松比为0.263。月壤采用Drucker-Prager塑性本构关系，摩擦角为0.43633232°，流应力比为0.778，膨胀角为0.08726646°。月面起降平台模块密度设置为3000kg/m³；弹性模量为100GPa，泊松比为0.28。对四种方案在着陆器重力荷载作用下的响应进行分析，计算结果如图3-37所示。

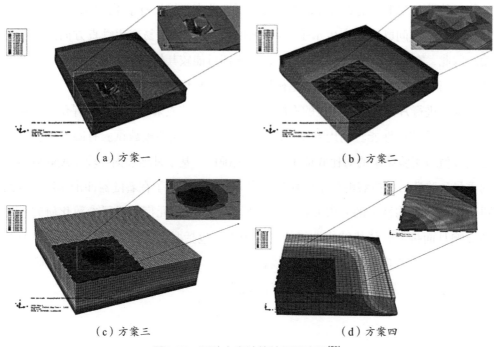

（a）方案一　　　　　　　　　　　　（b）方案二

（c）方案三　　　　　　　　　　　　（d）方案四

图3-37　四种方案计算结果示意图[59]

　　重点关注月面起降平台整体的最大垂直位移、最大水平位移、模块受到的最大拉应力、最大压应力以及月壤基底受到的最大Mises应力，计算结果如表3-7所示。

四种方案的计算结果　　　　　　　　　　　　　　　　表3-7

方案	方案一：无互锁	方案二：垂直互锁	方案三：水平互锁	方案四：水平-垂直互锁
最大垂直位移（m）	$4.037×10^{-4}$	$4.017×10^{-4}$	$3.982×10^{-4}$	$3.912×10^{-4}$
最大水平位移（m）	$1.134×10^{-4}$	$1.671×10^{-4}$	$3.828×10^{-5}$	$5.339×10^{-5}$
模块受到的最大拉应力（Pa）	$2.386×10^{5}$	$5.707×10^{5}$	$6.783×10^{5}$	$5.428×10^{5}$
模块受到的最大压应力（Pa）	$5.242×10^{5}$	$6.333×10^{5}$	$9.314×10^{5}$	$6.408×10^{5}$
月壤基底受到的最大Mises应力（Pa）	2736	2731	2799	2745

　　根据计算结果可知，拼装模块最大垂直位移：方案一＞方案二＞方案三＞方案四。可见在着陆器的作用下，方案一的月面起降平台结构容易产生垂直沉降，而方案四中的结构最不易产生垂直沉降。垂直沉降对着陆的安全性十分不利，多次降落

可能会引起更大的垂直沉降，最终严重破坏月面起降平台整体结构的封闭性，使得着陆起降平台无法满足着陆需求。

月面起降平台模块的最大水平位移：方案二＞方案一＞方案四＞方案三，且方案二和方案一的最大水平位移是方案四和方案三的5倍甚至更高，这意味着在方案二和方案一的模块间产生了更大的间隙，显然间隙的产生会严重破坏月面起降平台整体结构的封闭性，使得月面起降平台无法很好地起到阻碍月壤颗粒溢出的作用，影响月面起降平台的服役性能。

月面起降平台模块受到的最大拉应力：方案三＞方案二＞方案四＞方案一。显然，方案三的最大拉应力最高，而方案一的最大拉应力最低。由于建筑材料多具有抗拉强度低的特性，可知方案三中的结构较其他三种方案更容易发生结构失效，而方案四的最大拉应力低于方案三及方案二，可见两种互锁的共同作用有利于降低受力作用产生的应力。在未来的结构设计时，最好同时加入两种互锁结构。

月面起降平台模块受到的最大压应力：方案三＞方案四＞方案二＞方案一。显然，方案三的最大压应力同样最高。可见方案三在该受力情况下最易发生拉应力集中和压应力集中。在设计月面起降平台结构时，应尽量避免这种方式。

月壤基底受到的最大Mises应力：方案三＞方案四＞方案一＞方案二。可以看出在方案三下，月壤基底的最大Mises应力最高，而其他三种结构形式的月面起降平台，月壤基底的最大Mises应力相当。当然，在更大的冲击力作用下，月壤基底受到的最大Mises应力会大幅增加，这对月壤基底的承载能力同样是一个考验，我们在设计月面着陆起降平台时，同样需要对月壤基底的承载能力进行分析。

综上所述，方案一及方案二在荷载作用下产生较大的垂直位移和水平位移，这使得着陆起降平台无法起到封闭作用，可见这两种方案在着陆起降平台结构设计时应慎重考虑。方案三及方案四在着陆器重力作用下产生的垂直位移和水平位移都较小，就封闭性而言都是满足要求的。然而，方案三会产生较大的拉应力及压应力水平集中，这可能会使得着陆起降平台产生结构破坏。而方案四无论是应力集中程度还是封闭性表现都是满足需求的，因此在加工工艺可行的情况下应该选取方案四的结构作为着陆起降平台的拼装建造方案。

之后研究着陆器降落位置对结构性能的影响。根据月面起降平台模块及着陆垫的形状和大小，将着陆器相对月面起降平台的相对位置分为四类，如图3-38所示。

由于在该模型中，荷载位置不再具有对称性，因此需要对整个模型进行建模，如图3-39所示。其中月壤尺寸为24m×24m×3m，月面起降平台整体由144

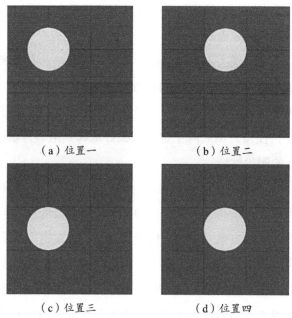

（a）位置一　　　　　　　　　　　　（b）位置二

（c）位置三　　　　　　　　　　　　（d）位置四

图3-38　着陆器相对月面起降平台的相对位置[59]

个模块组成，每个模块水平尺寸为1m，厚度为0.1m。此外，为了方便地改变荷载作用位置，使用一个直径为1m、厚度为0.1m的刚性圆盘来间接施加作用力。在该刚性圆盘与月面起降平台模块间设置刚性接触即可实现作用力之间的传递。

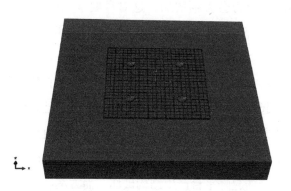

图3-39　方案二模型装配体示意图[59]

　　根据本节建立的月面起降平台结构分析有限元模型，对四种方案在四种相对荷载位置情况下的结构响应进行分析，获取月面起降平台结构的最大垂直位移、最大侧向位移、月面起降平台模块受到的最大拉应力以及最大压应力。计算结果如表3-8～表3-11所示。

月面起降平台整体的最大垂直位移（m）　　　　表3-8

方案	位置一	位置二	位置三	位置四
无互锁	4.037×10^{-4}	4.036×10^{-4}	4.037×10^{-4}	4.126×10^{-4}
垂直互锁	4.017×10^{-4}	4.010×10^{-4}	4.015×10^{-4}	4.012×10^{-4}
水平互锁	3.982×10^{4}	3.981×10^{4}	3.974×10^{4}	3.984×10^{4}
水平-垂直互锁	3.912×10^{-4}	3.917×10^{-4}	3.913×10^{-4}	3.916×10^{-4}

月面起降平台整体的最大侧向位移（m）　　　　表3-9

方案	位置一	位置二	位置三	位置四
无互锁	1.134×10^{-4}	1.348×10^{-4}	1.758×10^{-4}	1.956×10^{-4}
垂直互锁	1.671×10^{-4}	2.659×10^{-4}	2.329×10^{-4}	2.621×10^{-4}
水平互锁	3.828×10^{-5}	3.786×10^{-5}	4.064×10^{-5}	3.307×10^{-5}
水平-垂直互锁	5.339×10^{-5}	3.282×10^{-5}	5.449×10^{-5}	5.714×10^{-5}

月面起降平台整体受到的最大拉应力（Pa）　　　　表3-10

方案	位置一	位置二	位置三	位置四
无互锁	2.386×10^{5}	3.921×10^{5}	3.819×10^{5}	1.514×10^{5}
垂直互锁	5.707×10^{5}	7.129×10^{5}	3.625×10^{5}	1.614×10^{6}
水平互锁	6.783×10^{5}	9.095×10^{5}	6.285×10^{5}	6.833×10^{5}
水平-垂直互锁	5.428×10^{5}	5.795×10^{5}	5.225×10^{5}	9.489×10^{5}

月面起降平台整体受到的最大压应力（Pa）　　　　表3-11

方案	位置一	位置二	位置三	位置四
无互锁	5.242×10^{5}	4.706×10^{5}	4.719×10^{5}	1.465×10^{5}
垂直互锁	6.333×10^{5}	9.561×10^{5}	6.188×10^{5}	6.023×10^{5}
水平互锁	9.314×10^{5}	9.019×10^{6}	6.866×10^{5}	9.019×10^{5}
水平-垂直互锁	6.408×10^{5}	6.518×10^{5}	6.772×10^{5}	6.917×10^{5}

此外，为了展示月面起降平台整体受到的最大拉应力及其所在位置，将拉应力效果展示如图3-40～图3-43所示。

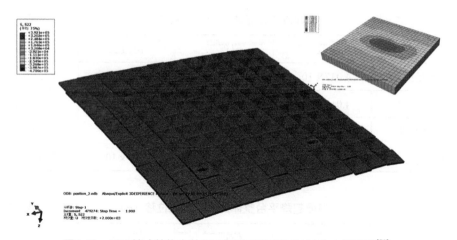

图3-40　无互锁式结构在位置二型荷载作用下的拉应力效果图[59]

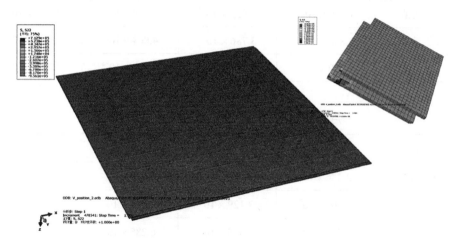

图3-41　垂直互锁式结构在位置二型荷载作用下的拉应力效果图[59]

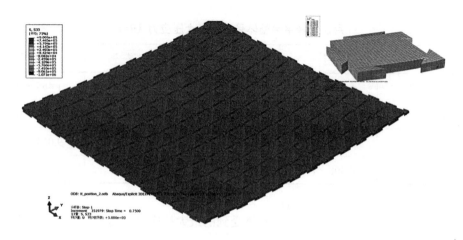

图3-42　水平互锁式结构在位置二型荷载作用下的拉应力效果图[59]

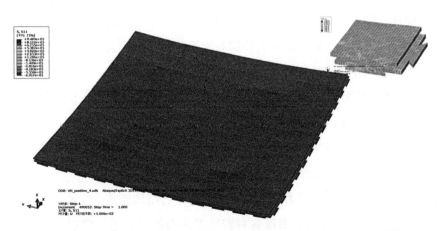

图3-43　水平–垂直互锁式结构在位置四型荷载作用下的拉应力效果图[59]

根据上述计算结果可知，对于无互锁式拼装结构，在位置四的荷载作用下，月面起降平台结构有着最大的垂直位移和侧向位移。在位置二的荷载作用下，月面起降平台结构有着最大的拉应力。在位置一的荷载作用下，月面起降平台结构有着最大的压应力。

对于垂直互锁式拼装结构，在位置一的荷载作用下，月面起降平台结构有着最大的垂直位移；在位置二的荷载作用下，月面起降平台结构有着最大的侧向位移、最大的拉应力和最大的压应力。

对于水平互锁式拼装结构，在位置四的荷载作用下，月面起降平台结构有着最大的垂直位移和最大的压应力；在位置三的荷载作用下，月面起降平台结构有着最大的侧向位移；在位置二的荷载作用下，月面起降平台结构有着最大拉应力。

对于水平–垂直互锁式拼装结构，在位置二的荷载作用下，月面起降平台结构有着最大的垂直位移；在位置四的荷载作用下，月面起降平台结构有着最大的侧向位移、最大拉应力以及最大压应力。

综上，不同荷载位置对月面起降平台结构在着陆器重力荷载下产生的应力与位移均有着比较大的影响，因此在进行强度校核时应考虑几种荷载作用下，月面起降平台模块产生应力最大的情况。

最后，还对月面起降平台结构强度和结构形式优化进行了分析。

根据国内外对模拟月壤熔铸及烧结后的力学性质测试结果，模拟月壤熔铸后材料的抗拉强度（34.5MPa）远远小于抗压强度（538MPa）；模拟月壤烧结后材料的抗拉强度（3.1MPa）同样远远小于抗压强度（174.5MPa）。因此，对月面起降平台的强度校核应集中在结构承受的拉应力大小分析上。

根据计算结果可知，在本书给出的结构尺寸下，虽然水平互锁式结构与水平–垂直互锁式结构都有着较小的垂直位移与水平位移，但最大的拉应力也明显较无互锁式结构和垂直互锁式结构高。在Apollo 11号的重力作用下，水平互锁式结构与水平–垂直互锁式结构的最大拉应力分别达到0.91MPa及0.95MPa，最大压应力分别达到0.93MPa及0.69MPa。

可见，在月面起降平台模块尺寸为1m×1m×0.1m时，无论是熔铸还是烧结工艺加工成型的月面起降平台结构都能承受着陆器的重力作用。

此外，除了着陆器的重力荷载，月面起降平台结构还需承受着陆器在降落瞬间产生的着陆冲击作用力，本书没有对着陆器冲击作用力进行模拟仿真，但查阅资料可知，着陆器冲击作用力与着陆器的质量、下落初始高度、月面的坚硬程度以及着陆器与月面接触面的面积等因素有关。已有研究表明，在着陆器着陆冲击瞬间的作用力可达重力的5~15倍。此时，月面起降平台结构内部产生的最大拉应力可达5~15MPa，这远远超过了模拟月壤烧结后的拉伸强度（3.1MPa），引起月面起降平台结构产生结构性破坏。但该拉应力尚未超过模拟月壤熔铸后的拉伸强度（34.5MPa），这意味着采用熔铸工艺加工成型的月面起降平台在着陆器降落冲击作用力下仍然是安全的。

1. 月面起降平台模块优化

此外，还可以在月面起降平台模块底部增设凸块以增强月面起降平台模块与月壤基底之间的横向约束，以减小月面起降平台在着陆器冲击作用力下的横向位移，增强月面起降平台整体结构的封闭效果。有限元模型如图3-44所示。但该模型在着陆器重力荷载以及冲击力作用下的响应分析仍需进一步计算。

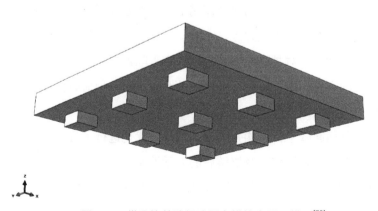

图3-44　带凸块着陆起降平台模块有限元模型[59]

2. 月面起降平台外围增加约束

考虑到月面存在着大量的废弃航天材料，我们计划将这些废弃航天材料重新加工成型，在烧结或其他工艺建造而成的月面起降平台结构外围形成一个金属边框约束。该边框可以有效约束月面起降平台模块的侧向位移，增强月面起降平台整体结构的封闭效果。但月面起降平台同样会对该边框产生向外的"膨胀力"，在边框内部产生拉应力，因此，该边框的强度同样需要校核。

在原有限元模型的基础上增加了金属边框，并在月面起降平台模块与金属边框间设置相互作用，可以实现对金属边框内部产生的拉力进行计算。有限元模型如图3-45所示。

图3-45　月面起降平台与外围边框有限元模型[59]

用于设计和建造月球栖息地的模块化砌块的实施显示出巨大的潜力，因为该技术具有就地资源利用的目标，并且不需要重大的技术开发来制造砌块。此外，这种方法将允许在组件发生故障时更容易进行检查和维护，从而更容易更换。除了居住模块外，这种方法还可以应用于月球表面任何类型的基础设施建设，如墙壁、护堤、着陆垫以及漫游车避难所等。模块化组件的制造将大幅减少从地球运输的材料。

3.3　3D打印结构

3.3.1　月壶尊结构

针对月面极端环境与原位3D打印建造工艺，华中科技大学提出双层加肋、外表类似于蛋壳的结构形式——月壶尊，如图3-46所示。月壶尊是一个复合结构，外部利用月球原位资源3D打印建造而成，内部是可供人类生存的充气膜结构。结构整体呈现蛋壳型，保证了较高的结构强度以及较大的居住空间。此外，3D打印建造的外部结构为双壳形，因为双壳结构的内层和外层可以相互独立，在一个壳结构层损坏的情况下，另一个壳结构层仍然可以起到保护作用。同时，双壳结构墙体满足3D打印建造工艺，可提高结构的性能，以适应月球表面的极端环境。

图3-46　月壶尊结构概念图[60]

　　团队提出的月壶尊月球栖息地结构概念设计与研究框架如图3-47所示，包括参数化模型创建、优化方法和使用帕累托（Pareto）解集的3D打印三个部分。参数化模型的设计参数、约束范围和三个待优化目标可以作为遗传算法多目标优化的输入。基于遗传算法的多目标优化在不同的参数组合下可以得到不同的Pareto解集。利用一些评价指标对得到的Pareto解集进行评价，选择遗传算法参数与相应Pareto解集的最佳组合。在Pareto解集中，一个个体对应一个设计模型，该模型在设计软件中输出。该结构主要承受内部压力和地球引力的1/6。对输出结构进行有限元分析，选取最大应力和最大位移最小的结构作为最优解。然后利用腻子粉3D打印方法打印出物理模型，对优化结构的可打印性进行可视化验证。

　　如图3-48所示，拟建的月球居住结构为可3D打印的双层壳结构，主要包括内壳、中肋、外壳和悬链线屋面四部分。整体形状像蛋壳。内外壳的边界轮廓相同，由设计参数定义的椭圆方程确定。壳体的截面具有一定的厚度，也是由参数定义的椭圆方程形成的曲线。内外壳之间有一定的距离，中间的网格内填充有编织肋部。上部屋顶的底面与外壳的横截面重合，这是基于悬链线设计原则创建的。

　　提出的三维可打印双层结构主要由9个设计优化参数组成，这些参数决定了壳体结构的尺寸和轮廓。这9个结构优化参数及约束范围如表3-12所示。根据月球栖息地的实际需求和建筑结构的经验值确定各参数的约束范围。考虑到结构的顶部是

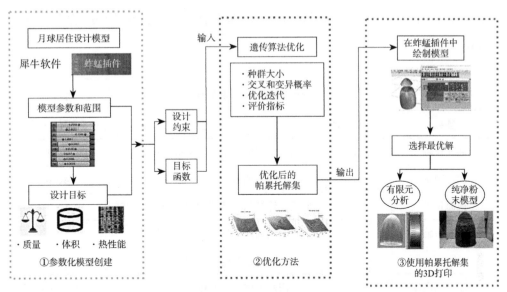

图3-47　设计与研究框架图[60]

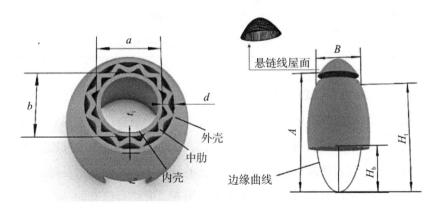

（a）结构组成及尺寸

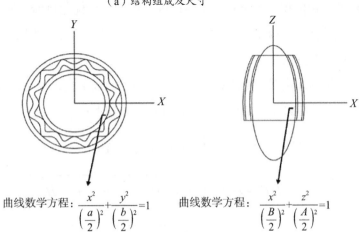

曲线数学方程：$\dfrac{x^2}{\left(\dfrac{a}{2}\right)^2}+\dfrac{y^2}{\left(\dfrac{b}{2}\right)^2}=1$　　　　曲线数学方程：$\dfrac{x^2}{\left(\dfrac{B}{2}\right)^2}+\dfrac{z^2}{\left(\dfrac{A}{2}\right)^2}=1$

（b）结构曲线数学方程

图3-48　结构设计[60]

整个双层壳结构的附属部分，不影响结构的整体性能，因此用上述9个结构优化参数确定其形状。

结构优化参数及约束范围[60]

表3-12

参数	字母表示	描述	范围（m）
曲面长轴	A	曲面椭圆曲线的主轴形成壳体结构	（12，14）
曲面短轴	B	曲面椭圆曲线的小轴形成壳体结构	（4，6）
截面长轴	a	形成壳体结构的横截面椭圆曲线的主轴	（1，3）
截面短轴	b	截面椭圆曲线的小轴形成壳体结构	（1，3）
距离	d	内壳和外壳之间的距离	［0.4，0.6］
底端点的高度	H_b	切割壳体表面曲线下部的端高	［0.2，0.4］
上端点的高度	H_t	切割壳体表面曲线上部的端高	［0.8，0.95］
内壳厚度	t_i	双层壳结构中内壳的厚度	［0.2，0.3］
外壳厚度	t_o	双层壳结构中外壳的厚度	［0.2，0.3］

要将3D打印应用于建造月球栖息地结构，在设计中必须考虑几个因素，例如使用尽可能少的材料以减少运输成本；有尽可能大的可居住空间；具有良好的隔热性能，能克服月面白天和夜间巨大的温度变化；抵抗陨石和月震的冲击，不被其破坏；具有良好的防辐射性能，在没有大气保护的情况下，能够克服月球表面的高辐射。本书提出的结构模型在设计中考虑了多种因素，并结合已有的一些研究，最终采用结构的可用体积、质量和保温性能因素作为设计优化目标。通过3个设计优化目标与9个结构优化参数之间的功能关系，确定了结构的可用体积和保温性能最大、结构质量最小的方法。

由于多目标优化遗传算法默认求解目标函数的最小值，因此其解的目标是使可用体积和保温性能最小。结构可用体积计算公式如下：

$$V = \int_{H_b}^{H_t} \pi f(H) g(H) \, dH \tag{3-1}$$

$$f(H) = a + 2B/A^* \left(\sqrt{AH_b - H_b^2} - \sqrt{AH_t - H_t^2} \right) \tag{3-2}$$

$$g(H) = b + 2B/A^* \left(\sqrt{AH_b - H_b^2} - \sqrt{AH_t - H_t^2} \right) \tag{3-3}$$

　　这是对每个横截面积分得到的。积分的下限和上限分别为结构的底部剪切高度和顶部陡高。截面在不同高度处的长轴和短轴由方程（3-2）和方程（3-3）推导得到月面栖息地结构主要由月球风化层的材料打印形成，优化的目的是使其质量最小。质量计算如下：

$$W=\rho S_1 t_1 + \rho S_2 t_2 \tag{3-4}$$

$$S_1 = \int_{H_b}^{H_t} \{2\pi g(H) + 4[f(H) - g(H)]\}\mathrm{d}H \tag{3-5}$$

$$S_1 = \int_{H_b}^{H_t} \{[2\pi g(H) + d] + 4[f(H) - g(H)]\}\mathrm{d}H \tag{3-6}$$

其中，ρ 为月球风化层的密度；S_1 和 S_2 为外壳的内层和外层表面积，由方程式给出。

　　月面栖息地结构的隔热性能由结构的传热热阻表示。传热热阻值越大，结构的保温性能越好。传热热阻计算如下：

$$V = \frac{t_1 + t_2}{\lambda_1} + \frac{d}{\lambda_2} + 2R_i + R_o \tag{3-7}$$

其中，λ_1 和 λ_2 分别为壳体的热导率和壳体之间空腔的热导率；R_i 为壳体与腔内空气之间的表面换热阻力，由于内外壳体的存在应乘以2；R_o 为壳体与壳体外空气之间的表面换热阻力。

　　整个双壳模型的设计过程也分为内壳、外壳、中肋和悬链线屋面四个部分。GH的整个设计逻辑如图3-49所示，最左边是9个优化设计参数。

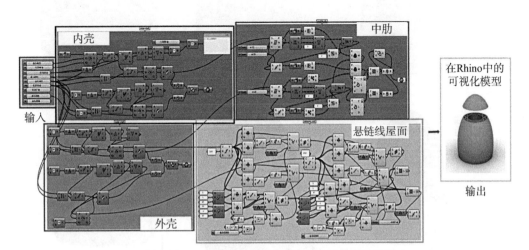

图3-49　GH中模型设计、渲染和可视化的过程[60]

首先截取参数定义的椭圆曲线的一部分作为内壳的外轮廓曲线，绕参数定义的截面椭圆曲线旋转形成曲面；表面偏移形成外壳，外壳以内壳为基础，方向向外移动一定距离，中肋根据内外壳选择适当数量的节点，形成瓣状。采用悬链线原理，根据外壳顶部截面设计悬链线屋面。线拱的形状由两个不在优化参数范围内的参数决定，且随优化参数的变化略有变化。在GH中设计了整个逻辑之后，将其拷贝到Rhino中并渲染以获得一个可视化模型。在整个设计过程中，模型的形状也可以在Rhino中实时可视化。

针对6个典型月壶尊结构，考虑低重力环境下的两种荷载工况进行仿真分析，以评估该建筑结构在初始建成无人居住和有人居住下的应力分布。第一个荷载工况仅考虑了结构的自重，内外均为真空环境，而第二个荷载工况则在内壁上增加了100kPa的内部压力，以模拟结构内部有人居住。

第一个荷载工况表示月壶尊结构施工后的初始状况，仿真计算可视化等效应力云图如图3-50所示，观察到结构的应力分布从上到下依次递增，最大Mises应力出现在主体结构与月面地基的连接处，说明在只受到1/6重力作用下，底部的结构受力最大，最容易发生破坏。

第二个荷载工况表示月壶尊结构有人居住的正常使用状况，仿真计算可视化

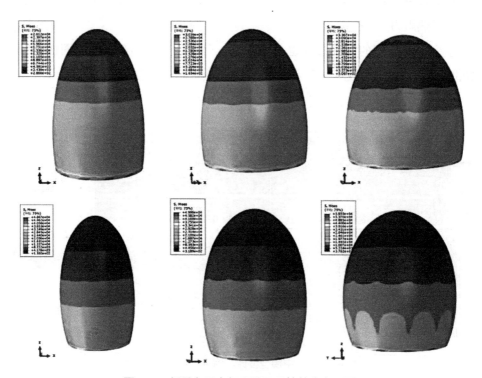

图3-50　低重力无内部压强工况等效应力云图

等效应力云图如图3-51所示，与第一个荷载工况相比，Mises应力分布不同，拉应力更加均匀地分布在整个结构的墙壁上。最大Mises应力如图3-51所示，可以看出，结构内部存在压强时，最大Mises应力与月壶尊结构的内外墙体间距以及墙体厚度依然有关，但是结构的墙体越厚，最大Mises应力越小，与内部无压强的工况结果正好相反。

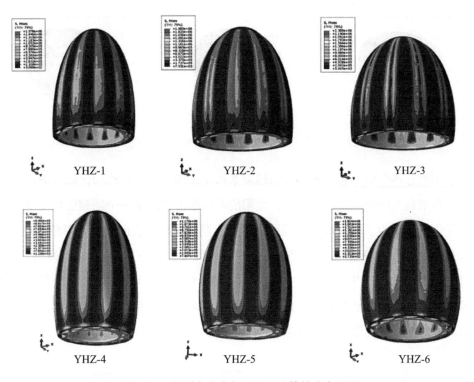

图3-51　低重力有内部压强工况等效应力云图

月球的自转周期接近地球的一个月，意味着每个白昼的时长相当于地球上的28天，从而产生显著的大温差循环，建立月壶尊结构的瞬态热分析模型，能够了解月面建筑结构在月球昼夜大温差循环下的结构温度场动态响应规律，以及随着时间变化，结构内部温度与月球表面温度的关系。

对于瞬态热分析，结构的荷载主要是月球表面的环境温度，月球表面极端的温度可以从两级陨石坑永久阴影部分的−244℃到赤道地区的+122℃。计算得到的月壶尊结构单个昼夜温度场变化如图3-52所示。可以看到，在前7天，温度变化较为迅速，随着结构外部月球表面温度降低，结构的温度变化随之降低，在后面的3个昼夜，月壶尊结构温度随月球表面温度变化不大，已经处于近乎稳定状态。

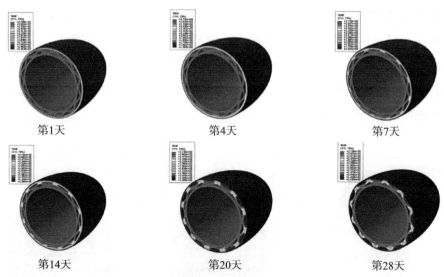

第1天   第4天   第7天

第14天   第20天   第28天

图3-52   月壶尊结构单个昼夜温度场变化情况

对于稳态热分析，通过求解结构热阻来衡量月壶尊建筑结构的保温性能，主要的热荷载来自太阳的有效辐射强度，太阳的有效辐射强度是一个随照射角度变化而发生变化的值，为了简化计算，假设太阳垂直照射于月球表面，则入射角i为0，太阳辐射修正系数一般取0.9，月表有效太阳辐射度I为1283.13W/m²。计算得到的6个月壶尊结构的稳态热分析温度分布云图如图3-53所示，可以看到，6个月壶尊结构的最大温度均位于结构顶部，且顶部温度明显高于结构其他部分，说明顶部是最为薄弱的部分，后续设计需要增加顶部的厚度。

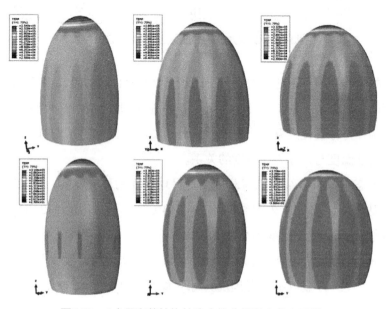

图3-53   6个月壶尊结构的稳态热分析温度分布云图

3.3.2 仿生贝壳月球基地

贝壳处于类似于月球表面低重力环境的浮力海水环境中，它们的形态包含许多适应这种环境的几何特征。同时，外壳结构保护其内部结构免受捕食者和其他潜在危险威胁的侵害。外壳结构的发展已成为现代建筑设计，特别是薄壳建筑设计的重要模仿焦点，例如著名的悉尼歌剧院。贝壳内独特的珍珠母结构可以为轻质高强度结构的设计提供原型。基于此，同济大学提出了仿生贝壳的月球基地建筑的概念[61]，如图3-54所示。

图3-54　仿生贝壳月球基地建筑概念图[61]

该月球基地结构的设计方法主要分为：轻质月球基地原型的建立、宏观结构拓扑的优化以及墙体微观结构的优化。仿生贝壳月球基地采用轻质结构设计以达到风化层的最大利用率，保持结构效率的同时减少材料量。采用有限元方法进行结构分析，参数化建模技术可以实现设计的快速修改迭代，利用拓扑优化算法优化材料分布等方法可以实现高性能轻壳结构的设计。该团队还采用平面几何计算、整体形状控制和基于数学几何原理的结构性能优化、推力线网格分析方法以及与BESO相结合的动态模拟分析。为了确定壳体的最佳几何配置，还考虑了壳体坡度、平面曲线曲率、3D打印头部形状以及路径规划和设计等其他因素。通过对结构层的模拟分析，利用中空结构优化月球基地的壁结构，以实现尽可能轻的重量，并采用多层结构的设计方法，增强结构的抗冲击性。图3-55为机器人建造仿生贝壳月球基地示意图。

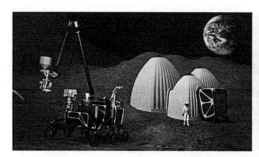 

图3-55　机器人建造过程[61]

第 **4** 章

月面原位建造材料

4.1 月壤及其性质

4.1.1 真实月壤

与地球一样，月球表面覆盖着一层松散的粒状岩石，通常称为月球土壤，又称风化层。风化层厚度为4~15m，是由一系列作用形成的，这些作用依次是：粉碎——由于陨石和微陨石撞击，岩石破碎成较小的颗粒；凝集——微陨石撞击和太阳风散裂（高能粒子溅射的结果）产生了玻璃状熔体，这些玻璃状熔体将矿物和碎片焊接在一起，因此大多数含有风化物的晶粒都包含约1000埃厚的各种太阳风注入原子（即羟基自由基）造成的辐射损坏的边缘。碎裂是另一个值得一提的高磨蚀性过程，此过程会产生直径3~10μm的小尺寸细粉尘。太空风化作用不仅会形成月球的风化层，而且会随着时间的推移不断改变其特性和性质。

广义的月壤是指覆盖在月球基岩上的所有月表风化物质；狭义的月壤则是根据月球样品的粒径来定义的：直径≥1cm的团块称为月岩；直径<1cm的颗粒称为月壤。月壤是一种有一定黏性、深灰色到浅色、细粒度、松散的碎屑物质，主要来源于玄武质和斜长岩的机械分解。月球土壤结构很松散，因为月球土壤中不含水分和有机物质，所以即使固定不动也不会凝结成块。月壤的平均粒度范围为40~800μm，粒径分布通常遵循对数正态曲线，平均值为60~80μm，但有些颗粒可小至10nm。单个的月壤颗粒主要是玻璃结合的聚集体（凝集物），以及各种岩石和矿物碎片。月壤富含硫，月球表层中的硫含量为0.16~0.27wt%，主要以FeS的形式存在，此外，月壤中存在天然的铁、金、银、铅、锌、铜、锑、铼等矿物颗粒。月壤中最丰富的月球矿物是斜长石、辉石、橄榄石和钛铁矿，其次是方石英、磷灰石、硫化物和天然金属。其中含有少量（<2%）陨石成分。虽然月壤的化学成分有相当大的差异，但不同区域如月海和高地的月壤，其物理性质，如颗粒大小、密度、堆积和压缩性等，却相当一致。这种均匀的物理性质的一个表现是在月海和高地地点的风化层材料中的地震速度非常相似，在92~114m/s之间变化。

月球计划是苏联在1959—1976年间进行的一项长期月球探测计划，旨在收集有关月球及其环境的信息。该计划通过Luna-16（1970年）、Luna-20（1972年）和Luna-24（1976年）任务将三组月球土壤样本带回地球。

如表4-1所示，在Apollo任务中，有6次将月球土壤样本带回地球。如图4-1所示，月球计划和Apollo任务的着陆点可以在美国宇航局提供的地图上看到。

Apollo登月和返回的样本[62]　　　　　　　　　　　表4-1

任务	日期	着陆点	样品返回量（kg）
Apollo 11	1969年7月16日	静海	21.55
Apollo 12	1969年11月14日	风暴洋	34.35
Apollo 14	1971年1月31日	弗拉·毛罗	42.28
Apollo 15	1971年7月26日	哈德利月溪	77.31
Apollo 16	1972年4月16日	笛卡尔	95.71
Apollo 17	1972年12月7日	金牛—利特罗峡谷	110.52

图4-1　月球计划和Apollo任务的着陆点[63]

　　这些任务的安排是，Apollo 11号和Apollo 12号降落在月海区，Apollo 14号和Apollo 15号降落在高地，Apollo 16号和Apollo 17号降落在高地—月海接触区。众所周知，月球上的"月海"区域是相对黑暗的区域，可以很容易地用肉眼发现。一方面，月海地区是与高地相比海拔较低的平原，是由凝固的玄武岩熔岩形成的。另一方面，高地的颜色明显较浅，并且已知由斜长岩组成，斜长岩是一种由缓慢冷却的熔岩形成的火成岩。研究人员对带回地球的月球月海和高地风化层样本的特征进行了广泛的比较，结果表明，月球高原风化层样品表现出以下特点：粗粒颗粒数量增加，原始岩石碎片含量相对较高，主要由炉渣、角砾岩和烧结岩上的原生火成岩和变质岩组成，与月球风化层样品相比，密度略低，颜色也浅得多。

　　2020年，中国首次月球样本返回任务嫦娥五号成功交付，成为第三个携带月球风化层样本的国家，这是继1976年苏联Luna-24任务之后首次从月球带回约2kg风化层。嫦娥五号是有史以来第一次登陆月球西北部Oceanus Procellaum玄武岩区的任务，该采样点的玄武岩年龄明显更年轻（与Apollo月球任务的地点相比），因此该采样点已被研究者评估为具有高度的科学意义。对嫦娥五号带回的风化层样品进行的研究表明，嫦娥五号含有以辉石为主的玄武质矿物，以及含有矿物和玻璃的凝集物、含有天然铁的玻璃珠，其中多样化的碎片中，辉石约占44.5%，斜长石占30.4%，橄榄石占3.6%，钛铁矿占6.0%，玻璃占15.5%。

　　月球风化层的组成信息对于模拟土壤样品至关重要，这些样品将用于工程实验，旨在对这种主要月球资源进行研究。例如，从月球风化层中获得的月球建筑材料预计将主要通过风化层进行系列化学反应来生产。因此，真实模拟月壤应该能够反映风化层样品的化学性质，以便在涉及制造和测试建筑材料的实验时提供可靠的结果。

1. 月壤的成分

　　月壤的成分对于了解月球的地质特征、演化历史以及未来的资源利用具有重要意义。月壤主要含有氧化物、金属元素、硅酸盐矿物、稀土元素及其他元素和矿物。这些成分的比例和存在形式在不同的月球地区可能有所差异，但总体上揭示了月球的地质特征和演化历史。月壤的成分分析对于进一步了解月球、进行科学研究以及未来的资源开发和人类探索是非常重要和有价值的。就化学组成而言，月壤和火壤与地球土体类似，以SiO_2为主，同时富含Al_2O_3、FeO、MgO、CaO，适宜作为混凝土等建筑材料原料，各成分组成如图4-2所示。

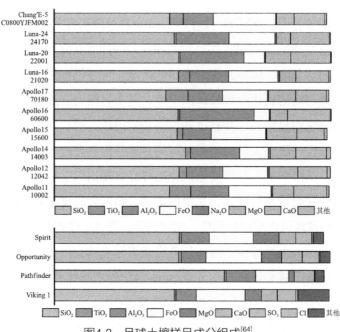

图4-2　月球土壤样品成分组成[64]

1）氧化物

月壤中最主要的成分是氧化物。二氧化硅（SiO_2）是其中最丰富的氧化物，占据了45%～50%的比例，在月壤中以石英或玻璃形式存在。氧化镁（MgO）是第二丰富的氧化物，占总量的10%～15%，在月球的玄武岩和玻璃珠中广泛存在。其他的氧化物成分包括氧化铝（Al_2O_3）、氧化钙（CaO）、氧化钛（TiO_2）和氧化亚铁（FeO）等。

2）金属元素

月壤中含有多种金属元素。铁（Fe）是其中最丰富的金属元素，在月壤样本中的含量为4%～14%，其中大部分以氧化亚铁（FeO）的形式存在。铝（Al）是另一个主要的金属元素，通常以氧化铝（Al_2O_3）的形式存在。其他常见的金属元素包括钙（Ca）、钠（Na）、钾（K）和镁（Mg）等。

3）硅酸盐矿物

月壤中含有多种硅酸盐矿物。辉石是月壤中常见的矿物之一，主要由硅酸盐组成。辉石在月壤中以各种形式存在，如钙辉石、镁辉石和铁辉石等。它们具有高温形成的特点，反映了月球表面曾经存在火山活动。斜长石也是月壤中的重要矿物，主要由钙长石和钠长石组成。它们在月壤中以不同比例存在，参与了月壤的形成和演化过程。橄榄石是月壤中的另一种常见矿物，主要是镁铁硅酸盐。它在月壤中以颗粒或碎片的形式存在，具有高温形成的特点。

钛铁矿是月壤中含有较高钛含量的矿物，主要由金红石和富钛辉石组成。它们在月壤中的含量可能会影响未来资源开发的可行性。

4）稀土元素

月壤中含有丰富的稀土元素，这些元素在地球上相对较为稀少。月壤样本中的稀土元素主要包括钇（Y）、铈（Ce）、镧（La）、镨（Pr）、钕（Nd）和铕（Eu）等，它们的含量相对较高，为地球上含量的数倍甚至数十倍。稀土元素对于科学研究和资源开发具有重要意义。

5）其他元素和矿物

除了以上提到的主要成分，月壤中还含有其他一些元素和矿物。例如，钛（Ti）是月壤中的重要成分，主要以二氧化钛（TiO_2）的形式存在。此外，还存在一些硫化物矿物，如辉硫矿（Troilite）和白铁矿（Pyrrhotite）。此外，还有微量的水（H_2O）和挥发性元素，如氩（Ar）和氦（He），它们在月壤中以非常低的含量存在。

G. Jeffrey Taylor曾使用X射线衍射（XRD）和Rietveld精修确定来自所有Apollo登陆任务的118个月球风化层样本（<150μm尺寸分数）的模态矿物学。结果显示，

着陆点之间的矿物丰度有所不同。斜长石在Apollo 16号登陆地点占主导地位，是月球高地的最佳代表，而月海的位置要低得多。Apollo 14号、Apollo 15号的亚平宁锋线和Apollo 17号的斜长石丰度介于高地和月海之间。橄榄石的相对丰度各不相同，其中Apollo 17号月海站点的丰度最大。Apollo 17号返回样本橄榄石含量达到20wt%，但Apollo 14号返回样本橄榄石含量为次要成分。在全球范围内，光谱数据显示，在辉石/斜长石大致恒定的情况下，橄榄石呈增加趋势，在斜长石—辉石—橄榄石三元图中达到40%的橄榄石值，表明月球表面存在橄榄石未采样区域，其内部存在大量富含橄榄石的岩石类型。

2. 月壤粒度分布

月壤中的粒度分布是指其中颗粒大小的范围和比例。了解月壤的粒度分布对于研究月球地质过程、岩石形成和演化等具有重要意义。月壤的粒度分布是由多种因素综合作用所决定的，其中最主要的因素包括陨石撞击、太阳风作用、火山活动以及微陨石的沉积等。不同地区的月壤在粒度分布上可能存在差异，这也反映了月球地表的多样性和地质演化的复杂性。

图4-3为Apollo、Luna和嫦娥计划共8次探月任务所采集的170份样品的粒度分布区间。其中，Apollo与Luna样品的粒度分布以10～100μm居多，而嫦娥五号样品的最大粒度不超过300μm，根据Apollo土壤分类标准可以归类为非常细粒径。

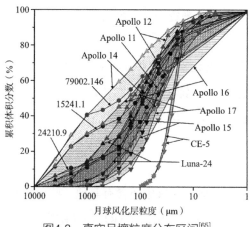

图4-3　真实月壤粒度分布区间[65]

通过对月壤的粒度分布进行研究和分析，科学家们可以了解月球地表地质过程的历史和演化，例如陨石撞击事件的频率和强度、火山喷发的规模和时序等。此外，也可以为未来的月球探测任务和资源开发提供重要的参考和信息，以便选择合适的采样和勘探方法。因此，对月壤的粒度分布的研究对于我们更好地了解月球和地球宇宙起源的奥秘具有重要意义。

1）细颗粒尘埃

细颗粒尘埃是指直径小于0.01mm的颗粒。这些颗粒通常由较小的颗粒互相聚集形成，它们可能是被陨石撞击乃至太阳风作用所产生的。细颗粒尘埃在月壤中占据了相对较小的比例，约占总量的20%。

2）粉状物质

粉状物质是指直径在0.01～1mm之间的颗粒。这些颗粒大部分是由岩石碎片、矿物粒子和玻璃珠等组成。粉状物质是月壤中最主要的组分，约占总量的40%。粉状物质具有较为均匀的颗粒分布，表面光滑且形状规则。

3）块状碎片

块状碎片是指直径大于1mm的岩石碎片或颗粒。这些碎片通常是由陨石坑撞击事件产生的，也可能是由月球上的火山活动形成的。块状碎片在月壤中的比例相对较高，约占总量的40%。这些碎片的大小和形状各异，可能是由不同类型的岩石构成，如辉石、斜长石和橄榄石等。

除了以上三个主要组成部分外，月壤中还可能存在一些特殊的结构和形态。

4）羽毛状颗粒

月壤中可能存在一些羽毛状的颗粒。这些颗粒通常与太阳风的作用有关，太阳风会将表面的细小颗粒吹走，使得颗粒之间形成类似羽毛的结构。羽毛状颗粒的存在对于研究月壤的运移过程和微尺度特征具有重要意义。

5）玻璃珠

月壤中可能存在一些微小的玻璃珠。玻璃珠是由陨石坑撞击或者火山喷发形成的高温熔融物质冷却凝固而成。这些玻璃珠通常呈现出球状结构，并且具有较高的透明度和光滑表面。

3. 月壤硬度及密度

月壤的硬度和密度是描述其物理性质和力学特性的重要参数。了解月壤的硬度和密度对于研究月球地质特征、进行月球表面建筑和岩石工程等具有重要意义。

1）硬度

月壤的硬度是指其抵抗外力影响的能力。由于月球上缺乏大气和水的侵蚀作用，以及长期的风化作用，月壤的硬度相对较低。这使得月壤在采集、研究和利用等方面更为容易。月壤中的颗粒通常没有经历过类似地球上长时间的压实和固化过程，因此其颗粒之间的结合力较弱，整体硬度也较低。具体来说，月壤的硬度在摩氏硬度标尺上一般位于1～7之间，这是相对较低的范围。其中，较细的颗粒（如细颗粒尘埃）可能较软，而较大的块状碎片则可能较为坚硬。

月壤的低硬度是其易被采集和研究的一个重要原因。宇航器和登月任务中，采集月壤样本通常可以通过简单的装备实现，例如使用探测器等工具进行挖掘、采样或探针取样。相比之下，地球上的土壤和岩石通常更为坚硬，需要更复杂的设备和技术来采集和处理。月壤硬度较低主要是由于以下几个原因：

（1）水的缺失：月球表面几乎没有水分，这使得月壤中的岩石和颗粒没有经历过水侵蚀和长时间压实的作用。在地球上，水的存在会使土壤颗粒粘结在一起，增加土壤的硬度，而在月球上这个过程几乎没有发生。

（2）大气的缺失：月球上没有真正的大气层，这也导致了月壤的硬度相对较低。在地球上，大气中的气压会对土壤施加压力，增加土壤的硬度和密度。

（3）地质作用的缺乏：月球上没有像地球上那样的板块构造和火山活动，这些地质作用可以使岩石经历变质和压实，增加岩石的硬度。由于缺乏这些地质作用，月壤中的岩石相对较软。

2）密度

月壤的密度是指其单位体积的质量。月壤的密度相对较低，这是由于月球缺乏大气和压力所致。整体而言，月壤的密度约为1.5g/cm^3，也就是说，其平均密度比地球上岩石的平均密度要低。

月壤中存在较多的空隙和孔隙，这使得其密度较低。月壤中的颗粒相对疏松，存在一定的间隙。这些空隙和孔隙可以由颗粒之间的间隙、微小的裂缝和气泡等所形成。月壤中的颗粒大小和组分差异也会导致一定的密度变化，一般来说，细颗粒尘埃的密度较低，而块状碎片则可能具有更高的密度。此外，月壤中的含气量也可能对其密度产生影响，尽管月球上没有大气，但月壤中可能存在微量的气体，如氮气和水蒸气。

4.1.2　模拟月壤

目前，地球上约有900kg月球土壤和岩石样本，其中最重要的部分是通过Apollo 11、Apollo 12、Apollo 14、Apollo 15、Apollo 16和Apollo 17任务带来的约2200个样本，获得的风化层质量接近382kg。其余样本包括1970—1976年间苏联时期Luna-16、Luna-20和Luna-24任务从3个不同月球位置采集的约300g样本，中国添加了1.731kg样本，另外由于陨石撞击，约500kg月壤从月球喷射到地球。

这些原始样本非常珍贵且稀缺，以至于想要利用月球土壤样本进行研究的人员通常无法在实验中使用它们。因此，他们必须自己生产与原始土壤具有相似特性的土壤，即模拟物，或者从其他生产者那里获得模拟物。20世纪70年代，各国开始生产模拟月壤，并且仍在以越来越快的速度生产。迄今为止，有9个国家或地区、组织参与了模拟物的生产：澳大利亚、加拿大、中国、德国（与欧盟）、印度、意大利（与欧盟）、日本、韩国和美国。

表4-2列出了研究人员常用的一些模拟月壤，这些模拟物将在下文中被提及和进一步讨论。

常见的一些模拟月壤[66]　　　　　　　　　　表4-2

模拟物	来源	摘要
JSC-1	来自玄武岩组成的火山灰	首批投入批量生产的月球模拟物之一，不再可用
JSC-1A/ AF/1AC	来自美国亚利桑那州弗拉格斯塔夫附近沉积的火山灰	JSC1系列是生产的最著名的模拟物，类似于低钛月海模拟物，含有高含量的玻璃，在化学成分上与Apollo 14号任务的163号样品相似
FJS-1	来自日本富士山附近的玄武岩熔岩	压碎的钛铁矿和/或橄榄石混合
DNA	基于博尔塞纳湖（意大利）附近的天然火山材料	—
NU-LHT1-M	苏长岩、钙长石、方辉橄榄岩以及纯橄榄岩的混合物	基于Apollo 16号风化层样品的平均化学成分
ALRS-1	来自新南威尔士州库尔努拉的玄武岩采石场	由新南威尔士大学生产，专为测试风化层烧结而开发
VA	来自火山灰	含有奥金石、铁橄榄石
NEU-1	由中国吉林省金龙峰附近的煤渣和玄武岩制备	—
ALS	由华盛顿州汉福德附近波莫纳玄武岩流的碎石制成	它是作为月海土壤模拟物而创建的，用于开发结构材料和陶瓷复合材料
MLS-2	继MLS-1的新样品。通过研磨德卢斯辉长岩杂岩的斜长石开发为高地模拟物	生产量非常小
KOHLS-1	—	—
CLRS系列	CLRS-1被描述为低钛月海模拟物，CLRS-2被描述为高钛月海模拟物	由中国科学院生产

明尼苏达模拟月壤（MLS-1）由明尼苏达大学开发，并于1971年在第二届月球
科学会议上首次推出。MLS-1被生产出具有不同玻璃含量和粒度分布的模拟月壤，
目的是仅模拟Apollo 11号的高钛月球风化层样品，而不反映确切的矿物学和化学特
征。MLS-2也是由同一小组开发的，目的是模仿月球高地土壤样本。

亚利桑那州模拟月壤（ALS）包括来自美国华盛顿州汉福德的波莫纳玄武岩流
碎石的原材料。这种月球土壤模拟剂被开发为一般用途的月海模拟物。

约翰逊航天中心（JSC-1）模拟月壤可能是以前研究中广泛使用的最著名的模
拟月壤。它是在1993年使用来自美国亚利桑那州弗拉格斯塔夫附近旧金山火山场的
火山灰开发的。这种模拟物的开发目的是模仿月球风化层样本的月海类型，并被提
议用于一般用途。当JSC-1模拟物用完时，JSC-1A作为前模拟物的克隆生产。后来，
开发了类似于JSC-1A模拟物的JSC-2A。JSC-2A是一种玄武岩月海模拟物。尽管已
知JSC-2A与JSC-1A相似，但据报道，与JSC-1A相比，其生产中使用的不同合成方
法预计将在其成分和矿物学特性方面产生某些差异。

FJS，也被称为富士日本模拟月壤，是在日本利用富士熔岩基地作为源头开发
的。据报道，1型和2型是低钛月海模拟月壤，而3型是高钛月海模拟月壤。此外，
这种模拟物是为一般用途而开发的。

OB-1是加拿大生产的模拟月壤，旨在模仿高地月球风化层样本。据报道，该
模拟物含有肖米尔正直石和法亚利橄榄石渣玻璃，CHENOBI模拟月壤已知是OB-1
模拟物的改进版本，其中不含橄榄石渣，而是等离子熔化的肖米尔斜长石。这两种
月球模拟物都是为研究岩土工程而开发的。

GCA-1是由美国戈达德航天中心开发的。这种模拟月壤旨在模拟低钛月海月球
土壤样品，并用于岩土工程研究。

NU-LHT系列模拟月壤也被称为NASA/USGS高地模拟月壤。据报道，NU-LHT
包括Stillwater Norite、Anorthosite和Hartzburgite以及Twin Sisters Dunite的原始材料。
这些模拟月壤是为一般用途而开发的。

CAS-1、CLRS-1、CUG-1和TJ-1是由中国开发的低钛月海模拟月壤。根据资
料，由中国科学院开发的CAS-1旨在反映Apollo 14号土壤样品的矿物学和化学特
性，并将用于一般用途。据报道，它是由中国吉林省金龙顶子火山的火山灰制成
的。同样，中国月球风化层材料（CLRS）也被中国科学院开发用于一般用途。
CUG-1（中国地质大学）是利用来自中国东北的玄武岩火山岩制成的，用于工程研
究。同济大学开发的TJ-1模拟月壤用于岩土工程。NAO-1也是中国科学院国家天文
台研制的中国模拟月壤。该模拟物用于模拟月球高地风化层，旨在反映Apollo 16

号样品的矿物学和化学特征。这种为一般用途而开发的模拟物的原材料是从西藏雅鲁藏布江获得的辉长岩。

GRC-1和GRC-3以其开发者——美国格伦研究中心GRC命名，它们是由使用商业硅砂产品的不同混合物制成的，两者都可用于岩土工程测试。

KOHLS-1，也被称为韩国汉阳模拟月壤-1，是一种低钛月海月球土壤，主要用于岩土工程。

CSM-CL是一种月海模拟月壤，从来自美国新墨西哥州科尔法克斯县科罗拉多熔岩的高碱性玄武岩中获得。CSM-CL模拟物的名称来源于开发人员机构和使用的资源：科罗拉多矿业学院科罗拉多熔岩。开发这种模拟物的目的是用于岩土工程实验。

ALRS-1是澳大利亚的模拟月壤，由新南威尔士大学使用从澳大利亚新南威尔士州中央海岸的库尔努拉获得的玄武岩开发。据报道，这种模拟月壤是专门为用于风化层烧结的实验研究而开发的。

ESA的目标是在德国建立欧洲月球探测实验室（LUNA），该实验室将开展许多研究，包括月球表面操作的实践。为此，LUNA试验台被设计成两个大区域，其中必须使用模拟月壤进行月球表面操作实践。EAC-1是为此目的制造的主要模拟月壤，有关该模拟物的信息于2017年发布。EAC-1基本上是从德国开采并加工用作月球土壤模拟剂的巴桑石。EAC-1A是EAC-1中含有灰尘颗粒的一部分，旨在用于LUNA试验台的第二个区域，目的是在更具挑战性和现实性的情况下提供测试的设施。EAC-1A被归类为"粉砂"，有关该模拟物的信息于2020年发布。

TUBS-M和TUBS-T是德国制造的两个"基础"模拟物，旨在分别模仿月球月海和高地风化层。前者是用德国碱橄榄石玄武岩制成的，后者是由斯堪的纳维亚变质辉长岩复合物制成的。有了这些模拟物，即可提供基础材料，用于生产其他特定的月海和高地模拟物，这些模拟物可能只需要添加一些额外的组分即可。

LHS-1和LMS-1是由美国CLASS Exolith实验室在佛罗里达大学开发的两种模拟月壤。前者旨在模仿月球上平均高地地区的月球风化层，后者旨在模仿月球月海土壤。这些基于矿物的模拟月壤反映了月球土壤质地，因为它们含有准确比例的矿物和岩石碎片。

UoM-B和UoM-W是由英国曼彻斯特大学开发的两种低保真模拟月壤。这些模拟物基本上是从工业材料中获得的，含有"火山黑尘"和"玻璃屑"。因此，它们以开发大学及其颜色命名，例如曼彻斯特大学布莱克分校（UoM-B）和曼彻斯特白大学（UoM-W）。开发人员的目的是提供一种低成本的模拟物，可以大量用于地表挖掘等工程实验，并且化学成分与月球风化层的相似性不一定受到追捧。
UoM-B和UoM-W都表现出与专门生产的月球模拟物相对相似的岩土工程特性，因此，它们被认为是工程实验中可接受的低成本模拟物。

上述所有模拟月壤都用于不同类型的月球调查（例如钻探、着陆和表面移动性、现场建筑材料的生产和测试），需要不同的矿物学和化学特性以及实验中使用的模拟月壤的不同颗粒特性。当然，每种模拟物的生产/制备程序都会直接影响其性能。众所周知，根据特定模拟物最初设计的测试类型，有时在模拟物生产过程中，可能会忽略模拟的风化层的化学或物理特性的保真度。

4.2　月壤基混凝土类材料及其性质

如表4-3所示，比较风化层、高炉矿渣和波特兰水泥的化学组成，可以看出风化层的组成与波特兰水泥的组成十分接近。由于月球表面具有丰富的风化层，可以成为开发胶凝建筑材料的主要成分。因此，混凝土可以高效并且廉价地生产，并用于建造月面栖息地、发射台、修复受损的结构部件，或许还可以将这些定居点扩展成大型定居点。结合我们在极端条件下对混凝土结构的性能和设计的广泛了解，以及混凝土的易加工性、成型和制造性，固有的回弹力和整体特性，在月球上使用地外混凝土作为建筑材料具有优势。

陆地和月球胶凝材料的组成[66]（单位:%）　　　　　　表4-3

组成成分	波特兰水泥	高炉矿渣	月岩	月岩（高地）
SiO_2	20.0	14.4	46.0	44.1
CaO	63.0	39.5	10.9	17.5
Al_2O_3	6.0	11.1	12.5	29.2
FeO	2.7	0.5	17.2	4.2
MgO	1.5	1.4	10.4	3.9
TiO_2	—	—	2.8	0.3

　　混凝土由粗骨料、细骨料、砂子和外加剂组成［这些外加剂与糊状物（水泥和水）粘结在一起］。传统混凝土的典型水灰比为0.4～0.5，而水泥仅需要0.2～0.25的水灰比即可完全水合，因此添加多余的水（称为游离水）是为了提高混凝土拌合料的可工作性。一旦混合，混凝土会随着时间的推移通过放热的、水激活的化学反应（水合作用）逐渐变硬。这种水化反应发生在硅酸盐钙和水之间，并持续数天，可能需要28天才能使混凝土达到完全强度。该反应将水化学键合到水泥颗粒上，使晶体进一步与其他颗粒键合。这种反应通过化学方式将水与水泥颗粒结合，并进一步形成与其他颗粒结合的晶体。这个反应，或者说水合热（H），可以通过等式（4-1）得到最好的证明。

$$H=500+260P_{C_3S}+866P_{C_4AF}+624P_{SO_3}+1186P_{FreeCaO}+850P_{MgO} \qquad (4-1)$$

其中，P是第i个化合物占水泥总含量的重量比，以水泥总含量计；C_3S为硅酸三钙；C_2S为硅酸二钙；C_4AF为铁铝四钙；SO_3为三氧化硫；CaO为氧化钙（石灰）；MgO为氧化镁（方镁石）。关于传统混凝土的各种性能、特性、加工和制造的更深入的讨论可以在其他地方找到。材料科学爱好者和具有结构和建筑工程背景的读者都很清楚，混凝土尽管具有良好的特性，但仍然存在某些方面的问题，这些问题可能会阻碍其在月球和火星环境中的使用。比如，限制混凝土作为太空建筑材料的主要选择的重要原因是其需要水来水化、搅拌和养护混凝土。其他限制还包括低抗拉强度、易收缩、不稳定，以及在真空下易脱气的特性。幸运的是，许多过去和最近的研究都致力于开发解决方案来克服上述的一些限制。事实上，在20世纪80年代末，美国混凝土协会（ACI）委托一个特别委员会（ACI SP-125）来制定可行的战略和技术，实现在月球上生产混凝土和建造基于混凝土的建筑，以支持NASA和布什总统的政府愿景。由于这些开创性的工程，新的和改良的混凝土类型被开发出来。本节重点介绍各种类型的混凝土衍生物和混凝土类产品作为外太空应用的建筑材料的潜力，以及为改善混凝土在太空中的性能而做出的新努力。

4.2.1　月壤基硫磺混凝土

　　在过去几十年，人们研究了利用熔融硫作为水的替代物结合集料和水泥生产硫磺混凝土在陆地上的应用。月球和火星上的勘探任务的确证，发现了硫以及基于胶凝的资源的可用性，科学家们提出了生产月球或火星无水硫磺混凝土的构想。从Apollo 11号和Apollo 17号返回的样品中观察到，月球和火星上的硫含量为每百万分之几十（ppm），在偏北铁中超过2000ppm。制造硫磺混凝土的基本概念是在

120~150℃下液化硫，然后将熔融的硫与原位胶凝材料混合。一旦硫冷却下来，它就会凝固并产生硫磺混凝土。这种类型的混凝土不需要水化，并在几个小时内获得其大部分强度（而不像普通混凝土可能需要几天或几周的时间）。典型的硫磺混凝土含有80%~90%的骨料，10%~20%的硫，以及大约5%的增塑剂，以提高混凝土的质量和性能并减轻开裂。

已经有关于增强硫磺混凝土的研究，并比较了它们与普通混凝土以及环氧混凝土的性能差异。硫磺混凝土混合物由不同比例的硫（25%~70%之间）与月球模拟物（JSC-1）混合组成，纤维增强硫磺混凝土与其成分相似，但辅以2%的薄铝纤维。在几次试验中，报告表明，在真空条件和150℃温度下压实混凝土样品（含硫量为40%）的抗压强度相对较高，为34.6MPa，而由40%的硫和环氧制成的样品（分别在环境条件下压实），抗压强度分别达到22.3MPa和28.6MPa。图4-4给出了实验中测试的各种混凝土的平均抗压强度。从这些数据可以看出，使用硫含量为35%和40%的混凝土样品似乎达到了最高的抗压强度。添加较多的硫（>总混合物的50%~60%）显著降低了硫磺混凝土的完整性和力学性能，这可能是由于冷却过程中硫的收缩所致。

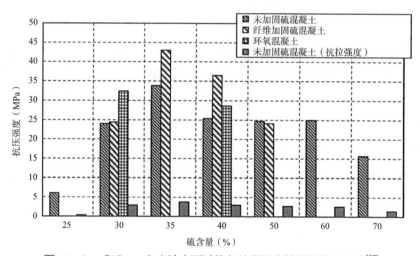

图4-4 Issa和Omar在实验中测试的各种混凝土的平均抗压强度[67]

20世纪初的研究表明，硫磺混凝土不仅可以达到超过30MPa的抗压强度，而且还表明添加玻璃纤维可以显著提高硫磺混凝土的强度（高达45%）。如表4-4所示，当在梁中使用硫磺混凝土时，研究人员展示了玻璃纤维可将梁的抗弯强度提高大约40%。关于硫磺混凝土的辐射屏蔽特性的研究分析表明，短期屏蔽辐射所需的最小有效混凝土厚度为67mm。

硫磺混凝土的力学性能[66]   表4-4

性能	硫磺混凝土	铝纤维增强硫磺混凝土	玻璃纤维—钢筋硫磺混凝土
抗压强度（MPa）	12 ~ 75	24 ~ 43	8 ~ 25
抗拉强度（MPa）	1.6 ~ 9.6	0.33 ~ 9.27	—
弹性模量（GPa）	20.7 ~ 32.4	—	—
弯曲强度（MPa）	0.46 ~ 5.2	—	7 ~ 30
失效时应变（%）	—	—	0.3 ~ 0.8

　　研究人员还进行了真空暴露实验，将JSC-1模拟月壤制成的硫磺混凝土适度暴露于真空（约60天）。如图4-5所示，研究结果表明真空条件引起硫的大量升华，特别是在暴露58天后，缩减到约30%的初始质量。基于这种观察到的行为，研究人员估计，在月球温度为120℃时，升华一层10mm的硫需要1.63h，而这在地球需要3.7年（温度为15℃）。值得注意的是，研究人员推断在混凝土中升华速率会降低，特别是在高骨料含量的硫磺混凝土中，由于其较高的密度，可以达到超过60天标记的恒定速率。还有一些试验表明，在−27℃的恒定低温下，硫磺混凝土可以保持其完整性。然而，硫磺混凝土在热循环中会严重降解（这种降解是在非循环样品中观察到的5倍）。

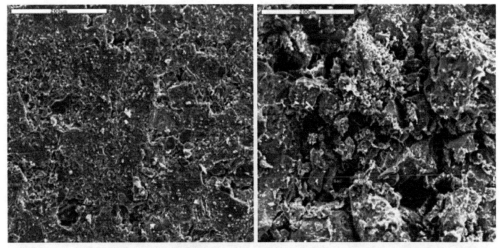

图4-5　显微照片显示了在地球条件（左）和真空（右）下的硫磺混凝土之间的比较[68]

　　在最近的一项研究中，如图4-6（a）所示，研究人员将不同含量的硫（40% ~ 60%）与火星模拟物（Mars-1A）混合，就机械性能而言，硫与模拟物的最佳组合是1∶1的比例。这些研究人员还比较了这种硫磺混凝土与25%硫和75%规则砂的混合物性能。这些混凝土的微观结构和力学性能也是研究的重要部分。首先，如图4-6（b）和图4-6（c）所示，比较了两种混凝土的微观结构：其中的数字显示了用火星模拟物制成的硫磺混凝土比用砂子制成的硫磺混凝土密度大得多（平均粒径较小）。这些图像还显示火星硫磺混凝土中缺乏空隙，而砂基硫磺混凝土的混合物显示出与砂粒和空隙相关的明显不透明的橙色到暗红色斑点的优势。在力学性能测试中，硫磺混凝土的抗压强度为20～63MPa，而砂基硫磺混凝土的抗压强度为24.5～28.3MPa。Wan等人报告了通过X射线光电子能谱（XPS）进行的进一步测试的结果，火星模拟物中的金属元素表现出协同作用，似乎能更好地与硫反应生成硫酸盐和多硫酸盐，从而提高硫磺混凝土的强度。在砂基硫磺混凝土的情况下，这种反应是不存在的，因为砂在热铸过程中不与硫发生反应。

在许多情况下，根据研究人员的报告，硫在冷却时往往会收缩，这可能会在硫磺混凝土中产生裂缝，并可能导致硬化硫从集料中脱粘。由于集料（约5.4×10^{-7} ℃$^{-1}$）和硫（6.4×10^{-5} ℃$^{-1}$）之间热膨胀的巨大差异，也可能发生显著的收缩。一项特定的

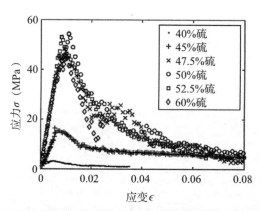

（a）不同硫比对火星模拟物压缩应力—应变响应的比较

（b）50%硫和50%火星土壤模拟剂

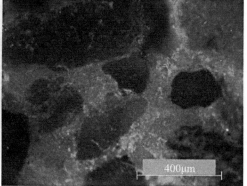

（c）25%硫和75%规则砂，最大粒径为1mm

图4-6　硫混凝土的显微图像[69]

研究表明，月球模拟物制成的硫磺混凝土比普通混凝土更具渗透性，因为熔融的硫很容易被吸收。总的来说，无添加剂硫磺混凝土的养护温度限值为130～140℃，除非提供热屏蔽，否则它只能在温度不超过120℃的环境中使用。因此，由硫磺混凝土制成的未受保护的月球和火星结构，如果直接暴露在表面温度下，则仅限于高纬度或最高温度小于96℃和月表面温度变化不超过114℃的阴影位置。

4.2.2　月壤基聚合物混凝土

为了生产用于空间建筑的非液压混凝土，可以考虑一些替代方案。其中一种选择是使用热塑性和热固性聚合物来开发聚合物混凝土。聚合物混凝土的发展可以追溯到20世纪50年代末，它取代了在建筑中使用的普通混凝土。这种类型的混凝土取代水泥浆以及水与聚合物结合骨料和细粉。因此，集料和填料在聚合物混凝土中占体积的75%～80%，其余的20%～25%用聚合物胶粘剂填充，这些胶粘剂可以在不饱和聚酯、甲基丙烯酸甲酯、环氧树脂、聚氨酯和尿素甲醛树脂之间选择。

聚合物混凝土的物理力学性能取决于环氧树脂的数量和类型、混合和固化过程，特别是通过胶粘剂和集料之间的聚合而形成的黏附程度。聚合物混凝土在室温固化一天后，其强度达到70%～75%，而普通混凝土的强度为10%～20%。图4-7显示了具有6%和16%胶粘剂的聚合物混凝土的典型样品。扫描电子显微镜（Scanning Electron Microscopic，SEM）照片分析表明，增加聚合物含量可以更好地填充集料和基体之间的空隙，从而提高该混凝土的耐久性和强度。

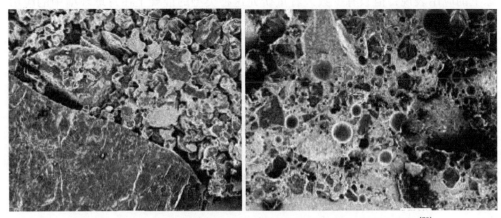

图4-7　两种不同胶粘剂的聚合物含量下的聚合物混凝土的SEM观察[70]

另外，进一步增加聚合物含量通常不会改善力学性能。事实上，当树脂含量增加15%以上时，环氧基聚合物混凝土的抗压强度甚至会降低。因此，可以确定最佳聚合物含量（14%～16%）。当正确设计和建造时，环氧基聚合物混凝土的抗压强度为17～129MPa，如表4-5所示。表4-5还表明，非增强聚合物混凝土的抗拉强度似乎相对高于普通混凝土的抗拉强度。

各种类型的聚合物混凝土的力学性能的比较[71]　　　　　　　表4-5

特性	聚酯混凝土	碳纤维增强聚合物混凝土	玻璃纤维—钢筋聚合物混凝土	环氧基聚合物混凝土
抗压强度（MPa）	54	30～69.2	64.8	17～129
弹性模量（GPa）	11	11.5	10.8	15
抗拉强度（MPa）	11.6	—	—	9.6～16.3
弯曲强度（MPa）	15.1	42.6	24～37.6	21.3
热膨胀（℃$^{-1}$）	—	—	—	—
失效时应变（%）	—	0.1～0.2	0.17	1～11

一项研究比较了两种聚合物混凝土（胶粘剂未饱和聚酯树脂和环氧树脂）对普通混凝土的响应。在这些试验中，胶粘剂与集料的比例为12%，而两种聚合物混凝土的力学性能均明显优于普通混凝土。研究表明聚酯混凝土和环氧基聚合物混凝土的抗压强度、抗拉强度分别为54MPa、84MPa，11MPa、15MPa，抗压强度和抗拉强度分别提高了2～4倍和3～6倍。其他研究也关注了聚合物混凝土在地球上的应用表现，但只有少数人着重研究这种类型的混凝土在月球环境中的应用表现。

还有一些研究人员开发了一种聚合混凝土［由90%的月球模拟物——类似于Apollo计划收集的混凝土，以及月球土壤没有的10%的聚乙烯（热塑性聚合物）组成］用来模拟月球环境，聚合物混凝土被放置在20～123℃的真空条件下（＜0.1torr），这种混凝土制成的立方体的平均抗压强度为12.75MPa。研究者还用汞侵入孔法对该混凝土的孔结构进行了研究，结果表明，该混凝土的孔结构为0.018～0.136mL/g。实验中注意到在与聚合物反应不良的区域，出现较大孔洞（10×10^3～100×10^3nm）。这种不良反应是由于较低的传热，导致聚合物不完全液化。在聚合物充分液化的情况下，聚合物混凝土的孔隙度与普通混凝土的孔隙度相当。

　　在另一组实验中,无水聚合物混凝土由90%~95%的月壤模拟剂(ALRS-1)制成(相当于JSC-1A)。该模拟剂与5%~10%的热塑性聚丙烯粉末混合。一方面,这种聚合物的低密度(900kg/m³)和低熔化温度(约160℃),使其成为理想的月球和火星建筑。不巧的是,报告表明,含有5%聚合物的样品不足以进行力学测试。另一方面,研究者对10%聚合物的混凝土样品进行了测试,测得样品的抗压强度和抗拉强度分别为4MPa和1.4MPa。

　　为了提高聚合物混凝土的性能,研究人员研究了用甘蔗、碳和玻璃纤维等天然和合成增强材料补充聚合物混凝土的方法。这些研究人员注意到,玻璃纤维和碳纤维增强的聚合物混凝土样品的断裂韧性分别提高了13%~29%。其他研究人员指出,加入钢纤维可以提高聚合物混凝土的强度和延性。

　　在模拟月球环境下制造聚乙烯混凝土是一个研究难点,主要目标是减少加工时间和能源消耗以及改善混凝土固化。在本研究中,选择了由90%韩国—汉阳模拟月壤-1(KOHLS-1)和10%聚乙烯组成的混合物进行分析。这种混合物的密度为1500kg/m³,研究人员将样品混合(聚合物混凝土在一个50mm×50mm×100mm的模具被混合),置于一个特殊设计的200℃热室中(能够模拟5.0×10⁻²torr的真空),并加热1~5h。在固化过程中,聚乙烯通过在固化过程中发展螺纹状结构而与周围矿物结合,以固化成聚合物混凝土。报告表明,在真空环境中自下而上加热聚合物混凝土,以更好地促进聚合物的加热,而不是传统的从上到下加热聚合物混凝土的方法,这种方法比使用传统的加热方法提高了两倍的凝固率。其他发现表明,该聚合物混凝土的最佳养护时间在3~4h范围内,这能将温度降低到200℃的温度(而不是之前的230℃)。

　　与其他建筑材料类似,聚合物混凝土也受到一些限制。也许它的主要限制之一是聚合物对蠕变效应和温升的敏感性,特别是在其融化温度附近。这在环氧混凝土中更是如此:环氧树脂混凝土的温度升高似乎比聚酯砂浆更敏感。其他问题包括集料和胶粘剂(聚合物)之间的脱附(脱粘),以及专门设计的聚合物的高成本和专门加工的需要,这些因素似乎限制了聚合物混凝土在月球建筑中的使用。

4.2.3　月壤基地质聚合物混凝土

　　地质聚合物是一类非晶态难降解的无机聚合物,可以由一种类似粉末状的富含铝硅酸盐的材料制成,如粉煤灰或偏高岭土,通常与溶解在高腐蚀性碱性溶液中的非晶态二氧化硅混合。混凝土与地质聚合物混合时,可以变成地质聚合物混凝土。地质聚合物混凝土是一种非液压混凝土衍生物，高度依赖于混凝土配合比中的可用硅铝比（Si：Al）。如图4-8所示，当比值为2.0或更高时，会产生更光滑的微观结构和更好的力学性能。地质聚合物混凝土由20%～30%的地质聚合物胶粘剂以及70%～80%的粗集料和细集料组成。尽管需要高剪力搅拌，但地质聚合物混凝土几乎具有接近零的用水量、高的抗热循环和冻融能力以及良好的真空稳定性。这类混凝土的抗压强度和抗折强度分别是传统混凝土的2～3倍。地质聚合物混凝土的一个有趣特点是，它可以加速养护，达到其全部强度只需1～2天（普通混凝土一般需要28天）。

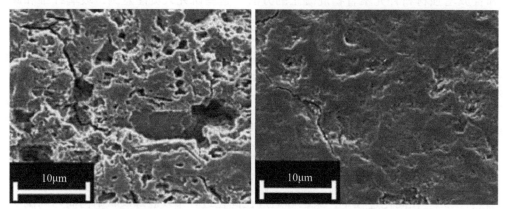

图4-8　扫描电镜观察了Si：Al比对矿物聚合物混凝土微观结构的影响[72]

研究人员在月球上发现了碱金属元素，并注意到这些元素可以被加工成碱。在一项并行研究中，研究人员推测，由于火山灰的组成与月壤相似，所以月壤可以进行地质聚合。基于这两个发现，在月球和或火星上可以方便地制备由90%以上的岩石组成的矿物聚合物混凝土。

地质聚合物混凝土经由三步过程（溶解—缩聚—沉淀）形成。这一过程从高pH碱性溶液开始单体聚合，其中氢氧化碱或硅酸盐与氧化铝—硅酸盐、氧化铝或二氧化硅结合，可以形成$[Al(OH)_4]^-$和$Si(OH)_4$。在第二阶段，$[Al(OH)_4]^-$和$Si(OH)_4$通过催化OH^-离子转化为Al-O-Al键和Si-O-Si键。最后，第二阶段形成的键结合在一起，凝结成非晶态结构。

与聚合物混凝土和硫磺混凝土不同的是，很少有研究地外建筑中利用地质聚合物混凝土的可行性。在这样一项研究中，开发了由月球模拟物Va制成的地质聚合物混凝土，其组成类似于JSC-1A，但由火山灰和氢氧化钠制成。这种地质聚合物混凝土的铸造消耗了1.39wt%的水，抗压强度为26～50MPa。在中等真空条件下，对该地质聚合物混凝土的抗压强度进行了研究（1.5torr），其结果为45MPa，研究人员还表明这种开发的混凝土具有较高的抗冻融性能。

　　使用JSC-1作为土壤模拟剂，研究人员开发了另一种矿物聚合物混凝土，命名为Lunamer，其具有良好的力学性能和高抗辐射性能。研究人员将此种混凝土置于高真空（0.001torr）和106℃的高温环境下进行了研究。图4-9表明固化的试样的抗

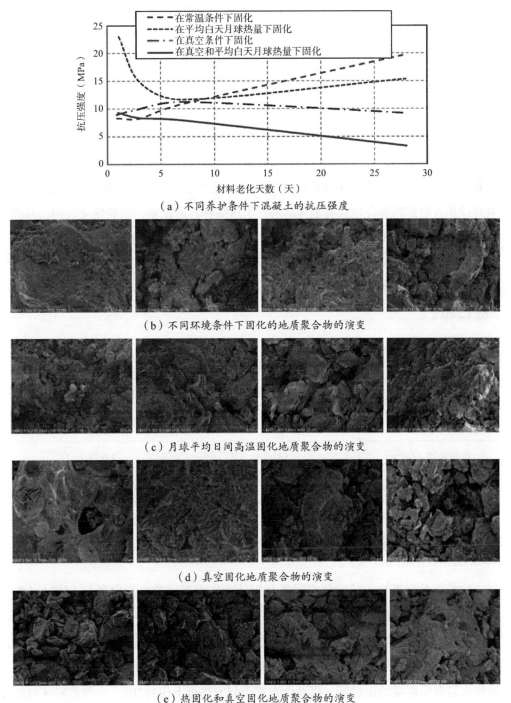

（a）不同养护条件下混凝土的抗压强度

（b）不同环境条件下固化的地质聚合物的演变

（c）月球平均日间高温固化地质聚合物的演变

（d）真空固化地质聚合物的演变

（e）热固化和真空固化地质聚合物的演变

图4-9　地质聚合物各种环境条件下的SEM显微照片[73]

压强度随试样的龄期（固化）线性增加。这与在真空和高温作用下固化的样品中
观察到的不同，在暴露28天后，抗压强度从9.5MPa损失到约3MPa。有趣的是，如
图4-9（a）所示，在真空条件下固化的样品前7天的抗压强度略有增加（从8.6MPa
增加到11.2MPa），然后在真空暴露28天后降至约9MPa。在真空和月球温度下的样
品中观察到更严重的强度损失。一项相关研究表明，由月壤产生的矿物聚合物胶粘
剂可以达到16.6~33.1MPa的抗压强度。同一项研究还得出结论，矿物聚合物混凝
土的中等密度为2290kg/m³，使用厚度500~1000mm的混凝土可以提供足够的辐射
保护（如与漫长的月球飞行任务有关的辐射）。

　　此外，还研究了月球JSC-1A和火星JSC MARS-1A地质聚合物混凝土的性能。
这些研究人员指出，月球模拟物的地质聚合比火星模拟物的地质聚合快得多，而且
容易得多［这可能是由于在以后的情况下所需的预处理（铣削以减小颗粒尺寸）］。
对月球和火星矿物聚合物混凝土样品进行了压缩和弯曲试验，试验结果表明，月球
地质聚合物混凝土的性能优于火星地聚物和普通混凝土。如表4-6所示，月球矿物
聚合物混凝土的抗压强度和抗弯强度分别为2~37.6MPa和13±3.7MPa，分别高于普
通混凝土和火星矿物聚合物混凝土（12.6±1.6MPa和4.8±0.9MPa，0.7~2.5MPa和
3.6±1.3MPa）。

各种地质聚合物混凝土的力学性能比较[74]　　　　　　表4-6

性能	月球矿物聚合物混凝土	火星矿物聚合物混凝土
抗压强度（MPa）	2~37.6	0.7~2.5
弯曲强度（MPa）	13±3.7	3.6±1.3
密度（kg/m³）	2600	1800

4.2.4　月壤基生物聚合物混凝土

　　2021年曼彻斯特大学的研究团队利用从血浆中获得的血清白蛋白（HSA）作
为胶粘剂制备外星壤生物复合材料（ERBs）。具体制备方法为：将HSA溶于去离子
水，在40℃下搅拌均匀，配制成30%（质量分数）水溶液，装入注射器。将模拟月
壤或火星壤装入另一个注射器并轻压压紧，然后通过软管将两只注射器相连，将溶
液注入装有模拟壤的注射器。将混合物置于65℃热板上保持20h，去除塑料注射器
并烘干得到块体复合材料，如图4-10所示。该方法的黏合机制是脱水后蛋白质二级

结构重组形成了含有密集氢键的超分子β-片状网，产生类似蜘蛛丝的内聚力。该研究小组分析了不同含量的HSA对复合材料的压缩强度和弹性模量的影响规律。ERBs的压缩强度高达25.0MPa，高于标准混凝土的压缩强度（20～32MPa）。在ERBs中加入宇航员尿液、汗水或泪水中提取的尿素还可以将压缩强度进一步提升至39.7MPa。HSA-ERBs混合料浆还可以进行3D打印成型。此外，他们还研究了以纯蜘蛛丝和牛血清白蛋白（BSA）作为胶粘剂的外星壤生物复合材料，验证了其可行性。

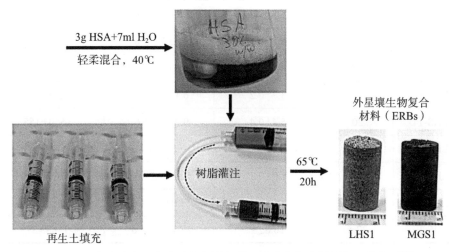

图4-10　以血清白蛋白为胶粘剂制备外星壤生物复合材料的工艺流程[75]

　　骨料结合复合材料（如混凝土或ERBs）的抗压强度取决于许多因素，例如胶粘剂与骨料的质量比、骨料尺寸和形状分布、孔隙大小和化学成分。鉴于与外星建筑相关的众多挑战和限制，理想情况下，外星风化层的预处理应保持在最低限度。例如，虽然月球风化层可以被加工和提炼，以优化化学成分和粒度分布等特性，但要就地这样做，还需要加工设备，这将增加任务的成本和复杂性。因此，在这项研究中，曼彻斯特大学的研究团队使用了月球风化层模拟物LHS-1，无须额外处理。一个可以轻松可靠控制的重要因素是胶粘剂与聚集体的质量比，它可以由初始蛋白质溶液浓度来控制。

　　因此，通过制造蛋白质浓度为15～37.5wt%的HSA-ERBs来研究该因子。尝试了更高的浓度（40wt%），但溶液太黏稠，无法注入风化层。通过从湿复合质量中减去干风化质量来确定胶粘剂与风化层的质量比，以确定添加的HSA溶液的质量，从中可以根据溶液的浓度确定HSA的干质量。抗压强度和刚度（弹性模量）是按照ASTM国际现行标准C39/C39M-20（圆柱形混凝土试件抗压强度的标准试验方法），通过单轴压缩试验确定的，数据如表4-7所示。

不同HSA浓度制备的HSA-ERBs：胶粘剂与风化层质量比、
极限抗压强度和弹性模量的总结[75]　　　　　　　　　　　表4-7

风化层类型	HAS浓度（wt%）	胶粘剂与风化层质量比（%）	极限抗压强度UCS值（MPa）	弹性模量（MPa）
MGS-1	15	3.1±0.1	1.9±0.3（5）	431±111.8
MGS-1	20	5.4±0.1	3.4±0.4（6）	662±300
MGS-1	25	5.8±0.2	5.8±1.5（6）	541±224
MGS-1	30	8.8±0.3	6.6±1.8（6）	1257±390
MGS-1	35	8.1±0.3	9.3±1.2（6）	968±390
MGS-1	37.5	8.6±0.3	6.4±1.2（6）	905±343
LHS-1	15	3.7±0.2	6.1±1.7（5）	236±94
LHS-1	20	5.4±0.4	9.4±1.1（6）	540±158
LHS-1	25	6.1±0.1	10.5±3.0（6）	1096±474
LHS-1	30	8.0±0.3	12.3±2.2（6）	1673±890
LHS-1	35	8.6±0.3	25.0±3.1（6）	1618±479
LHS-1	37.5	10.8±3	17.7±6.8（6）	1568±578

　　数据显示HSA浓度与计算的胶粘剂含量呈正相关。数据还显示，HSA浓度与极限抗压强度（UCS值）之间存在明显的正相关关系，UCS值最高时HSA浓度为35wt%，这可能是由于胶粘剂质量比普遍增加，改善了颗粒之间的附着力。对于LHS-1和MGS-1，UCS值在37.5wt%的较高HSA浓度时下降——这归因于溶液的较高黏度，可能阻碍了溶液浸入最小的空腔和孔隙中。材料的刚度（即压缩下的弹性模量）也有类似的趋势，在30wt%HSA浓度时达到峰值。

　　在任何长期载人航天任务中，人体都会产生大量尿液（每名机组人员每天产生0.8～2L），并可能被完全回收利用，以最大限度地提高效用并避免浪费。曼彻斯特大学的研究团队采用尿素水溶液取代纯水作为HSA溶剂，研究发现，随着尿素的掺入，材料的抗压强度显著增加。此外，尿素的掺入还将增加材料的密度和氢原子含量，这有望提高ERBs的辐射屏蔽潜力，特别是宇宙射线产生的中子。

4.2.5　月壤基多用途混凝土

　　现代技术进步和跨学科研究致力于开发新的和实用的具体材料，通常被称为多用途混凝土。这些混凝土是根据其预期用途专门设计和定制的，具有优越的性质。开发多用途混凝土可以通过铰接式组合（混合）设计、特殊的混合和处理程序、传感技术的集成等实现。目的是改变混凝土的微观结构，以便拥有新的功能。

在月球栖息地以及结构构件的打印建造中，具有高加工性和流动性的混凝土具有很高的潜力，这种混凝土被称为自成型混凝土。自成型混凝土是通过逐层操作沉积的。这种类型的混凝土具有较高的黏度，足够的附着力和刚度。

研究显示，超高性能自成型混凝土在120MPa和14MPa下的抗压强度和抗弯强度，还开发了一种新的增材打印技术：D-Shape，该技术采用抗压强度为20.35MPa、孔隙率为13%、密度为1855kg/m^3，以及杨氏模量为2.35GPa的自成型混凝土。此外，该研究团队还开发了一种不同的混凝土打印技术，可以容纳硫来生产硫基自成型混凝土。这种技术被称为轮廓工艺。对这一概念的试点研究表明，20h左右打印232m^{2}的栖息地是可能的。还开发了一种基于地质聚合物的自成型混凝土。该混凝土的抗压强度较低（0.9MPa），但在60℃的饱和无水偏硅酸钠溶液中浸泡打印，其抗压强度可提高到16MPa。目前，正在加快研究，以将这种基于地聚物的自成型混凝土有效地用于月球基地的建设。

自感混凝土是一种混凝土设计类型，通过加入功能填充物（如碳纳米管、镍粉）和传感成分（如压电材料）感知其结构内部的变化。例如，电信号如电阻或电抗、电容、阻抗层析成像可以用来表征这种混凝土周围的结构和环境变化。这种类型的混凝土可用于识别微岩引起的裂缝发育、损伤或局部破坏，因此可作为结构外表面层。另一种天然补充自感混凝土是可独立恢复损伤（裂缝）的自愈混凝土。这种类型的混凝土在需要低成本维护和延长使用寿命的情况下是有益的。这两种混凝土都是在月球和火星表面上需要的特殊混凝土。

自愈合过程可以通过自生的方法来实现（图4-11），包括水泥的水化和氢氧化钙的碳化。最近，具有自主愈合能力的混凝土也被开发出来。根据胶粘剂、填料、愈合技术的类型，愈合回收率可达60%～100%。研究人员开发了中等强度热熔聚酰胺（HMP）混凝土：具有愈合能力，可以减轻月球或火星高温的不利影响。另有学者建议使用细菌实现火星上的生物工程自愈混凝土，因为它可能为细菌的生长提供更好的条件。表4-8列出了一些多功能混凝土的力学性能。

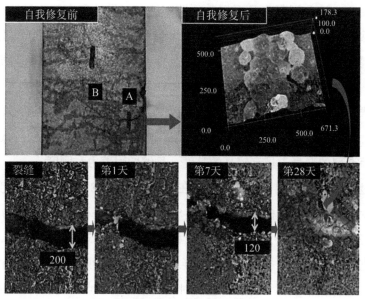

图4-11　混凝土的自愈过程[76]（单位：μm）

多功能混凝土的力学性能[76]　　　　　　　　　　　　　　　表4-8

性能	自成型混凝土	自感混凝土	自愈混凝土
抗压强度（MPa）	0.9~120	40~120	85~108
弹性模量（GPa）	2.35~5.67	—	—
弯曲强度（MPa）	7.1~14	16	9~12
失效时应变（%）	0.3	0.15	—
密度（kg/m³）	1855	—	3100

辐射屏蔽混凝土是一种密实型混凝土（3200~4000kg/m³），由含有高结晶水含量的重聚集体组成。这种混凝土用于屏蔽各种辐射源，包括α射线、β射线和γ射线，以及X射线和中子。在太空建筑中，α射线和β射线具有较低的穿透能力，因此可以通过薄屏蔽有效地吸收。相反，γ射线、X射线和中子具有高能量和穿透能力，只能通过致密的金属或混凝土吸收。这种类型的混凝土最好是由硅酸钡水泥或硼和含磷酸盐的铁水泥制成，因为后者具有较高的抗温度变化能力。一些研究得出结论，使用钛铁矿混凝土（密度为3500kg/m³）可使防辐射混凝土护盾厚度减少30%。重晶石和赤铁矿集料制成的重混凝土的密度可接近3000kg/m³、抗压强度为50MPa，同时保持对γ射线的高屏蔽能力。人们对月球/火星岩石或具有与地面集料相似特征的月球/火星集料的可获得性密切关注，这将允许在原位生产防辐射屏蔽混凝土。

另一种在月球栖息地可以使用的混凝土是具有能量释放能力的混凝土。这种类型的混凝土浸渍有压电、热电、光伏或热释电粒子。而已知有两种类型的能量释放混凝土：第一种可以储存能量，第二种可以转换由外部能源（例如太阳能、机械、热形式）产生的能量，并将其转化为可使用的能量形式（即电气、热），为能源约束结构提供成本效益和可持续的解决方案。这种混凝土可以利用或转换能量的机制如下：压电在机械压力或变形下产生小电压，可直接用于发电。在利用热电或光伏发电的能量净化混凝土时，当热梯度或产生高辐射时，可以产生电压。这类混凝土的衍生物包括透光混凝土和发光混凝土，它们可以在白天传递光，并在夜间捕获太阳能来发射光。由于月球上恶劣的大气和丰富的太阳能，这些混凝土似乎最适合这样的环境。

在撰写本书时，关于上述混凝土的研究工作仍处于早期发展阶段，因此，主要是针对地面建筑分析。实际上，人们对真空中或者低重力条件多功能混凝土的性能知之甚少。似乎大多数出版的作品都对其物理属性（电气、热、辐射和能量相关的）和应用效率（如愈合速率、能源生产/转化率等）非常感兴趣，而不是已开发的混凝土的机械性能。尽管如此，这里还是对这些新颖混凝土进行了简短的讨论，并强调它们在外星建筑应用中的可能用途。据设想，具有多功能和特性的混合混凝土将比传统混凝土更适合星际结构。

4.3　月壤基烧结类材料及其性质

众所周知，由于月球较高的循环温度变化范围，前面提到的月球建筑材料中的蒸发、熔化和升华问题可能会发生。此外，如果不采取适当的措施，月球温度变化周期中经历的低值可能会导致冻结问题。因此，研究人员一直在寻求新的方法，以应对月球的暴露条件挑战，同时用月球风化层制造建筑材料。在这些暴露条件下使用最少量的液体胶粘剂并对风化层进行少量预处理被认为是在月球建筑材料制造中获得进一步成功的有益方法。因此，用于月球建筑的基于烧结的增材制造在该领域研究方面具有重要意义。实际上，在烧结成型过程中，烧结条件、样品的矿物成分等因素会大大影响高温成型过程中可能发生的固相反应类型、物理化学变化等，明确模拟月壤在不同的温度、真空度等条件下，烧结过程中组分演变规律，有助于针对性地进行工艺和设备改善，对真实月壤的烧结成型也有重要指导意义。

4.3.1 月壤基热压烧结材料

烧结是一种热处理，由于原子尺度的质量传递，将颗粒结合成固体，而不会完全熔化材料。数千年来，它一直被用来制作砖块和陶器。质量传递的发生是由于材料倾向于最小化其内部能量，并且可以通过固相、液相或气相发生。驱动该过程的内部压力称为烧结应力，它包含液相中的表面张力，固相中的表面能和多相材料的界面能。对于具有不同熔点的成分混合物的原材料，如风化层，液相烧结通常占主导地位。

如图4-12所示，液相烧结经过四个阶段，包括：①未烧结原料；②低熔点颗粒液化和致密化；③晶粒变平和孔体积减小；④通过溶液沉淀、聚结和固态扩散实现晶粒生长。当原料粉末被加热时，较低的熔点颗粒（黑色）形成液相，润湿较高熔点的颗粒。表面张力可能导致固体颗粒的重排，并在此阶段迅速增加密度。在第二阶段，未熔化的小颗粒和锋利的边缘溶解在液相中并重新沉淀以产生大而圆形的颗粒的较粗结构。通常晶粒在接触点处变平，空隙体积减小。在最后阶段，致密化减慢，尽管晶粒生长仍可以通过溶液沉淀、晶粒聚集和固态扩散进行。

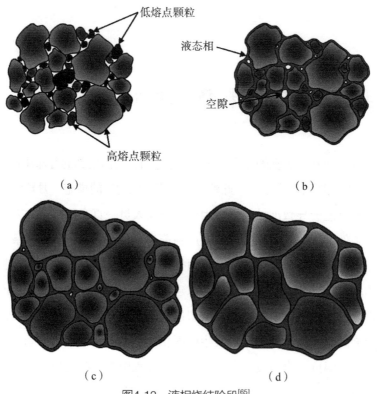

图4-12 液相烧结阶段[65]

通常，烧结过程涉及在模具中冷压原粉以形成生体（未烧结）。然后将生体放入炉中。炉温升至烧结温度，保持预定时间，然后以受控速率冷却。对于热压烧结，在整个烧结过程中施加外部压力。

1. 粒径分布

由于烧结应力随着粒径的减小而增加，因此细粉比粗材料在更低的温度下烧结得更快。通过将JSC模拟物分离成粗细部分，研究人员证明，粗部分的较低堆积密度和较高孔隙率会传导到强度较低的烧结产品中。即使对于分级良好的粉末，当其他工艺参数不变时，筛选出粗馏分也会增加烧结产品的强度。研究人员发现粒径范围为0～295μm和0～1000μm的冷压和烧结MLS-1模拟物的强度分别为26MPa和3.4MPa。粒径也会影响尺寸稳定性：研究人员烧结了FJS-1模拟物，发现收缩和开裂随着粒径的减小而增加。对于非常精细的材料，在临界烧结温度以上，快速烧结可以捕获逸出的气体，增加孔隙率，甚至产生直径为几毫米的大孔。需要进一步的研究来节省烧结时间和能源投入，达到最小化孔隙率，最大化强度，并确保尺寸稳定性。

2. 矿物学和玻璃含量

风化层和模拟矿物学、玻璃含量都会影响烧结过程。含有玻璃相的模拟物（JSC-1A和JSC-2A）与不含玻璃相（DNA、FJS-1、EAC-1和NU-LHT-3 M）的模拟物的差示扫描量热法（Differential Scanning Calorimetry，DSC）谱图存在明显差异。玻璃相产生吸热玻璃化转变（T_g）在620℃时的拐点和放热峰值（T_c）在800℃左右。在T_g以上，玻璃相变软，并且T_c表示玻璃相结晶或"失透"速率达到最大值的温度。没有玻璃相的模拟物具有相对平坦的DSC曲线，直至熔点（T_m）。虽然需要使用热重分析进行确认，但较浅的波谷T_m对于FJS-1和NU-LHT-3 M可能反映了模拟矿物成分的部分熔化。

由于它们不同的矿物成分，月海模拟DSC曲线显示出吸热槽，这表明在1075～1175℃的温度下部分或完全熔化。高地模拟物NU-LHT-3 M在达到1275℃的温度之前不会显示任何吸热槽。一般来说，烧结高地风化层需要比月海风化层更高的温度。研究人员发现烧结温度必须从月海模拟物的1200℃提高到高地模拟物的1300℃才能产生类似的结果。

3. 温度曲线

通常，在接近液体温度的烧结温度作用下会产生最坚固的材料。有学者在一定温度和保持时间范围内烧结FJS-1。如图4-13所示，使用最大容量为1000N的凿尖点载荷测试仪对产品进行了强度测试。当烧结温度接近1150℃的模拟熔点时，强度急剧增加，并超过了在1125℃下烧结产品的点载荷测试设备的量程。相比之下，保温时间的影响反而不那么明显。他们得出结论，烧结是一个快速的过程，并且在达到烧结温度后的15～30min内基本完成。

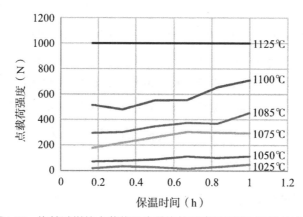

图4-13　烧结试样的点荷载强度随烧结温度和保温时间的变化[77]

4. 产品密度

有三种方法可以实现高产品密度，从而增加强度。

首先，提高烧结温度会增加液相体积，并导致烧结过程中更大程度的致密化。在使用月海模拟物和高地模拟物的试验中，温度和密度之间存在明显的正相关关系。

其次，通过在烧结前对原料进行冷压，可以增加产品的密度。虽然有几项研究使用了冷压，但没有研究确定可接受的最低冷压压力。可能只需要相对较低的压紧压力，前提是足以确保坯体在处理过程中保持紧密状态。在这方面，与空气中的试验相比，硬真空中风化层的高表观内聚力可能会降低所需的压力。尽管如此，冷压设备可能又重又笨重。振动压实可以提供一种减少设备有效载荷的替代方案，使用振动压实可以实现2.45g/cm³的样品密度。

最后，热压可以消除内部气孔并最大限度地提高产品密度，同时最小化烧结温度。然而，热压增加了工艺的复杂性，对于相对高温下的液相烧结，表面张力的内部压力通常足以使热压变得多余。

5. 加热和冷却速率

必须控制加热和冷却速率以避免热应力和开裂，并且随着产品尺寸的增加而变得更加关键。研究人员制作了一个100mm×100mm×50mm的试块，通过试验各种温度曲线，发现加热速率比冷却速率更关键。每分钟4℃的加热速率和每分钟20℃的冷却速率可产生无裂纹的高质量试块。需要进一步的研究来优化加热和冷却速率，以最大限度减少给定目标抗压强度和单元尺寸的加工时间和能量输入。

6. 烧结环境

研究表明，对于月海风化层模拟物，与在空气中烧结相比，生产具有相同抗压强度的材料在真空中的烧结温度可以降低约100℃。空隙在真空中比在空气中更快地聚结并迁移到月海材料表面，这导致更大程度的致密化。当在空气中烧结时，月海风化层模拟物会氧化，通常会产生具有砖红色调的产品。在矿物颗粒周围形成氧化铁和氧化镁铜绿，这降低了颗粒间的键强度。因此，空气中需要比真空下更高的烧结温度，以增加液相并降低黏度。对于镁铁质含量较低的高地材料，空气烧结比相同温度下的真空烧结更致密化，加工过程中的氧化似乎不太明显。

模拟月球真空是评估月球烧结过程可行性的关键组成部分，且在低水平真空中进行的试验可能会提供足够的保真度。一些试验使用了惰性或还原性气氛替代空气以模拟低真空环境。还原性气氛通常采用惰性气体与还原性气体（如氢气或一氧化碳）的混合物。与模拟硬真空相比，这些替代方案将大大降低试验成本。对空气、惰性和还原性气氛以及各种真空水平的比较研究将有助于为烧结研究提供足够的月球条件保真度。

4.3.2　月壤基太阳能烧结材料

考虑到月球上唯一可直接获得的能源是太阳能，使用集中的太阳能对烧结月壤很有意义。涉及这种直接烧结方法的第一项研究是由Cardiff等在开发月球表面的粉尘缓解工具时进行的。他们在风化层模拟物坩埚周围建造了一个高真空室，通过一个装有透镜的遥控飞行器将太阳光聚焦在样品上，获得了高达13cm²/min的表面烧结速率。

类似的研究是使用移动菲涅尔透镜集中太阳光烧结模拟月球风化层。当透

镜保持静止时，能够实现6mm的烧结深度，当在表面上移动时，烧结深度仅为
1～2mm。集中太阳能烧结的显著问题包括：第一，穿透深度不足以在单程中产生
坚硬、稳定的层；第二，在小的光入射引起的高热梯度下，风化层有致密化和破裂
的趋势。表面裂纹在不平坦的表面上尤其普遍，这在月球上是相当严重的。烧结前
压实浮土可能会降低加热过程中的致密化程度，甚至会降低表面光洁度，但这当然
会增加工艺的复杂性。通过聚光太阳能获得的烧结样品存在有限的材料特性，稳定
表面材料的贯入强度为0.6MPa。

2018年的一项研究提出仅利用太阳光和JSC-2A月球模拟物进行逐层烧结建造，
使用人造光可以在几个小时内实现稳定的照明条件，以满足逐层烧结月球风化层的
要求。烧结砖的实际抗压强度低于5MPa，目前对于直接月球应用来说可能太低了。
在微观尺度上观察到高孔隙率水平和薄弱的层间粘结，但通过减少连续层之间的热
梯度和冷却时间找到了改进技术的方法，从而显示了该工艺的潜力。

为了寻找最佳烧结参数，以获得具有最佳机械性能的3D打印零件。反复试验
是调整扫描速度、烧结模式和烧结前一层后应沉积的每层厚度的方法。优化后，所
选扫描速度为48mm/s。更快的扫描速度，以及相同的光通量密度，将导致3D打印
部件烧结得太松散。更快地烧结风化层的唯一方法是使用两个以上的氙气灯，这
是不可能的，因为这会导致水冷镜破裂。沉积层厚度约为0.1mm，由于分配器的
精度有限和月球风化层的粒度分布较宽，因此存在一些变化。线之间的间距减小
到14mm。研究人员通过SEM图像证实了太阳能烧结材料的高熔融部分，除斜长石
外，所有矿物都熔融了。并且，通过减少连续层的烧结间隔时间，从而减少热梯度
和热应力并改善层间黏合，可以提高烧结材料的强度。

随着烧结工艺的延长，出现了新的挑战。如图4-14所示，由于扫描速度相对较
慢，而空气对流在边缘的快速冷却导致烧结零件在烧结过程中发生弯曲。

图4-14　太阳能烧结打印JSC-2A月球模拟物的俯视图（左）和侧视图（右）[78]

如图4-15所示，物理科学公司（Physical Science Inc，PSI）提出使用光纤波导代替定日镜和一组镜子来引导集中的太阳光进行烧结。在报告中介绍了2010年在NASA的MaunaKea ISRU站点对FACS系统的太阳能烧结打印进行现场测试的结果。

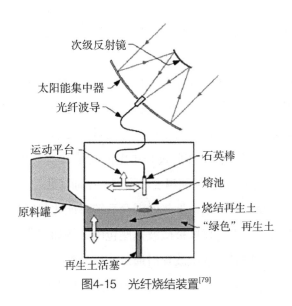

图4-15　光纤烧结装置[79]

即使在对烧结光学器件进行精细校准后，太阳光也会聚焦到2cm的漫射点上，这导致了相当低的打印分辨率。一些用于机械测试的样品的尺寸为：用于压缩测试的20mm×20mm×20mm立方体和用于3点弯曲测试的10mm×10mm×（40±5）mm、10mm×20mm×（70±5）mm的零件。制造的零件非常脆弱，30个样品的平均抗压强度为2.49±0.71MPa，平均杨氏模量为0.21±0.15GPa。脆性是由于风化层颗粒的不均匀烧结和部分熔化而产生的高孔隙率造成的。对30个样品平行或垂直于烧结层进行弯曲试验，平行方向测试样品的平均弯曲强度为0.55±0.33MPa，垂直方向测试样品的平均弯曲强度为0.23±0.1MPa。弯曲试验的低结果可归因于可能的裂纹形成，这是由于太阳能烧结工艺的典型局部温度梯度高。

DLR团队在真空室中开展太阳能烧结实验，以揭示大气对烧结材料机械性能的影响。腔室中的压力达到150mbar。在真空中生产的烧结风化层样品厚度为1mm，对于机械测试来说太脆了。测得的密度为$1.21g/cm^3$，低于环境太阳能烧结部件的密度（$1.7g/cm^3$），甚至低于模拟粉末的堆积密度（$1.56g/cm^3$）。如此低的密度表明孔隙率高，X射线显微断层扫描和SEM成像证实了这一点。

研究的样品显示出泡沫状多孔结构。在真空中烧结的样品含有比在空气中烧结更大的孔。在样品中观察到长度达1.5mm的大开孔。在3D打印过程中对真空室压力演变的测量表明，粉末释气是活性孔形成的主要因素。

4.3.3 月壤基微波烧结材料

微波烧结已被提议作为辐射炉烧结的替代方案。微波是频率为300MHz ~ 300GHz的电磁波，可以应用在烧结陶瓷材料中。

微波加热的发生是因为材料中的偶极子倾向于与电场对齐。当微波穿过材料时，变化的电磁场会引起偶极子的高频振动，将电磁能转化为热量。在晶体材料中，杂质或不连续性（如晶界）是偶极子的来源。介电常数是衡量材料在电场中极化难易程度的量度，而损耗正切量化了在此过程中电磁能量被吸收并转化为热量的程度。特定材料的介电常数和损耗角正切随温度和微波频率而变化。

对于风化层，涉及微波和辐射加热的混合系统可能比仅通过微波能量进行自加热更有效。在混合微波炉中，坯体被微波基座包围，例如碳化硅，它吸收一部分微波能量并产生辐射热，同时一些微波辐射通过基座材料直接加热坯体。通过结合这些过程，理论上，坯体可以在整个体积内均匀加热（图4-16）。

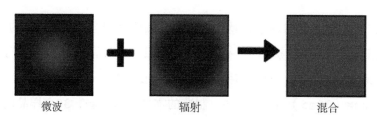

微波　　　　　　　　辐射　　　　　　　　混合

图4-16　微波（由内而外）和辐射（由外而内）加热的理论叠加，以产生均匀的混合加热。每种形式的加热产生的较高温度以红色显示[65]

在美国洛斯阿拉莫斯国家实验室进行的微波烧结早期试验研究了钛铁矿含量、玻璃含量和矿物学对风化层模拟物微波敏感性的影响。研究人员将混合微波烧结与辐射炉烧结用于生产月球砖进行了比较，他们测量了JSC-1A月球模拟物的高温介电特性，并比较了自加热和混合微波过程的有效性。

1. 风化层和微波耦合

据称，与月球模拟物相比，真正的月球风化层与微波耦合得非常好。几项研究调查了高风化层微波敏感性的潜在原因，包括钛铁矿含量、纳米相铁含量和颗粒角度。在使用相对低功率（约700W）家用微波炉的低钛和高钛月海模拟物的初步试验中，自加热不足以达到烧结温度。然而，如果相同的样品掺杂了大约10wt%的钛铁矿，则掺杂样品更容易耦合，因为钛铁矿增加了损耗正切。然而，钛铁矿只在月海地区很常见，即使在那里，也需要从风化层中提炼出来，然后才能用作掺杂剂。

据推测，微流星体撞击期间产生的纳米相铁也会增加月球风化层的微波耦合。然而，在室温下对月海和高地月球风化层介电特性的测量表明，纳米相铁的影响很小。需要进一步的测量来确认在较高温度下是否也是如此。

研究人员通过将月海和高地模拟颗粒的加热速率与在球磨机中倒圆的类似尺寸的颗粒进行比较，研究了颗粒角度对微波敏感性的影响。该研究没有证明角度和加热速率之间存在明确的联系。

2. 热失控和混合烧结

在风化层等晶体材料中，由于晶格缺陷的形成，微波敏感性随温度显著增加。这给微波烧结带来了一个重大挑战：热失控。在图4-17中，当试样密度为2.09g/cm³时，显示了月海模拟物JSC-1AC的介电特性。

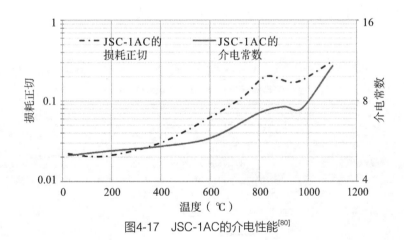

图4-17　JSC-1AC的介电性能[80]

最初，介电常数和损耗正切都相对较低。这解释了使用低功率微波炉启动自热的困难。与暴露在空气中的陆地模拟物相比，缺乏吸附的水和水合矿物质（与微波场强烈耦合）可以进一步降低真正的风化层在低温下的敏感性。随着样品一个区域温度的升高，损耗正切和介电常数也会增加。然后该区域优先吸收微波能量，从而进一步加速加热。这种反馈机制会导致热失控，使产品具有未烧结区、完全熔化区和大孔隙。在导热系数低的风化层等材料中，热失控可能会加剧，因为在外部区域开始烧结之前，自绝缘会导致坯体中心的热失控。为了解决低温下的偶联不良和热失控，在几项研究中试验了混合烧结工艺，与自加热相比产生了有利的结果。

3. 产品强度

微波烧结报告的抗压强度通常低于辐射炉烧结所能达到的抗压强度。虽然混合加热比自加热产生更好的结果，但工艺参数的数量增加了。此外，这些参数对风化层组成以及大小和配置很敏感，此外，还需要低加热和冷却速率以避免高热应力。微波和混合过程的加热和冷却速率的精确控制比辐射加热更困难，并且加热不均匀和温度升高速率控制不佳与具有相同孔隙率的辐射炉烧结产品相比，会导致产生热裂纹，使得微波和混合烧结产品的抗压强度较低。

一些研究人员建议使用微波烧结作为热处理月球风化层的附加后处理程序。他们注意到，与从外表面加热材料的普通热处理不同，微波加热从内部起作用。他们的想法是将这两种工艺结合起来，以降低烧结风化层模拟样品的孔隙率。从JSC-2A月球风化层模拟物烧结而成的陶瓷样品的微观结构比较如图4-18所示。微波后处理的样品的孔隙率低于通过单步程序烧结的样品。这些结果为ISRU的风化层微波烧结与其他增材制造技术的可能组合开辟了广阔的领域。

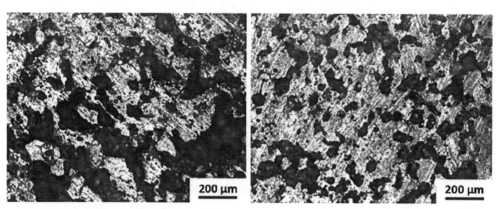

图4-18　样品抛光横截面的光学显微镜图像：未处理（左）和微波加热后处理（右）[81]

4.3.4　月壤基激光烧结材料

选择性激光熔化（激光烧结）技术是基于粉末的激光热源或致密烧结技术。该技术可以制造高熔点材料，如陶瓷粉末和复杂的多相土壤，并且，在材料烧结方面需要的能量更少。因此，模拟月球土壤粉末的激光烧结可以考虑直接用于制造月球建筑材料和组件。

2012年，Balla等[1]首次通过激光熔化技术打印了模拟月球和火星土壤。2016年，Goulas和Friel[2]使用激光烧结技术打印了月球风化层模拟物，并使用X射线荧光法分析了激光烧结处理的未处理的月球风化层模拟物的元素浓度百分比。另一项对地外物质增材制造的研究也表明，磷、钾和镁的浓度下降。此外，由于地球上的氧化条件，激光烧结后氧化铁显著增加。

为了寻求更好的力学性能和更复杂的结构，研究人员使用激光烧结技术打印了模拟月球和火星土壤，以获得晶格结构，并最终获得了抗压强度为4.2±0.1MPa的网状结构件。在打印过程中使用过大的激光功率，导致熔体路径中某些颗粒的蒸发和其他颗粒的破坏，从而恶化成型效果。相反，较低的激光功率会导致粒子融合。此外，激光能量输入对结构件的机械性能有直接的线性影响。因此，激光参数的有效控制对结构构件的优化具有重要意义。此外，研究人员优化了激光烧结处理月球风化层的工艺参数，并得出结论：激光烧结是一种潜在的月球ISRU制造技术。

还有一些研究人员研究了激光激发加工参数（例如激光功率和扫描速度）对烧结CLRS-2颗粒结果的影响。结果表明，与钛铁矿相比，烧结月壤在非压力条件下具有更多的孔隙，并且具有更低的力学性能。然而，预压可以显著减少烧结样品孔隙，从而提高质量。此外，激光烧结是唯一可用于通过高能激光束融化土壤的方法，无需添加剂。然而，它仍然需要一个粉末床，这受到移动性、打印尺寸和激光束散热问题的限制。

4.4　月壤提取物及其性质

4.4.1　金属合金材料提取物

如图4-19所示，通过研究许多真实的月壤样本以及从月球表面获得的数据，研究人员注意到了金属的大量存在，例如镁、铝、铁和钛。幸运的是，获取这些矿物

[1]　Balla V K, Roberson L B, O'Connor G W, et al. First demonstration on direct laser fabrication of lunar regolith parts. Rapid Prototyping Journal, 2012, 18(6):451-457.

[2]　Goulas A, Binner J G P, Harris R A, et al. Assessing extraterrestrial regolith material simulants for in-situ resource utilisation based 3D printing. Applied Materials Today, 2017(6):54-61.

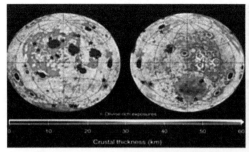

（a）橄榄石（硅酸镁铁）在月球的分布

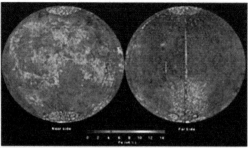

（b）铁在月球的分布

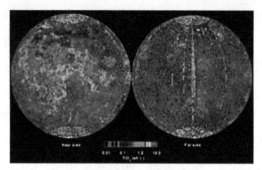

（c）钛在月球的分布

图4-19　月球上的金属含量

不需要专门开采，因为从月球中提取氧气或水所必需的过程以及从火星重矿物中也可同时生产金属。尽管如此，金属通常不是在单质的形式下生产的，而是以氧化物的形式生产的，因此可能会遇到从金属氧化物中提取金属的挑战，提取后，这些金属可用于建造月球和火星的建筑结构。

更具体地说，天然存在的化合物橄榄石，即硅酸镁铁（$MgFe_2SiO_4$）中高浓度的氧化镁达到47.1%，这增强了提取镁用于建筑的优势。提取镁的途径较多：可以通过碳热过程提取镁，生成一氧化碳、氢气和氧化镁，参见反应式（4-2）。Landis指出，也可以通过将橄榄石精炼成CaO和MgO的混合物来获得镁，参见反应式（4-3）。Pidgeon方法是一种节能的方法，通常用于在地球上生产镁，也可以应用于月球和火星。该过程是通过与硅铁（FeSi）的还原反应将白云石加热到高温以蒸发镁，然后冷却下来获得金属镁，如反应式（4-4）所示。

$$Mg_2SiO_4+2CH_4 \rightarrow 2CO+4H_2+2MgO \tag{4-2}$$

$$2MgO+2CaO+Si \rightarrow 2Mg+Ca_2SiO_4 \tag{4-3}$$

$$2MgO+2CaO+FeSi \rightarrow 2Mg+Ca_2SiO_4+Fe \tag{4-4}$$

铝同样是有望用于地外建筑的另一种金属。铝是月球上丰度第三的金属。在月球高地中，铝氧化物（Al_2O_3）的含量高达15%，月长石（$KAlSi_3O_8$-$NaAlSi_3O_8$-

$CaAl_2Si_2O_8$）的含量高达24%～33%。可通过碳热还原反应分解铝含量高达19.4%的斜长石（$CaAl_2Si_2O_8$）来提取铝。其他方式也可以通过碳氯化过程提取铝，即通过磁性分离硬硅酸盐以去除钛铁矿（$FeTiO_3$），然后将其静电分离以在碳氯化单元中分离钙锰矿，并进一步处理，反应式（4-5）如下：

$$CaAl_2Si_2O_2+2C+8Cl_2 \rightarrow CaCl_2+2AlCl_3+2SiCl_4+2CO \qquad （4-5）$$

将生成的氯化铝（$AlCl_3$）冷凝并与碱金属和碱金属氯化物混合，再通过电解提取铝。有趣的是，要从地球获取的碱金属和碱金属氯化物可以循环利用，并用于后续步骤中的电解过程。反应式（4-6）是通过氟化过程和真空热解法提取铝的化学反应式。

$$Al_2O_4+3F_2 \rightarrow 2AlF_3+\frac{3}{2}O_2 \qquad （4-6）$$

"机遇号"探测器在火星上发现的赤铁矿中铁矿石约占重量的50%，矿物的形式为三氧化二铁（Fe_2O_3）。从硅酸盐矿物或氧化物基矿物钛铁矿中提取铁会消耗大量能源。然而，提炼铁的过程可以是许多生产氧气反应的自然副产物。如钛铁矿还原，如反应式（4-7）所示；或碳热还原，如反应式（4-8）所示。

$$FeTiO_3+H_2 \rightarrow Fe+TiO_2+H_2O \qquad （4-7）$$

$$FeTiO_3+4C \rightarrow Fe+TiC+3CO \qquad （4-8）$$

与铝类似，氟化过程也可用于提取铁［参见反应式（4-9）］。氟化过程的产物是氟化物盐，可以将其纯化，然后还原为铁。

$$3FeO+3F_2 \rightarrow 2FeF_3+O_2 \qquad （4-9）$$

反应式（4-7）和反应式（4-8）表明二氧化钛（TiO_2）和碳化钛（TiC）也可以是铁提炼的副产物。因此，可以生产出基于结构的具有良好性能的钛，并将其用于地外建筑。与铁相比，钛具有更高的屈服强度并且密度要轻得多。钛可以从钛铁矿（$FeTiO_3$）中获得，并且可以氢作为还原剂进行提炼，如反应式（4-7）所示。钛也可以通过专门的电化学方法以及氟化方法生产。钛的氟化需要额外的处理，通过与钾的反应从蒸馏的四氟化钛中回收钛，相关反应式如下：

$$TiO_2+2F_2 \rightarrow TiF_4+O_2 \qquad （4-10）$$

$$TiF_4+4K \rightarrow Ti+4KF \qquad （4-11）$$

作为混凝土及其相关产物的代替品，金属与合金也可以被用于地外建设的过程之中。虽然还并没有真正准备好使用金属与合金，但是我们可以对月球和火星的金属矿石进行开采和加工，这些金属并不像混凝土那样存在风化问题。如前所述，月球的风化层与岩石中可以提炼出四种金属（及其合金）：镁、铝、铁、钛。这些金属及其合金有丰富的应用前景，如用于建筑材料、建筑辐射防护以及生产额外的车辆组件等。表4-9从一名结构工程师的角度列出了这些金属的物理性质、机械性质与热性质。

铝、镁、铁、钛的物理性质、机械性质与热性质   表4-9

性质	铝	镁	铁	钛
密度（kg/m³）	2700	1700	7900	4600
屈服强度（MPa）	~170	90~195	280	434
比强度	62.9	114.7	35.0	94.3
弹性模量（GPa）	70	45	196~207	107~119
伸长率（%）	5~25	14~45	12~45	18~30
热胀系数	2.31×10^{-5}	248×10^{-5}	1.18×10^{-5}	8.6×10^{-6}
熔点（℃）	660	650	1538	1668
质量磁化率（m³/kg）	7.810^{-9}	6.9×10^{-9}	—	4.01×10^{-9}
导热系数	235	160	79	22

金属镁有数条特性使其在月球就地精炼与生产的过程中备受青睐，例如镁易于铸造和回收等。由于镁元素在上述金属中最轻，所以镁拥有较高的比强度（约114.7），在一些应用方面相比钢结构有更好的表现。相比铝元素［产热率235W/（m·K）］，镁元素有相当低的产热率［160W/（m·K）］与质量磁化率（6.9×10^{-9}m³/kg）。镁元素相比其他金属拥有良好的电磁屏蔽与辐射屏蔽性能，以及足够的强度和低密度。或许镁元素最吸引人的特性之一是它的振动与阻尼特性，估计约为铝元素的30倍。如果在生产加工中大量使用镁元素，将有益于月球与火星基地对于微小陨石轰击的外部防护，以及吸收消耗月球与火星地震中带来的能量。镁元素在掺入其他金属元素后，可形成具有优良性能的合金，例如镁锌铜合金（ZCM）。镁合金通常被分为两类：含铝合金与不含铝合金，含铝合金由于其中存在的铝元素，通常易于加工。

还有一些工作研究了一座由金属镁建成、覆盖风化土的月球基地的热响应与结构响应。通过复杂的数值分析，这些研究者们建成了一座足以适应太空环境（即月球日间温度与月球地震）的226t圆顶小屋。基于这次模拟实验，他们预测金属镁材料适合于在月球环境下进行建造。

镁元素也可用于制备胶结材料。镁元素的主要应用是混凝土中的氯氧镁水泥，这种水泥由六水合氯化镁浓溶液与氧化镁粉末混合制成。这种镁基水泥材料相比波特兰水泥表现出高达75MPa的抗压强度、迅速的硬化能力、良好的粘结性与抗磨损能力。为了将其整合到可添加打印的结构部件中，Werkheiser等利用氯化镁（$MgCl_2$）开发了改良的氯氧镁水泥。

金属铝由于具有高强度、高断裂能、低密度与低熔点等优点，也适用于进行月面建造。铝及其合金的另一个独有的特征是在低温下（类似于月球和火星的两极）不仅强度会增加，而且其延展性也会增加。铝的各种合金的还有一个关键优势是，它们基本不会发生升华，不像镁合金在高温和真空条件下存在至多每年0.01cm的损失。

在月面建造中，铝元素作为建筑材料的应用分为多个方面，其中有制造薄壳舱体、全尺寸规模的结构部件（即梁与柱）以及在太阳能板、通信/运输系统中的荷载部件等。事实上，Apollo计划曾一度将铝用于制作硬式太空舱。在最近的一项研究中，发现了铝的有利属性以及从就地资源中提取这种金属的优点。在这项研究中，还开发了由2014-T6铝合金制成的铝框架航天舱，这将是未来建设月球基地的基础。在过去几年使用各种铝合金开发的一些适于向太空发展的结构中，6351系列T6铝合金用于钢筋和柱，其中Al99.5用作梯形板和空间结构连接的镀锌钢螺栓的原材料。也有人指出，铝可以通过加热液化结合风化层土壤，产生无水混凝土，也可以掺入加强混凝土性能的纤维。

NASA进行了直径16m金属球形基地的初步设计。该基地采用高强度结构材料2219铝。在随后的研究中，研究人员改进了设计，并建议使用铝锂合金（Al-Li/8090-T8771）和镁合金（ZCM711）为月球基地制造球形和圆柱形框架。研究人员详细介绍了镁合金如何用于承受荷载，并推荐在抵抗拉伸载荷作用以及搭建内部框架时使用铝锂合金。这是由于镁合金ZCM711在低温下失去了延展性，因此不适合抵抗拉伸作用。此外，ZCM711相对较低的燃点以及较差的耐腐蚀性能，限制了其应用于外部结构部件，外部环境不存在氧气和水分。需要注意的是，研究人员也设计了一个同样由上述铝合金和镁合金材料制成的600m长的月球通信塔。

另一种可能是在太空中用作建筑材料的金属是铁和钢。铁是地球上应用最广泛的建筑材料之一。事实上，铁已被广泛应用于各种结构，不论是传统环境中的需要（即建筑），还是极端环境下的结构需求（即桥梁）。也许铁最好的特性是它的强度、延展性、可塑性和我们对铁在极端条件下行为的深入了解。由于近地天体中可以含有大于2%的金属钴，大于7%的金属镍，以及锰等其他金属，所以可以通过采集、添加这些金属来提高铁的强度和延展性。月球所含钢材料一般被认为是低碳的，而火星所含钢材料和近地天体中所含钢材料具有相对较高的碳含量。

钢主要可分为三大类：碳钢、合金钢和不锈钢。钢相比其他金属（如铝）的一个优点是，生产铁所需的能量相对较低（即生产铁所需能量为生产铝所需能量的17%）。但是，钢密度较大，其比强度约为35，反观铝和镁的比强度分别为62.9和114.7。因此，钢最适合用于关键部件，包括连接点（螺栓、焊接等）、增强纤维/网，以及辐射屏蔽。

另外，钛具有高达94.3的比强度。这种金属比钢轻40%，而且强度高于铝和镁的2~3倍。在铝、镁和钢的合金强度或工作温度不满足设计要求的情况下，钛及其合金成为首选。例如，Ti-6Al-4V钛合金，由于其优异的力学性能和较低的热膨胀率，经常取代铝合金。值得注意的是，纯钛金属可能不适合用于内部结构组件，因为它会与氧（以及氮和氢）自由反应。纯钛制作的索结构可作为支撑和拉伸承载构件，尤其适用于太空和承载结构体系。

4.4.2 月壤纤维材料提取物

月球风化层纤维相当于地球上的玻璃或玄武岩纤维。玻璃或玄武岩纤维的生产对于月球基地开发的早期阶段来说是一个相对复杂的过程，但它值得考虑，因为它是为数不多的具有高拉伸强度的月壤提取物材料之一。

玻璃纤维是通过熔化、均质化和澄清玻璃前体，然后将熔体保持在熔体黏度适合纤维拉伸的温度下生产的。文献中规定的合适的纤维拉伸黏度范围为100~10000P。如图4-20所示，在连续纤维生产中，熔体通过带有多个小孔的铂衬套。在孔板下方，纤维通过喷水冷却，并涂上薄的有机"上浆剂"，以防止机械损坏和水解弱化，这两者都会大大降低玻璃纤维的强度。然后将单个纤维拉在一起以产生粗纱。纤维的直径可以通过改变熔体温度和缠绕速度来控制。纤维可以切碎以产生纤维哑光。如图4-21所示，玻璃棉是通过将熔体引入喷丝头中来生产的。喷丝

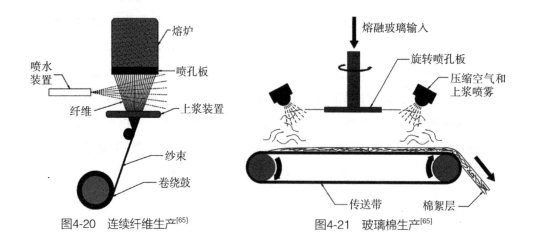

图4-20 连续纤维生产[65]   图4-21 玻璃棉生产[65]

头圆周上的孔在向心力作用下将熔体挤出成丝。压缩空气喷射将纤维切碎，然后通过施胶喷雾并沉积在收集平台表面上以形成羊毛棉絮。

　　研究人员对MLS-1月海模拟物和MLS-2高地模拟物的纤维生产进行了全面的试验。发现月海模拟物不适合生产纤维。在所需的温度下，达到适合拉动纤维的黏度时，MLS-1模拟物将在衬套中结晶，因此只能手工拉制短纤维。MLS-2具有更宽的适用范围，并且可以手拉更长的纤维。然而，有必要添加8wt%的氧化硼以扩大工作范围并允许连续的纤维生产。未涂层纤维的拉伸强度约为400MPa。聚乙烯醇浸润剂将纤维拉伸强度提高到700MPa左右。在同一项研究中，重力对电子玻璃纤维生产的影响也通过在抛物线飞行中产生纤维来研究。在低重力下，必须降低生产率，以允许钛孔板的流量衰减。在随后的研究中，研究人员使用JSC-1月球模拟物生产了纤维，目的是用它们来加固硫磺混凝土。

　　在相关研究人员中，Lewis发现通过使用钛合金孔板可以改善高地模拟物的风化层纤维的生产，从而减少板底面的润湿；Mackenzie等提到用月海模拟物生产玻璃棉；Magoffin等在太阳能熔炉调试期间意外生产了玻璃纤维；Sempere用试剂熔化的玄武岩纤维以产生类似于高钛月海月球风化层的元素组成，并证明可以从熔体中提取纤维，根据报告的纺纱时间和速度，生产的纤维长度可达2800m。

第 **5** 章

月面原位建造工艺

为利用月面原位材料建成月面建筑结构，需针对月面原位建造场景开发特定的建造工艺。本章重点介绍以月壤为原料的增材制造与砌筑拼装建造工艺。其中，根据成型条件，增材制造工艺分为低温打印成型建造工艺和高能束3D打印建造工艺。

5.1　低温打印成型建造工艺

低温打印成型建造工艺，指在不适用外部加热的情况下通过材料的逐层成型进行建造的工艺。根据成型方式的不同，低温打印成型建造工艺可分为浆料挤出工艺和胶粘剂喷射工艺，前者通过直接将浆料挤出并逐层沉积形成结构实体，后者通过喷洒胶粘剂将粉末粘连并逐层沉积形成结构实体。

5.1.1　浆料挤出工艺

浆料挤出工艺利用由陶瓷粉末（即模拟月壤）和液体胶粘剂制成的糊剂进行逐层堆叠建造。在浆料挤出工艺中，预混合浆料以受控方式通过3D打印机的喷嘴沉积，逐层堆积形成所需的建筑，浆料的挤压通过机械活塞或螺杆沉积机构实现。

本节以混凝土3D打印为参考介绍浆料挤出工艺的基本流程、在月面上的适用性以及打印测试情况。

1. 基本流程

与大多数快速制造过程类似，浆料挤出工艺从数据准备开始。从3D模型生成的切片层的数据被保存为G代码格式，这些控制指令由操作所有控制命令的机器读取，并将其用于调整喷嘴位置、材料流量和移动速度等。

浆料挤出工艺采用的打印设备主要包括固定的框架式、龙门架式打印机，以及可移动的3D打印机器人。图5-1所示的龙门架3D打印机由一个5.4m（长）×4.4m（宽）×5.4m（高）的框架和一个位于移动水平梁上的打印头组成，该移动水平梁在Y轴和Z轴方向上移动，而打印头仅在Y轴方向上移动，打印头的移动速度约为5m/min。数据准备后的打印过程包括三个步骤：备料、输料和打印。

图5-1　龙门架3D打印机[83]

1）备料

打印过程要求对材料的可加工性进行高度控制并保持恒定。因此，在材料中加入缓速剂混合物，以确保在所需打开时间内保持恒定的可加工性。在打印过程中，一旦新材料从喷嘴中挤出，它们应该具有足够的负载能力来承载新材料的重量，并且具备合适的可塑性，以便与相邻的层结合。

2）输料

材料混合后放置在位于打印机外部的泵中，通过软管输送到喷嘴。在沉积装置的顶部安装一个料斗作为缓冲区，该装置反过来将物料输送到所需的位置。在打印开始时，头部位于补料位置，将物料填充到料斗中。当料斗内的物料量达到预定的低水平时，打印头移动回补料位置，给料斗补料，如图5-2所示。

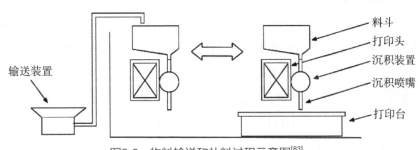

图5-2　物料输送和补料过程示意图[83]

3）打印

预混合浆料以受控方式通过3D打印机的喷嘴沉积，逐层堆积形成所需的建筑。

2. 在月面上的适用性

1）月面环境的影响

月球重力约为地球重力的1/6，这意味着月面建筑结构的承重能力是地面的6倍。与地球相比，月球的承重强度可以降低5/6。这会使月球结构的设计变得更加容易，并且对高强度建筑材料的需求不会很大。在微重力条件下打印的模拟月壤的熔化测试不会导致几何形状、质量和孔隙率方面的变化。

月球上极端的温度变化会带来巨大的热应力、应变和疲劳问题，从而在施工期间和施工后对3D打印机器人和建造材料造成热损伤。

由于缺乏大气层，月球表面是高真空的。真空会导致液体（如水、油、蒸汽、润滑剂等）快速蒸发，除非采取一些预防措施，否则不能使用。这意味着在真空中的较低温度下也可能会发生蒸发。散热仅限于热量和传导水平，因此，与标准大气条件相比，在真空条件下，3D打印等热激活过程所需的能量会降低。高真空条件还可能导致气动系统的漏气，这对天文镜、太阳能电池板和任何其他移动的机器部件有害，因此必须避免使用液压系统。必须采取必要的预防措施，特别是对于太阳能电池板，并且在设计研究期间应尽可能减少3D打印机器人的自由度或活动部件的数量。

另外，月球由于缺乏大气层，微流星体和微陨石（$<10^{-2}$g）无法燃烧或减速，微流星体的速度可以在3～70km/s之间。速度为5.9km/s的微流星体撞击混凝土时会产生直径为13mm的孔洞。在月球上，由较大粒子组成的流星体通量明显较低。然而，应制定针对直径为1～1.5m的流星体的罕见事件的预防措施。当分析保护月球避难所免受直径为7cm的流星体影响所需的月壤厚度时，发现吸收动能所需的月壤厚度为45.9cm。5m的月壤防护罩足以抵御辐射，也可以防止直径为52cm或质量为37kg的流星体。根据另一项研究，2m的月壤可以提供对800g流星体的保护，也可以通过安装甲板预防微陨石碰撞。对于3D打印机器人，除了它们的手臂之外，可以在它们周围留下保护偏移量。但是，偏移量和甲板会增加机器重量，使得它需要更多的能量来移动，这是3D打印机器人的一个缺点。

2）打印浆料的选择

浆料挤出打印在月面原位建造中的一个关键问题是打印浆料的选择。虽然月球上存在生产月球混凝土所需的原材料，但考虑到骨料、水和水泥的生产，这个过程似乎非常困难。特别是水泥的生产，需要消耗大量能源。因此，月球环境使得使用传统方法生产混凝土几乎是不可能的。在真空条件下，由于蒸发，还会有明显的失水和收缩应变，导致密度、强度和刚度大幅降低。为了进行水化过程和固化混凝土，需要大量的水。如果要开采的水不容易获得或质量差，则必须在现场提炼。新鲜的普通混凝土在炎热地区会沸腾，在寒冷地区会结冰，这意味着固化将非常具有挑战性，因为月球上没有传导，热量仅通过红外波的辐射就可以对流。相关研究人员等测试了液体胶粘剂对模拟月壤打印的作用，指出了胶粘剂的潜在冷冻和相关操作，在巨大的温度变化下，基于湿混料的打印工作将在月球上进行。因此，只有在月球表面进行现场实验后，才能放心地进行月面原位浆料挤出建造。

尽管可以使用多种类型的混凝土材料，但似乎必须使用无水混凝土（如硫磺和聚合物混凝土），因为开采和提炼所需的水以及（至少在月球居住的早期阶段）在真空条件下使用水非常困难。

3. 打印测试情况

由于月面环境对浆料挤出打印的影响很大，且在地面准确地模拟出月面环境十分困难，因此目前关于浆料挤出打印工艺的研究还处于初级阶段，大多采用混凝土浆料作为挤出材料进行研究。

轮廓制作（Contour Crafting，CC）是为现场和现场施工应用而开发的。其操作理念基于大型结构一体式的FDM原理。它是一种混合方法，该工艺集成了挤压技术以形成所有物体表面，并通过注射技术进行建造，使模具无须处理，直接成为墙壁的一部分。轮廓制作工艺包含三个主要的步骤，即成型、加固和浇筑。

图5-3是一种携带未固化糊剂的挤出单元。抹刀控制机构是机器的主要部分，侧抹刀的角度和方向可调，以塑造复杂的几何形状。

图5-3　可调节的侧抹刀可塑造不同的几何形状[84]

CC工艺建造过程模拟了传统的施工过程，但具有一定程度的自动化，具体可以分为两部分：

（1）使用一种特殊材料制作一个永久轮廓。

（2）采用水泥基化合物进行回填。

由于低成本、可用性和结构性能低，用于建筑施工的轮廓制作工艺主要集中于混凝土结构。在CC工艺建造中，一层特殊的混凝土混合物从下到上挤出，以塑造结构。随后从指示沉积点的喷嘴挤出层。图5-4显示了用于混凝土加工的轮廓成型机和打印样品。

图5-4　轮廓成型机和打印样品[84]

另外，北京航空航天大学采用在模拟月壤中加入氢氧化钠形成地质聚合物的浆料进行了打印测试。

浆料的制作步骤为：将模拟月壤与一定浓度的氢氧化钠溶液混合，以140r/min的速度先搅拌120s，再以285r/min的速度搅拌120s。如图5-5所示，这是三种使用地聚物制造的不同填充率的3D打印试件。

（a）100%填充率　　　　　　（b）80%填充率　　　　　（c）60%填充率　　100mm

图5-5　使用地聚物制造的3D打印试件[85]

5.1.2　胶粘剂喷射工艺

胶粘剂喷射工艺即D形（D-Shape）工艺，这种工艺依赖于惰性材料（如砂子）通过特殊的结合液体的团聚过程，最初被设想为在一次性过程中构建中型结构。考虑到其直接建造复杂结构和大尺寸结构的潜在用途，D形工艺为在恶劣的太空环境中利用月球的岩粉作为原材料，利用原位开发资源建造月球居住地开辟了可能性。

1. 基本流程

采用D形工艺进行的低温成型建造工艺包括以下步骤：

第一步，使用CAD软件对包含外壳中的结构模型进行建模。例如，图5-6描绘了一个名为"Radiolaria"的艺术结构的小型模型（2m高），该模型是用D形工艺建造的。

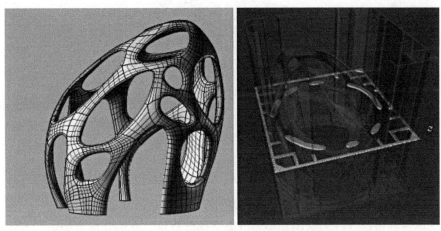

图5-6　建筑结构的三维模型（左）和带有其包含外壳的示例模型横截面（右）[86]

第二步，通过使用具有规则间距的水平面（或截面）来"解剖"三维模型，其中间距设置为5mm。获得的二维平面图按自下而上的顺序依次发送到机器。

第三步，根据以下子步骤打印结构：

①机器会沉积一层厚度与预设间距（例如5mm）相对应的均匀水平颗粒材料层；颗粒状材料必须与粉碎的金属氧化物初步混合，然后与结合液体发生反应。

②水平移动喷头，并将预定量的液体喷洒到必须结合的层部分。金属氧化物和液态盐之间发生化学反应，建筑物的一部分被"打印"（图5-7）。喷嘴之间的距离等于20mm，而平均液滴直径为5mm。因此，图层无法在单个打印会话中完成。为了填充喷嘴之间的间隙，必须添加一个额外的运动，将打印头沿Y轴移动到一边，以便移动头可以在4个后续笔画中打印所考虑层的位图，所有这些都以相同的Z坐标值执行。

③水平框架从Z轴上的前缀节距向上抬起；然后在第一层上铺设第二层均匀的颗

粒材料，同时，机器用压力压制这些层，压力可以设定为0.05 ~ 0.5kg/cm²。

④使用新的喷涂坐标重复步骤②。

⑤重复步骤①~④，直到模型打印完成。

第四步，在该过程结束时，拆除安全壳露出建筑结构。

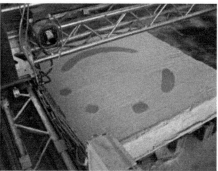

图5-7　一层沉积的颗粒材料（左）和刚刚打印的模型的横截面（右）[86]

D形工艺可用于打印"块"而不是"建筑物"，这是建造月面建筑的设想应用。

2. 在月面上的适用性

与最初为地面应用开发的任何其他技术一样，预计D形打印工艺也将进行重新设计，然后才能在太空中稳定和安全地应用。

需要重新设计部件的架构和配置以满足任务目标，必须从质量效率、真空除气行为和对环境应力的鲁棒性方面重新考虑所有打印机材料。此外，所有电气、机电和电子元件都需要根据空间标准进行设计和制造（例如，在辐射硬度、降额等方面）。

D形工艺在月面上能否适用的关键在于胶粘剂在月球环境（即真空和特定温度）中存在和再现网状过程的能力。原则上，这些功能不是强制性的，因为人们可以在所需的持续时间内在正在建造的元件周围重现人造大气。

然而，该工艺可以直接在月球环境中工作，可以减少从地球带来的元素、零件的数量，并最终给了它更多的选择机会。对于所有化学反应，网状时间随着温度的降低而增加。相反，蒸发量随温度升高而增加，因此必须在打印过程的速度和质量效率之间进行权衡。考虑到质量在行星际运输中的重要性，这一权衡可能会走向一个温度寒冷且打印速度缓慢的过程。

已有实验证明，胶粘剂一旦在真空中喷洒在月壤上就不会沸腾或冻结，并且它足以在网状过程中涉及的反应时间内保持液态。

1）沸点分析

已经进行了一些分析，以设计出一种避免胶粘剂过度蒸发或沸腾的方法，并在蒸汽压和表面张力方面分析了胶粘剂的特性。在室温 $T=T_R$ 时，蒸汽压低于 2kPa=20mbar，而表面张力约为0.1N/m。为避免沸腾和快速汽化导致胶粘剂冻结，必须将胶粘剂限制在内部压力（由表面张力引起）高于20mbar的小体积（如液滴或空腔）中。已经计算了达到上述条件所需的最小（临界）下降半径 r_{cr}，并评估了月壤或模拟月壤中空腔的典型尺寸。如果空腔的尺寸（最多）小于 $2r_{cr}$，则液态胶粘剂滴的行为由表面效应（毛细作用）驱动，不会发生沸腾。由于在这些条件下蒸发速率有限，因此如果初始温度足够高，则传热也会减少，并且还可以防止冻结。真空中一滴液体内的压力由杨—拉普拉斯定律给出：

$$P=2\frac{\gamma}{r} \tag{5-1}$$

其中，P 是压力；γ 是液体的表面张力；r 是液滴半径。对于上面提供的值，在 T_R 处获得 $P>20$mbar 的临界半径约为0.1mm。因此，为了避免沸腾（在 T_R 处），月壤内的间隙尺寸必须小于 $2r_{cr}=200\mu m$。

该分析应扩展到评估整个功能温度范围，以便提供原位操作约束，这将推动系统设计和操作计划（例如，关于太阳光照周期）。应考虑蒸汽压和表面张力随温度和胶粘剂成分浓度的变化，以及蒸发速率和冻结风险等方面。上述计算表明该过程在真空中以及合适的条件下进行时有成功的机会。

2）真空测试

在真空室中进行了测试，以证明该过程有效，并且可以在真空中实现良好的网状结构。真空测试旨在：

（1）验证化学过程在真空环境下的实际可行性。

（2）分析胶粘剂在真空中喷涂时的行为。

（3）证明在模拟层下方直接注入胶粘剂是否可以防止流体汽化。

（4）测量和称重网状模拟月壤，并将其与注入胶粘剂的体积进行比较。

（5）定性评估真空网状化合物的坚固性。

"真空打印"的构想方案指直接将胶粘剂注入模拟月壤层下方几毫米处，使模拟月壤的致密性能保持胶粘剂滴的表面张力，从而最大限度地避免所有蒸发现象。这是通过为供墨管道的最后部分提供一个细喷嘴（外径为2mm）来实现的。在喷嘴周围设计和制造了一个圆形的滑动盘，以抑制由于进料压力而对模拟物的任何可能的冲击，并在打印头位移期间使模拟月壤的表面光滑。为了在同一真空循环中执行多次注射，应用了一个移动平台来移动装有模拟物的盒子，同时注射器保持固定，大约处于真空室的中心。为了评估模拟物中注入的墨水量，使用了与D形打印机相同类型的阀门，并由放置在真空室外的PLC控制。

喷淋阀由支撑结构支撑。垂直可调的法兰允许将阀门放置在所需的高度，以便与模拟月壤的表面相匹配。模拟物被装在一个合适的托盘中，该托盘固定在由外部步进电机操作的移动平台上，在每次打开阀门的间隔内，该电机以几厘米的步长进行平移。

胶粘剂储存在真空室外的储罐中，并通过适当的液体/气体进入内部。在腔室内，一根柔性管将胶粘剂引向微阀。在初步测试中，储罐保持在大气压下，进料压力约为1bar。未来的测试可能需要较低的压力，以提高过程的准确性和分辨率。喷嘴的最后一部分必须完全插入模拟表面下方，内径为0.8mm，长8mm。

将模拟月壤与重量为25%的无机胶粘剂小心地混合，然后在盒子中沉淀25mm深的混合物层，并在真空条件下（压力低于1×10^{-3}mbar）进入测试室约2天，以便对混合物颗粒内的空气和水进行广泛的除气。在初步调节后，将注射针插入混合物中，并在真空室内达到1×10^{-6}mbar的压力。

该测试包括6次胶粘剂注入，每次注射的水平间隔为几厘米。在起始位置进行了两次简短的注射，以去除设置活动期间可能留在针头内的残留空气。最后一次注射后，将模拟物置于真空状态24h，以确保化学反应产物完全具体化。收集6个样品并在清洁后进行测量，以去除沉积的未固结材料。

必须注意的是，如图5-8所示，尽管阀门打开时间与其他样品完全相同，但最后一个样品的质量相对较大。此外，最后一个样品具有几乎球形的形状。造成这种异常的原因在于，在最后一次注射后，阀门和针头末端之间的体积中残留的胶粘剂被模拟月壤缓慢吸收，这与之前拍摄的情况不同。最后，将5号样品分开，露出内部结构。这些结果令人鼓舞，因为它们表明网状过程是在真空中进行的，并且获得的样品显示出令人期待的结构行为。

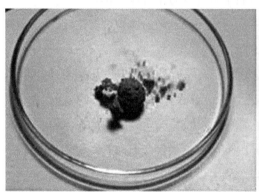

图5-8　6号样品（左）和5号样品（右）的内部结构[86]

3. 地面建造测试

在真空条件下获得的令人鼓舞的初步结果，使得使用相同模拟物进行一些大尺寸物品的测试变得有意义。首先，打印一个更简单的项目，目的是设置打印机参数，并为最终演示器的设计提供有用的设计指南。如图5-9所示，在这个初步测试中，已经绘制了一个几厘米厚的凸形伪影，并模拟了椭球体表面的一部分。

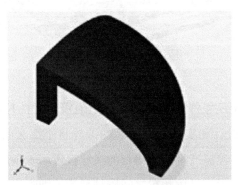

图5-9　凸面伪影的三维绘图[86]

在第一次实验之后，使用大气中的模拟月壤打印一些复杂泡沫结构的全尺寸演示器，这些结构被选为月球基地外墙最有希望的解决方案。已经制造了两个演示器；最小的（技术演示1号：TD1）重量为14.4kg，最大的（技术演示2号：TD2）重量为1.3t。图5-10、图5-11描绘了在打印测试中制造的两个技术演示。

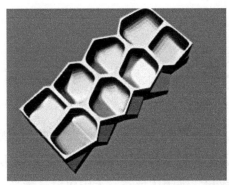

图5-10　技术演示1号：CAD技术图纸（左）；实际打印的结构元素（右）[86]

将TD1的主要几何和物理特性与设计规格（由CAD技术图纸提取）和实际打印块尺寸进行比较，结果表明打印演示的面积非常接近块设计规定的面积。然而，打印块的平均壁厚远高于规定值，导致演示器的重量相对于设计规格成比例增加。

全尺寸打印演示非常有实际用途，因为CAD模型中的所有几何特征都得到了

图5-11 技术演示2号[86]

很好的模仿。然而，全尺寸打印演示突出了当前D形3D打印机的形状精度限制。

预计在真空中，设计和实际硬件之间的差异将不那么明显。事实上，如上所述，在真空下进行网状测试产生的鹅卵石的尺寸接近用于生产它们的液体墨水滴的尺寸。在空气中，驱动模拟月壤颗粒之间胶粘剂的毛细管力不会被真空中遇到的沸腾或蒸发趋势所抵消。因此，实现严格的尺寸公差更加困难。

为了提高下一代D形打印工艺的形状精度，需要进一步研究减小喷嘴直径和适当调整墨水量释放。从更广泛的角度来看，为了确定将3D打印机技术用于月球栖息地的最佳参数范围，需要至少要考虑建造精度、建造速度和要使用的胶粘剂量。

5.2 高能束3D打印建造工艺

高能束3D打印建造工艺指通过激光、微波等热源将粉末进行烧结/融化成型的工艺。其中粉末被输送到构件平台，并通过能量束选择性地烧结或熔化粉末层的区域进行处理，从而创建预期的形状轮廓和二维固体填充。太阳辐射、激光、电子、离子束或微波可用于加热粉末。粉末用滚筒或实心刀片逐层施作。在每一层内创建三维零件轮廓，并通过光束诱导熔化/烧结过程连接，流程示意图如图5-12所示。

根据热源种类和烧结/融化方式的不同，高能束3D打印建造工艺可以分为以下几种：选择性太阳能烧结（SSLS）、选择性激光烧结/熔融（SLS/SLM）、选择性分离烧结（SSS）、激光近净成型（LENS）、选择性微波烧结（SMWS）、立体光刻/数字光处理（SLA/DLP）。

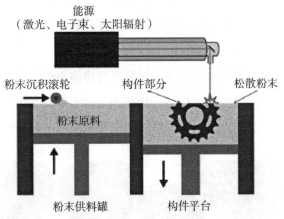

图5-12　高能束3D打印建造工艺的流程示意图[87]

5.2.1　选择性太阳能烧结（SSLS）

当通过直接烧结将月壤烧结成部件时，最关键的问题是能源供应。由于在地球上使用的大多数烧结方法需要大量的外部能源供应，而在月球上使用大量电力进行加热是无法负担的，因为需要事先建造大量的太阳能电池板或兆瓦级核反应堆。

然而，在月球上，有很多直射阳光不受大气的影响，特别是在极地地区，一些陨石坑的边缘全年接收几乎恒定（＞80%的时间）的阳光，如图5-13所示。因此，可以通过收集阳光并直接用于烧结月壤，而无需任何外部电源。

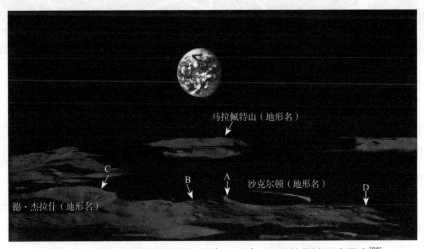

图5-13　月球南极附近的四个点（A～D），几乎总是被阳光照亮[88]

烧结是一种将松散的颗粒加热，但不完全熔化，直到它们结合在一起形成固体的方法。从古代的陶罐到现代的材料和复合材料，都是通过烧结或烧制过程制成的。陶瓷材料传统上是由当地的天然产品制成，包括二氧化硅和硅酸盐材料，很少或根本没有预处理。由非硅酸盐材料制成的陶瓷，如氧化铝或碳化硅，通常用作耐火材料或在高温下保持强度的材料。

除了一些玻璃外，大多数陶瓷制品都是通过将细小的陶瓷颗粒形成一定形状并进行热处理使其黏附而制成的。烧结过程如图5-14所示。在烧结过程中，颗粒被加热到熔点以下，颗粒之间发生固体扩散，填充孔隙空间进行粘结。

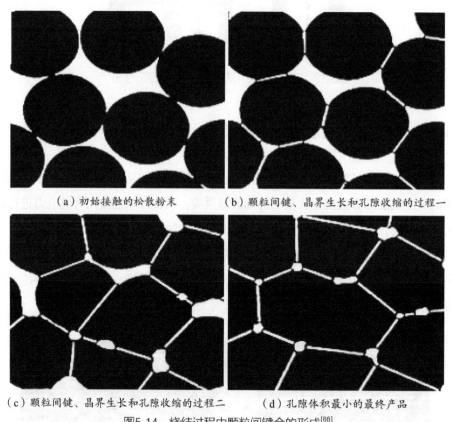

(a) 初始接触的松散粉末　　　　　(b) 颗粒间键、晶界生长和孔隙收缩的过程一

(c) 颗粒间键、晶界生长和孔隙收缩的过程二　　　(d) 孔隙体积最小的最终产品

图5-14　烧结过程中颗粒间键合的形成[88]

肯尼迪航天中心（Kennedy Space Center，KSC）制造了一个1m²收集面积的太阳能聚光器，用于现场测试，如图5-15所示。太阳能聚光器由一个安装在框架上的大型菲涅耳透镜组成，该框架允许透镜跟随太阳移动。透镜的焦点向下对准，以便在表面上进行光栅化。太阳能聚光器产生的最高测量温度为1350℃，高于熔化JSC-1A月球模拟物所需的温度。太阳能烧结是一种很有前景的技术，它从太阳获得能量（1380W/m²），重量轻，价格便宜，而且相对简单。

图5-15　KSC制造的1m²太阳能聚光器[88]

最初使用太阳能聚光器的实验集中在评估表面可以烧结多厚，以及如何最好地烧结大面积。第一次测试只是将光线聚焦在JSC-1的床上。当这样做时，顶部表面在焦点处迅速融化。在2～3min内，熔化和烧结的结合发生在大约6mm的深度。在此时间之后继续加热不会以相同的速度增加烧结区的厚度。太阳能聚光器的焦点可以在JSC-1床的表面上来回移动进行光栅扫描。在焦点处，JSC-1迅速熔化，但这种熔化产品的厚度只有1mm或2mm。此外，JSC-1的密度随着熔点的增大而减小，熔点的面积也在不断缩小。这导致在连续通道上形成的熔化区域之间的弱结合。

目前，使用太阳能聚光器作为烧结热源被认为是有前景的，因为它能够在短时间内达到高温，且不需要任何电力。已经确定了未来需要研究的两个主要问题：

（1）由单个透镜组成的太阳能聚光器必须随着太阳移动，同时将焦点保持在所需区域。

（2）很难加热到很深或很宽的区域。

为了解决第一个问题，可以使用集热器和施加器相互分离的太阳能聚光器。通过一层一层地烧结表面，或者在加热区域的顶部连续添加月壤，可以达到更大的烧结深度。这已经成功地进行了，并且已经制成了大于1/3的固体形式。更好的温度控制将有助于烧结更大的区域。当模拟物熔化时，熔化区域与周围区域之间存在较大的温度梯度。这些温度梯度导致太阳能聚光器通道之间的裂缝。将太阳能聚光器的每道工序保持在相同的温度可以确保产生的烧结产品是相同的。

将粉末床烧结到给定深度所需的时间可以计算出来。表5-1显示了使用1m²太阳能聚光器将100m²的粉末床烧结至2.5cm深度所需时间的粗略估计。

将一个100m²的粉末床烧结至2.5cm深度所需的时间[88] 表5-1

加热方法	效率	所需时间（天）
太阳能聚光器（1m²）	100%	27
	67%	40

烧结粉末床所需的能量Q可以用公式（5-2）计算，其中m为质量，c为比热［玄武岩为800J/（kg·℃）］，ΔT为温度变化。采用烧结至2.5cm深度的100m²粉末床的2.5m³体积和1.5g/cm³的月壤密度计算待烧结的月壤质量。在此计算中，烧结所需的温度变化假定为1000℃。进行这么多加热所需的能量为$3×10^9$J。太阳能聚光器收集太阳能的功率为1380W，这一数据可以用来计算应用这么多能量所需的时间。假设烧结效率为100%，则烧结时间为27天。由于月壤的热损失、集热器的效率低下以及太阳能转化为热量的不理想，效率会降低。表5-1所示的太阳能聚光器67%的效率水平考虑了太阳能聚光器的反射损失和最坏情况下的24%反照率，反照率用于估算太阳能转化为热能时的损失。这些效率没有考虑热源与月壤耦合造成的损失，也没有考虑加热超过或少于最初2.5cm的月壤。这些时间是上限，因为它们代表了100%有效地将能量从加热方法转移到月壤中的热量。

$$Q=mc\Delta T \tag{5-2}$$

物理科学公司（Physical Science Inc，PSI）建议使用光纤波导代替定日镜和一组镜子来引导集中的太阳光进行烧结。2010年，在NASA莫纳克亚ISRU站点进行了现场测试，如图5-16所示。

图5-16 单层火山土的太阳能烧结[87]

为了将集中的太阳能转移到沉积的土壤层，使用了石英棒，为Tephra火山土传递540W的功率。使用光学高温计进行的温度测量表明，烧结仅在1000～1100℃的狭窄范围内获得。当温度超过1150℃时，材料将会熔化。在微调石英棒到火山土表面的距离和光栅速度后，以1~2.35mm/s的光栅速度烧结了（15×15）英寸（约1451.6cm²）的火山土。测试系统的打印分辨率不是很高，因为集中阳光的斑点相当大（约3cm）并且散焦。

还研究了灰尘对系统光学元件（主反射器和入口光学元件）的影响。结果表明，当主聚光器被灰尘覆盖时，功率输出降低了10%。灰尘还影响了入口光学元件，并使系统性能降低6%。事实证明，太阳能聚光器系统跟踪太阳的能力非常出色。

ESA的DLR实验室团队是另一个尝试使用SSLS进行月壤3D打印的团队。如图5-17所示，DLR团队介绍了月壤太阳能烧结的制造程序：

第一步：粉末分配器在试验台上沉积一层厚约100μm的JSC-2A模拟月壤，同时水冷壁到位以防止不必要的烧结。

第二步：移除水冷壁，三轴烧结台在梁下移动，以48mm/s的光栅速度进行烧结。

第三步：重复该过程，直到零件被制造出来。

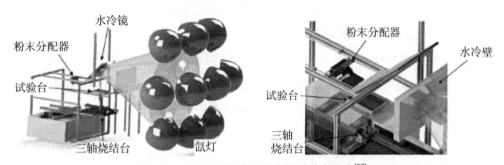

图5-17　DLR团队的太阳能烧结试验台方案[87]

即使在对烧结光学元件进行精细校准后，太阳光也会聚焦到2cm的漫射点，这导致打印分辨率相当低。制造的零件非常脆，脆性是由于月壤颗粒的不均匀烧结和部分熔化而产生的高度孔隙率造成的。弯曲测试的不理想结果可归因于可能的裂纹形成，这是高局部温度梯度的结果。

5.2.2　选择性激光烧结/熔融（SLS/SLM）

选择性激光烧结（Selective Laser Sintering，SLS）技术采用激光对材料粉末进行照射将其中的特殊添加材料融化使之达到胶粘剂的作用，从而将金属粉末结合成型实现金属打印。选择性激光熔融（Selective Laser Melting，SLM）技术采用激光对金属粉末直接进行热作用，使其完全融化再经过冷却成型。与SSLS相比，SLS/SLM技术在材料烧结方面需要更少的能量。同时，如图5-18所示，这些方法提供了亚毫米级分辨率，非常适合工程零部件的制造。

图5-18   SLM技术（图片来自AUTODESK网络）

虽然两种技术的原理都是利用激光束的热作用，但由于SLS与SLM激光的作用对象不同，其使用的激光器也有所不同。SLS技术一般应用的是波长较长（9.2~10.8μm）的CO_2激光器。SLM技术为了更好地融化金属需要使用对金属有较高吸收率的激光束，所以一般使用的是Nd-YAG激光器（1.064μm）和光纤激光器（1.09μm）等波长较短的激光束。

从材料上看两种技术有着很大的区别。SLS技术所使用的材料除了主体粉末外还需要添加一定比例的胶粘剂粉末。而SLM技术因其可以使材料完全融化所以一般使用的是纯粉末。由于SLS技术的粉末为混合粉，所以相比单一金属材料的SLS技术的烧结件强度也较低。除此之外，SLS技术的烧结件由于工艺的关系实体存在空隙，在力学性能与成型精度上都要比SLM差一些。

当在月球表面进行热打印建造时，由于SLS工艺需要在月壤中添加胶粘剂粉末，因此SLM工艺比SLS工艺技术难度更低，且原位利用率更高。SLM技术包含两步：

第一步，将粉末颗粒扫过基材以形成一层颗粒，层的高度由颗粒直径决定。

第二步，激光熔化粉末层的预定义区域，从而形成固体结构。在沉积下一个粉末层之前，考虑到层的高度，固定基材的平台向下移动。通过这种方式，整个对象是逐层构建的。

研究人员证明了SLM是未来在月球和其他行星体上利用原位资源建造的一种有前景的处理技术，并进一步证明了玄武岩粉末作为模拟月壤对SLM工艺的适用性，可用于模拟。除了减少运输需求和连接成本外，SLM技术还可以按需灵活操作，这是太空探索的一个新方向，可实现更强大和风险更低的任务场景。

在目前的工作中，对玄武岩作为模拟月壤的SLM进行了首次研究。这项工作超越了先前证明玄武岩SLM处理成功的研究，还强调了扫描策略对最终表面形态非常重要。这些发现为未来在地球上、低重力环境或月球任务中对月壤或模拟月壤的SLM进行研究奠定了基础。

研究中使用的SLM机器系统是非商业实验室设置，激光源是以连续波模式发射1070nm的100W二极管泵浦光纤激光器。该过程是在氩气保护气氛中进行的，以防止进一步氧化，并模拟不含氧气的月球大气。在地球上，使用氩气是诱导工艺区缺氧的最有效方法。为了找到合适的基材，通过改变扫描速度和激光功率，在不同的基材（如玄武岩、陶瓷和钢）上建造了几面高达2mm的墙。在月球上，不需要额外的基质材料，因为月壤本身就是基质，但对于在地球上进行的实验，必须确定合适的基质。激光功率从20～100W不等，而扫描速度从5～1000mm/s不等。所有测试都是通过建造墙体完成的，并评估了墙壁的性能，如第一稳定性、表面质量和后来的密度等特性。这些由建筑墙体确定的工艺参数将在未来用作更复杂的三维结构的参考，墙壁还用作构建3D模型的支撑结构。

后来，通过填充图案移动扫描仪来构建笨重的3D构件。在研究3D构件的实验中，图5-19中描述的这些填充图案随着工艺参数的激光功率和扫描速度而变化。

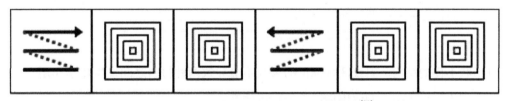

图5-19 用于构建体积元素的不同填充图案[89]

生产线建设的最佳工艺参数与粉末的粒径无关。观察到粉末之间的微小差异，即最终部分的表面更细，涂层工艺中较细粉末的流动性较低。

镁、钛和不锈钢不适合作为基材，因为熔融玄武岩结构对基材的黏附性很差。熔点和导热系数的巨大差异导致基材和玄武岩的分裂。在这些基板上，只能用70～100W的激光功率和25～50mm/s的扫描速度构建壁，但仍然存在上述附着力差的问题。此外，在某些情况下，熔化粉末所需的高强度激光会扭曲和蒸发这些材料。

Al_2O_3也可以用作基板材料。与其他材料相反，陶瓷基板允许构建参数范围较宽的线路——激光功率为30～80W，扫描速度为25～75mm/s。图5-20显示了不锈钢与作为建筑墙体基材的常见陶瓷材料之间的比较。深灰区域表示相应参数对的连接良好的墙壁。浅灰区域表示连接良好且相对明确地构建，而竖纹区域表示连接不良

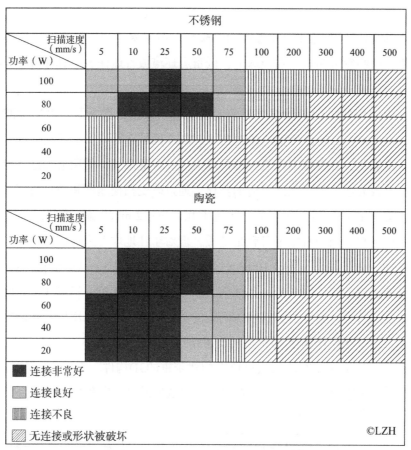

图5-20　激光功率与扫描速度的关系[89]

且形状不良的结构。斜纹区域标记的参数不会导致两种材料之间发生化学作用。因此，陶瓷基板为不同的应用提供了各种可能性。

虽然较低的扫描速度与较高的能量相结合，会导致结构细节较少但完全熔融，但较高的扫描速度往往会创建更精确的墙壁。这些快速形成的墙壁具有烧结表面特性，非常适合作为支撑结构。为了确保物体的光滑表面和明确的几何形状，确定的理想工艺参数是50W的激光功率和50mm/s的扫描速度。一般来说，材料倾向于根据能量最有利的几何形状变形，因此材料在高激光功率下将会形成球形。另一方面，在较低的激光功率下，材料表面变得非常粗糙。

当构建体积元素时，陶瓷基板会因材料内的高温梯度而破裂。因此，在制造体积单元之前，有必要构建一个4mm高的支撑结构。

对于定义清晰且光滑的12mm×12mm×5mm立方体试样，确定的最佳工艺参数是50W的激光功率和50mm/s的扫描速度，填充距离为50μm，激光聚焦直径为70μm。研究中使用的实验室设置的体积构建速度约为2cm³/h。为了防止由于过热而导致周围玄武岩意外融化，每层加工后都会改变舱口图案。在实验中确定了不同填充图案的最佳顺序，如图5-19所示。图5-21（a）描述了选择不当的填充图案的影响。虽然左侧3D对象仅从外向内进行螺旋标记，但右侧3D对象仅使用水平曝光图案即可显示熔融材料的巨大凸起。由于专门使用水平填充图案而导致的膨胀如图5-21（b）的侧视图所示。

对通过研磨和抛光产生的横截面的检查揭示了裂纹和气孔的存在，如图5-22中的光学显微镜图像所示。尽管如此，与常规散装材料相比，材料密度达到了96%。然而，裂缝数量的减少仍需要进一步研究。

（a）不同填充图案　　　　　　　　（b）侧视图

图5-21　不同填充图案对SLM构件的影响[89]

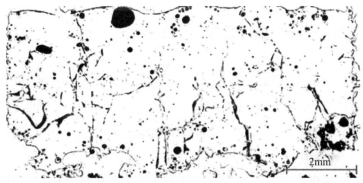

图5-22　使用玄武岩SLM制造的构件横截面的光学显微镜图像，可以看到小裂缝和孔隙[89]

图5-23显示了30mm×30mm和15mm×15mm的网状构件，这些构件使用50W的激光功率和500mm/s的扫描速度构建外部轮廓，而内部轮廓使用50W的激光功率和50mm/s的扫描速度照射。这种几何形状的成功打印，证明了月壤SLM制造微型薄壁物体的能力。

图5-24显示了使用SLM工艺构建的多个不同尺寸的齿轮，进一步验证了模拟月

图5-23   网状构件[90]   图5-24   齿轮构件[90]

壤的SLM工艺在生产功能部件方面的充分性。与紧固件应用类似，齿轮可用于低应力、高温或腐蚀性环境。使用获得的工艺参数，可以以合理地制造高尺寸精度的齿轮，因此齿轮副齿可以相互啮合。

另外，提高增材制造工艺的构建速率对于建造更大的组件非常重要。如今，该工艺能够以高达2cm³/h的速度建造结构。为了实现月球栖息地大约四年的建设时间，需要将吞吐量扩大100倍。因此，要努力将这一过程从实验室条件下相对较慢的速度推进到可接受的施工时间。

最后，需要研究在真空而不是氩气和重力降低的环境中对加工的影响，以便为太空制造提供更精确的方案。

5.2.3 选择性分离烧结（SSS）

另一种高能束3D打印建造工艺是由美国南加州大学开发的。该方法使用具有较高烧结温度的不同材料的分离粉末，将必须烧结的目标粉末的每个打印层进行分离。这种方法被命名为选择性分离烧结（Selective Separation Sintering，SSS）（图5-25）。

选择性分离烧结（SSS）是一种基于粉末层的增材制造方法，可以从陶瓷和金属中制造出各种尺寸的零件，可以实现较高的生产速度和最小的机器复杂性。在SSS工艺中，当在基材粉末内打印一层薄壁材料时，其边界上会形成一种屏障。该屏障在零件和周围材料之间产生分离，从而允许在烧结完成后将零件与周围粉末分离。陶瓷基材和金属基材的初步实验证明了该方法的可行性。该方法还与JSC-1A模拟月壤和一种潜在的原位分离粉一起用于生产互锁瓷砖。这些瓷砖可用于各种结构的月面原位建造，包括着陆垫。

1. B粉铺展　　　　　　　　　　　　　　　　　　　2. S粉沉积

3. 喷嘴上抬　　　　　　　　　　　　　　　　　　　4. 平台降低

图5-25　SSS的打印过程[91]

SSS工艺的流程可以由以下步骤描述：

步骤一，在粉末床上铺上一层薄薄的B粉；

步骤二，将S粉沉积喷嘴放入B粉层中，在B粉层边界处选择性沉积S粉；

步骤三，喷嘴抬起，为后续移动提供间隙；

步骤四，将B粉储罐抬高，将平台降低一层厚度；

步骤五，重复步骤一到步骤四，直到所有层都完成；

步骤六，将预成型的样品移至烧结炉；

步骤七，将烧结的部分从烧结炉中取出。含有松散分离粉末的样品部分易于清洁，留下3D打印的构件。

SSS中部分的成功分离取决于S粉和B粉之间的烧结温度差异。如图5-26所示，烧结炉中的样品被加热到设定的烧结温度。如图5-26所示，实际烧结温度经过精心选择，使其高于基材的烧结温度，但又不足以烧结粉末。因此，B粉烧结良好，而S粉保持疏松。

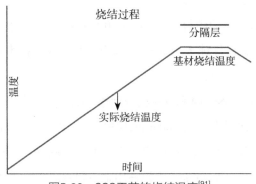

图5-26　SSS工艺的烧结温度[91]

如图5-27所示，深色球体代表B粉末，浅色球体代表S粉末。图5-27（a）为S粉沉积到B粉层后的情况。在烧结过程中，B粉球只与相邻的B粉球融合成一个实心块，而S粉区仍处于松散状态。然后，通过去除松散的S粉，可以轻松分离零件。

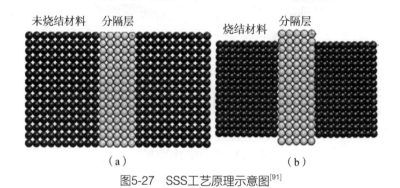

图5-27　SSS工艺原理示意图[91]

SSS的建筑材料将从原位资源中获取。在SSS中，S粉可以是陶瓷或高烧结温度的金属。参考月壤的主要元素浓度，烧结温度高的氧化铝和氧化镁在月壤中浓度都很高，重量比为5% ~ 28%。实验表明，$D50$粒径在25μm左右的氧化铝粉末在不压实的情况下烧结温度在1500℃以上，$D50$粒径在25μm左右的氧化镁粉末烧结温度在1500℃以上。对氧化铝和氧化镁烧结的研究也证明了在1μm左右使用更细颗粒的高压的必要性。

在月球上，通过挖掘和开采，会有充足的原材料供应。以松散尘埃形式存在的月壤和金属等原材料可以从月壤中提取出来。在实验室中进行的实验使用了具有类似物理和化学性质的模拟月壤JSC-1A。JSC-1A的熔化温度为1100 ~ 1150℃，在常温条件下电阻加热烧结温度为1100 ~ 1150℃。采用Apollo 17号月壤样品进行的实验表明，微波能量可以熔化1200 ~ 1500℃的月壤。

因此，以月壤为B粉，以氧化铝或氧化镁为S粉，以微波或辐射为热源，可以构建大型结构。金属，如铁、铝，根据矿物的不同，其重量比为4% ~ 14%，可以提取。钢在1250℃的真空炉中烧结，铝在650℃的真空炉中烧结，其中氧化铝和氧化镁可作为S粉。考虑到月球上有完美的真空条件，SSS技术可以制造大型框架、棒材和复杂的形状。

在实验中，模拟月壤JSC-1A和青铜粉分别作为B粉进行测试。两种B粉均采用氧化铝粉作为S粉。JSC-1A粉末层采用300μm的层厚，JSC-1A粉末的加热坡度为10℃/min，在900 ~ 1130℃范围内保温30 ~ 60min。青铜层厚度为200μm，加热坡度为5℃/min，烧结温度为780℃，烧结时间为30min。青铜被用来说明制造金属零件的能力。

　　实验表明，所有烧结件都能很容易地分离。如图5-28（a）所示，通过隔板涂层将烧结部分与多余材料分离。一些粉末已经被刷掉，以显示分离的容易性。月球模拟物JSC-1A在烧结前是灰色的，在烧结过程中，由于周围环境的氧化，灰色的基材呈现红色。边界上的白色粉末可以很容易地去除。如图5-28（c）所示，对于这种形状的瓷砖，许多相同的碎片将形成一定目的的联锁垫。这种瓷砖是为了生产功能性瓷砖，它将用于建造月球或火星上的着陆垫，用于航天器着陆。

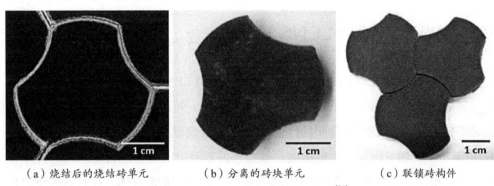

（a）烧结后的烧结砖单元　　　　（b）分离的砖块单元　　　　（c）联锁砖构件

图5-28　JSC-1A的SSS烧结陶瓷片[91]

　　为了验证概念，金属部件也已成功制造。如图5-29（a）（b）所示，以球形氧化铝粉为粉末，设计并烧结半锥青铜件。以球形钨粉为S粉，制作2.5D青铜齿轮。零件表面已轻微抛光。

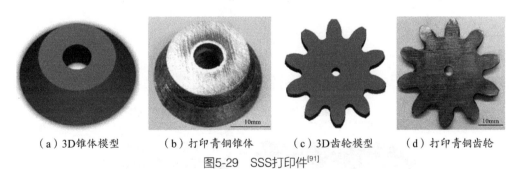

（a）3D锥体模型　　（b）打印青铜锥体　　（c）3D齿轮模型　　（d）打印青铜齿轮

图5-29　SSS打印件[91]

　　总之，SSS工艺用于月面高能束打印建造具有以下优势：

　　SSS能够应用现有的加工材料知识。其工作原理表明，只要S粉比B粉有足够高的烧结温度，B粉的烧结轮廓不受S粉选择的影响。因此，烧结温度足够高的S粉与多种B粉材料一起工作是安全的。

　　运输和装配成本低。轻型轨道和龙门系统可作为启动基础设施，所有其他材料都可以在原位获得。使用SSS技术可以制造额外的轨道和龙门系统，实现自我复制。

建造长度是轨道的长度，可以相对较低的成本延长。使用移动加热系统，如微波能量或辐射加热，对可以烧结的尺寸没有限制，这种能力允许将大型部件作为整体来建造。

作为一种3D打印技术，SSS工艺可以用来制造定制零件。行星运输将不会携带需要在意外情况下使用的额外备件和复杂零件，SSS工艺具有构建复杂形状构件的能力，为使用原位材料在远程环境中制造复杂构件提供了更大的灵活性。

5.2.4　激光近净成型（LENS）

激光近净成型（Laser Engineered Net Shaping，LENS）是使用粉末熔化原理的增材制造技术之一。如图5-30所示，在这种方法中，粉末通过惰性气体流被输送到建造平台，采用同轴激光束即时熔化，将熔化的液滴输送到建造平台，在那里产生3D轮廓和填充物。惰性气体输送流是该过程的重要组成部分，它的作用是将月壤输送到沉积点。在地球上用于保护熔池免受氧气侵害的护套气体，在月球表面的真空条件下是不必要的。这种直接材料沉积的方法可用于某些特定场景，例如现场修复原位建造的月壤结构。

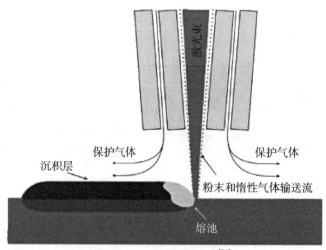

图5-30　LENS工艺方案[91]

材料激光加工的内在特征是，在一定时间内，只有少量的材料被热处理，导致样品内的温度梯度极高。与金属不同，由于与熔化或再凝固相关的热瞬态应力和残余应力以及陶瓷/氧化物的相当高的熔点，原始月壤的直接激光制造很困难。收缩产生的热应力会导致变形，并可能因分层或开裂而失效。人们还认为，原始月壤需要胶粘剂材料，以便在自由形状环境中直接制造零件时获得最佳熔体。

尽管存在这些困难，约翰逊航天中心（JSC）研究实现了使用激光从模拟月壤（JSC-1AC）直接制造散装部件。研究中使用的模拟月壤（JSC-1AC）是从威斯康星州麦迪逊的轨道技术公司获得的，JSC-1AC被设计为在化学和矿物学上与月海月壤相似。已经尝试评估使用LENS直接制造散装模拟月壤部件的可行性。这项初步研究的结果预计将提供有关加工真实月球的知识库和信息，以制造用于月球栖息地建造的材料/结构，并支持人类对火星和其他目的地的持续太空探索。

研究中使用的模拟月壤JSC-1AC粒径≤5mm，被筛选成适用于LENS设备的50～150μm范围内的粒径。使用LENS-750装置在3mm厚的铝合金基板上使用0.5kW连续波Nd-YAG激光器制造了大型月壤结构。最初，在不同的激光功率、扫描速度和粉末进给速率下，使用254μm层厚进行了一系列实验，以优化工艺参数。激光束的光斑尺寸为1.65mm，在新层的沉积过程中，大约30%的前一层被重熔，以确保各层之间的良好结合。在50W的激光功率、20mm/s的扫描速度和12.36g/min的粉末进给速率下，可以生产出没有任何宏观缺陷的致密实心圆柱形部件（直径8～10mm，高度25～30mm）。

使用的衍射仪步长为0.05，2θ范围为20°～60°。差示扫描量热法（DSC）使用热分析仪在流动的空气下以10℃/min的加热速率完成。X射线光电子能谱（X-ray Photoelectron Spectroscopy，XPS）在X射线光谱仪上进行，基本压力为$1×10^{-9}$mbar，使用能量为1486.6eV的Alkα源。在接收和激光加工条件下对三个样品进行了分析。通过粉碎零件来制备用于XPS分析的激光加工零件的粉末样品。在研磨和抛光等标准金相制备之后，制备经过处理的样品进行微观组织分析。使用场发射扫描电子显微镜（Field Emission Scanning Electron Microscope，FESEM）对透镜加工的月壤部件的横截面微观结构进行了表征。使用200g负载和15s的保持时间对激光处理的月壤样品进行维氏显微硬度测量，报告了10次测量的平均值。

最初，使用不同的激光功率（50～200W）、扫描速度（10～30mm/s）和粉末进给速率（10～20g/min）进行了一系列实验，以优化工艺参数。由于材料的激光吸收与其电阻率成正比，因此未经处理的月壤（绝缘体）可以吸收并保留大量入射激光能量。因此，在低至50W的激光功率下观察到月壤粉末的完全熔化。由于熔体黏度低，激光功率进一步增加到50W以上，导致在逐层沉积过程中液体月壤严重扩散。在沉积过程中，降低了扫描速度和粉末进给速率后再次进行了观察。最初的严格实验结果表明，原始月壤的成功熔化和沉积是入射激光能量的函数，这取决于激光功率、扫描速度和粉末进给速率。在低至2.12J/mm的激光能级下生产没有任何宏观缺陷的致密部件，相当于50W的激光功率、20mm²/s的扫描速度和12.36g/min的粉末进给速率。图5-31显示了使用LENS直接熔化原始月壤粉末制造的模拟月壤（JSC-1AC）部件。零件没有明显的裂纹，但材料层的顺序沉积沿零件轴线产生了明显的层状结构。月壤部分光滑有光泽的表面表明模拟月壤在激光加工过程中完全熔化和再凝固。部件的堆积密度为模拟月壤（JSC-1AC）理论密度的92%～95%。

图5-31 使用LENS打印的模拟月壤（JSC-1AC）
部件（直径8～10mm，高度25～30mm）[92]

产生2.12J/mm激光能量的激光参数组合似乎是产生月壤粉末沉积所需的熔池的理想选择，而不会使液池过度扩散和凝固部件开裂。虽然目前的实验结果清楚地表明，LENS工艺具有从模拟月壤中3D打印固体部件的可能性，但需要进行进一步的研究以制造更大或更复杂的部件。

5.2.5 选择性微波烧结（SMWS）

在ISRU范围内，微波加热过程作为一种从月壤中提取挥发性成分（H_2O，^3He等）的快速方法，已经进行了长期的研究。研究人员发现，月壤的独特性质使得月壤对微波辐射具有极强的耦合性。在2.45GHz的普通厨房微波炉中，几分钟内就可以融化月壤（即1200～1500℃），几乎和加热茶水一样快。另外，2.45GHz微波可以穿透月壤至65cm。基于这些初步研究，提出了选择性微波烧结（Selective Micro-Wave Sintering，SMWS）方法，用于在月球开放表面实施热打印建造。

相比传统加热微波的优势如下：

（1）快速加热速率（10000/min）。

（2）高温（2000℃）。

（3）增强的反应速率（更快的扩散速率）。

（4）更快的烧结动力学（更短的烧结时间）。

（5）更低的烧结温度（节能）。

（6）泰勒显微结构（改善机械性能）。

（7）大大缩短加工时间。

（8）工艺简单。

（9）更少的劳动力。

微波处理月壤在多种产品上的应用是不难想象的。图5-32描绘了一辆"铺路车"被拉过月球表面，包括一个用于轻微平滑月壤的前叶片，后面有两排磁控管。第一排磁控管的功率和频率是这样设定的：半功率深度将确保车体下面的土壤被牢固烧结到0.5m的深度。第二排是这样设置的：磁控管将完全融化最上面的3～5cm土壤，当"铺路车"通过时，土壤将结晶成玻璃。此外，当"铺路车"经过时，它会升温，从而释放出土壤中的大部分太阳风粒子，最明显的是氢、氦、碳和氮。为了捕获这些有价值的元素，显然应该在车的底部添加一个装置。

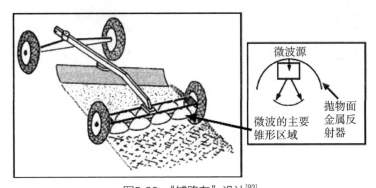

图5-32 "铺路车"设计[93]

氦-3（一种氦气同位素气体）在产生清洁、无放射性聚变能源方面的价值很可能是21世纪人类的救星。烧结预成型的土块可作为建造各种建筑（例如冰屋）的实心砖。可以选择一个撞击坑，并将其平滑为抛物线形状。随后的微波处理表面可以产生天线盘，完成光滑的玻璃表面。或者，这个天线可能会被切成几个部分，以便移动和重新组装到另一个位置，例如在L1轨道上的一个空间站。预成型土的处理可以产生坚固的结构构件。用于吹制玻璃棉或拉制玻璃纤维的熔融低黏度土壤。各种可能的应用只需要过于活跃的想象力。

研究人员给出了月壤微波烧结的例子，研究发现2.45GHz微波发生器可以将月壤烧结到0.96～1.2cm的深度，并将该层熔化到0.59～1.34cm的深度。与烧结深度相比，熔化深度更大，原因是熔融月壤从浅层向下熔化。与SSLS、LENS和SLM技术相比，SMWS方法的高穿透深度可实现更快的月壤固结和更高的加热均匀性。烧结结构上的温度梯度越小，压裂和孔隙形成的风险就越小，从而获得更好的材料密度和机械特性。实验过程如下：

通过创建一个测试装置来模拟表面加热条件，允许微波能量仅从JSC-1A模拟月壤的粉末床的表面方向穿透。该装置由一个边长为18cm的立方体不锈钢盒组成，具有开顶面，可容纳8.5kg的JSC-1A。基于JSC-1A在大约200℃温度下的最大半功率深度为18cm，盒子底部表面的任何微波反射对模拟月壤的加热影响最小。将不锈钢表面测试设备放置在由5cm厚的耐火绝缘箱中，以提供隔热。绝缘盒的壁和不锈钢盒之间留下了1cm的间隙。

使用两种绝缘封装配置进行了加热实验。第一种方法使用模拟物的直接微波加热；第二种方法包括嵌入绝缘盖中的三个碳化硅微波基座，如图5-33所示。

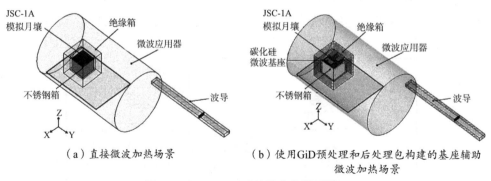

（a）直接微波加热场景　　　　（b）使用GiD预处理和后处理包构建的基座辅助微波加热场景

图5-33　Autowave系统的实体模型[94]

1. 直接加热

采用约2kW的微波功率进行90min的直接微波加热实验产生了1.35kg的烧结和熔融物质。如图5-34所示，记录的最高表面温度为979℃。整个表面都可以看到明显的温度变化，微波加热结束后立即拍摄高温照片，如图5-35（a）所示。JSC-1A的熔化证明达到了更高的温度，其至少需要1120℃才能完全熔化。凝固的质量重1.35kg，覆盖了约60%的暴露表面，并延伸到粉末床表面以下8～9cm，有熔融物质向下流动的迹象。固体质量包含一个大空隙，类似于晶洞，具有2.5cm厚的扁平固体底座。

直接加热方法固化了大量模拟月壤，但大部分固体质量在模拟月壤表面以下。模拟月壤的最上表面保留了粉状特性。这可能是由于与直接微波加热反温度剖面相关的辐射表面冷却，其中产品内部产生热量，导致热损失和表面温度降低。在固体质量以下，JSC-1A模拟月壤保持相对凉爽和未烧结。停止微波加热后，立即将热电偶插入粉末床以测量整个模拟物的温度。在模拟床底部附近，模拟物温度仅达到200~300℃，靠近不锈钢盒壁的温度高于盒中心的温度。较高的壁温可能是通过不锈钢向下传导的结果。

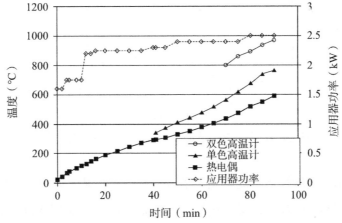

图5-34　微波涂抹器功率图，以及8.5kg JSC-1A自热期间的温度测量[94]

（a）微波加热结束后立即进行热烧结表面　（b）JSC-1A凝固质量底部2.5cm厚的致密区域

图5-35　来自直接微波加热实验的JSC-1A模拟月壤大面积致密区域的照片[94]

2. 基座辅助微波加热

基座辅助的微波加热实验在基座下方产生了光滑、无粉的表面，并在基座下方和附近的区域烧结或熔化JSC-1A。如图5-36所示，基座辅助过程的初始加热速率比仅使用微波能量加热JSC-1A快得多，只需65min即可达到1100℃的表面温度。这是由于与JSC-1A相比，基座材料在低温下的微波吸收效率要高得多。基座块产生的烧结表面仅限于深度约1cm，覆盖了53%的表面。较低的覆盖率和薄的深度表明，该方法比直接微波加热固化更少的JSC-1A。

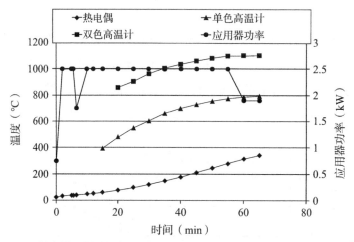

图5-36　基座辅助微波加热实验的温度测量和微波功率与时间的关系图[94]

　　模拟粉末的绝缘性质可能阻止了辐射热从基座明显渗透到模拟物中。这将产生尖锐的温度和介电性能梯度。在停止微波能量后插入JSC-1A的热电偶发现表面以下几厘米处的温度为200～300℃，证实了模型预测的温度梯度。表面温度升高会促进热表面的优先微波吸收，而随着粉末温度的降低，预计表面以下的微波加热会减少。基座的热量并不相同，一个基座达到1300℃以上，最冷的基座仅达到1100℃。

　　图5-37（a）显示了基座微波加热后部分凝固表面的照片。熔融和烧结区域是可见的，以及远离基座所在的未固化区域。如图5-37（b）所示，基座烧结截面下最冷的烧结截面，厚度为0.96～1.2cm。发现最热的熔融部分厚0.59～1.34cm。这对于结构来说太薄了，但该方法将微波能量集中在模拟床表面附近。基化材料的重新分布可以允许在较大的表面上均匀加热。

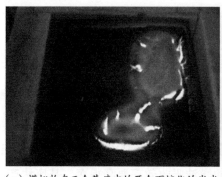

（a）模拟物在三个基座中的两个下熔化的发光　（b）烧结表面的横截面厚为1cm，位于不锈
　　区域，暗淡的光芒（模拟物的左中）标记了　　　钢盒中松散的JSC-1A粉末顶部
　　第三个基座的位置，该区域烧结但没有熔融

图5-37　基座微波加热实验的照片[94]

JPL研究人员提到了另一种利用月壤的SMWS方式。他们展示了一个SMWS打印头（称为"烧结机"），可以安装在ATHLETE多用途平台上。他们提出了以下方案：磁控管电源用于激发波导室中的单模共振。一根耐高温管垂直穿过腔室，穿过一个具有最大电场强度的点。原始的月壤在加热、烧结并最终熔化时从进料机构压入管中。熔融材料从腔室底部挤出，在那里可以通过机械臂将其输送到任何所需的位置。位于打印头前缘的滚筒设置层的高度，尾端的弹簧加载滚筒将热混合物压制成光滑层，如图5-38所示。

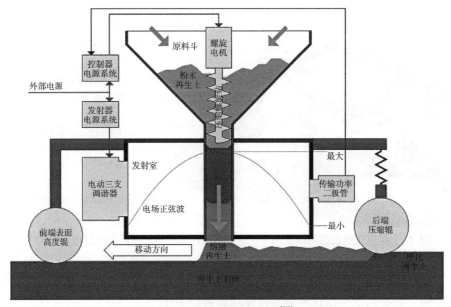

图5-38　烧结机操作图[95]

这种烧结机方案结合了螺旋驱动的月壤供应机制，该机制在自主性方面很有用（不需要惰性气体），但可能面临与堵塞有关的问题。月壤粉末含有不规则形状的凝集物，流动性差。这些颗粒可能会堵塞进料机构的入口系统，因此在打印操作之前需要对月壤粉末进行研磨和筛分。天然月壤的微波融化可用于铺路和减尘、太阳能电池板制造以及大型现场结构的生产。

结果表明，与微波相关的独特体积加热导致加热样品内出现温度梯度。样品内部的温度可能比表面高得多，这会导致首先在样品内部而不是表面发生烧结和熔化。配备烧结机的ATHLETE平台通过熔融月壤的分层沉积来构建墙体结构，如图5-39所示。利用磁控管电源激发矩形波导腔内的单模共振。耐高温管沿最大电场强度的路径垂直穿过腔室。使用螺旋钻将月壤从上方压入管道，并在加热、烧结及熔化的过程中缓慢穿过管道。熔化的样品从腔室的底部挤出，在那里它可以被送到任何期望的位置。前端的滚轮设定了层的高度，后端的弹簧加载滚轮将热混合物压入滑动形式之间的光滑层中，在那里冷却。即使使用调谐的微波室，微波烧结也可能需要非常高的功率。然而，谐振频率和阻抗耦合（通过虹膜孔）到这个微波室可以在加热过程中自动实时调整，以获得给定材料的最大效率，从而显著减少所需的功率和加热时间。启动时，高温管将清空。ATHLETE分支将打印头定位在起始点上，引导滚轮牢牢地放在表面上。粉状月壤（过滤和处理均匀的颗粒大小）被插入原料料斗，然后用螺旋钻强行进入管。通过侧窗瞄准的温度传感器可以监测原料温度的上升。一旦粉末达到熔点，螺旋钻的连续进料和打印头的横向移动保持不变，将一层薄薄的熔化的月壤压在适当的位置。

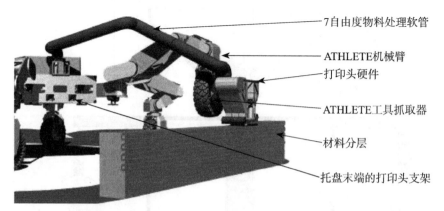

图5-39　配备烧结机的ATHLETE平台通过熔融月壤的分层沉积来构建墙体结构[95]

烧结机关闭后，打印头将在螺旋钻运行的情况下迅速移动到一侧。微波发射器将被关闭，剩余的部分熔化的物质将冲洗在地面上。

大部分研究都关注于带有锋利边缘颗粒的月球模拟样本。然而，据推测，在许多原生土壤上可能会发生某种程度的微波熔化，包括可能在火星上发现的圆形风化颗粒。目前尚不清楚的是如何优化微波烧结或熔化以实现低功耗，控制熔化体积和覆盖范围，以便在实际的时间表内完成项目。微波熔化天然风化土可用于铺路和粉尘缓解、面板生产，或用于建造更大的原位结构。

5.2.6　立体光刻/数字光处理（SLA/DLP）

基于立体光刻的增材制造技术使用低黏度或高黏度的浆料，具体取决于所使用的特定方法。浆料由固体颗粒（即月壤粉末）和有机胶粘剂组成。将浆料逐层施用，并选择性地将浆料局部暴露在紫外/可见光下，在每一层中固化预期形状的轮廓，如图5-40所示。

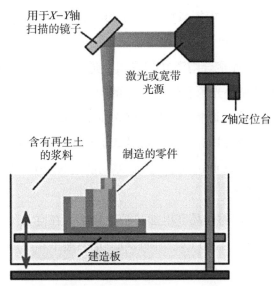

图5-40　立体光刻3D打印方案[87]

通常，激光束用于选择性浆料的光聚合，这项技术称为立体光刻（Stereo Lithography Apparatus，SLA）。或者，具有典型宽带光源或UV LED阵列的微镜阵列也可用于此目的，这种类型的技术称为数字光处理（Digital Light Processing，DLP）。对于陶瓷部件的制造，3D打印的"坯体"应通过一些后处理步骤，包括洗涤（从未固化浆料的残留物中）、脱脂（有机物去除）和最终烧结。对于岩石状材料，包括陶瓷和土壤，光聚合技术的立体光刻变体提供了固体粉末的最大体积填充，允许在低压裂风险下达到最大材料密度。

2018年6月，中国科学院科学家成功完成了全球首个微重力环境下陶瓷浆料数字光处理实验，表明该技术可以应用于微重力条件下。这种AM技术最近被研究人员用于月壤的3D打印。他们报告了使用DLP技术首次成功制造模拟月壤CLRS-2的陶瓷部件。烧结样品表现出精细的表面光洁度，没有可见的缺陷。

所用模拟月壤是由中国科学院地球化学研究所开发的模拟月壤CLRS-2，它是Apollo 11号月壤样本的类似物，具有与Apollo 11号月壤相似的化学成分和物理性质。实验流程主要有以下两步：

第一步，光固化浆料的制备。

将100g模拟月壤与500g氧化锆研磨球和150g异丙醇（Iso-Propyl Alcohol，IPA）混合在500mL高密度聚乙烯（High Density Polyethylene，HDPE）瓶中。将混合物在球磨机中以450rpm的速度研磨成更细的粉末2h。之后，将研磨的模拟物在超声波清洗机中清洗，并在80℃下干燥12h。通过混合光固化树脂和研磨粉末以

45～55vol%的比例合成风化模拟浆料，然后在球磨机中以300rpm的速度均质12h。

第二步，3D打印工艺和烧结。

3D打印过程是在还原聚合陶瓷3D打印机上进行的。该打印机中的投影系统具有峰值波长为405nm的紫外光源和50μm像素的DLP芯片。曝光强度和曝光时间根据打印浆料的光聚合能力进行调整。在相同曝光强度以及三种不同的曝光时间（分别为30s、60s、150s）下制备具有三种不同层厚度（25μm、50μm、100μm）的样品。光照射引发光聚合反应。在此过程中，光敏基团的交联产生了聚合物网络，可以作为捕获CLRS-2粉末的框架。

如图5-41所示，打印的样品在电加热炉中烧结。在空气气氛中进行两阶段热处理：450℃热解阶段2h，1150℃烧结阶段4h。加热速率和冷却速率均在2℃/min下进行。

图5-41　DLP打印的复杂形状的月壤陶瓷部件[87]

这项研究结果证明了利用无限月壤制造建筑和功能结构的实验可行性。通过使用新型的还原聚合增材制造技术和后续烧结，可以制造出尺寸精度高且无宏观缺陷的结构。收到的CLRS-2粉末的形状大多是有棱角的，因为月球上缺乏水和风以及浆料的流变行为，固体负载量为45vol%，显示出剪切稀化和出色的打印性。TGA显示CLRS-2模拟物在1300℃下的质量变化小于1%。同时，除了非晶相含量的降低外，所鉴定的晶相没有显著变化，这可能是由于冷却速度慢。烧结试样的平均抗压强度和弯曲强度分别达到428.1MPa和129.5MPa。这些改进的机械性能可能与孔的平均直径小和化学成分有关。这种打印浆料可以通过将模拟月壤与光固化树脂物理混合形成。结合增材制造工艺的优势，这种制造方法具有未来月球基地建设的量产能力。

研究人员还研究了使用DLP技术生产的月壤样品在氩气和空气气氛中的烧结参数的优化。他们研究了烧结气氛对烧结材料的机械性能、微观结构和化学成分的影响。

层厚度设定为50μm。将3D打印样品在450℃下脱脂2h。烧结过程在1100℃或1150℃的管式炉中进行4h,加热和冷却速率为2℃/min。对照组样品在空气中烧结,另一组样品在氩气中烧结。在烧结过程中,99.99%纯度的氩气以50mL/min的流速供应到炉子中。与在空气中烧结的样品相比,在氩气中烧结的样品表现出更低的密度和机械强度(抗压强度降为原来的1/6,弯曲强度降为原来的1/3)。尽管机械特性较低,但氩气烧结月壤样品符合月球建造作业的要求。

无论烧结气氛如何,机械性能(包括抗压强度、弯曲强度和硬度)都随着温度的升高而增加。在1150℃空气中烧结的试样力学性能最好,其抗压强度、抗弯强度和硬度分别是氩气中1150℃烧结试样的5.66倍、3.09倍和33.41倍。尽管在所有样品中都会观察到微裂纹和孔隙,但空气烧结样品中的矿物质在1150℃下熔化并紧密结合到相邻颗粒,在改善机械性能方面发挥了重要作用。尽管如此,在1100℃下的氩气烧结样品中获得的最低机械性能仍然在建筑材料的要求范围内。然而,在1150℃下观察到的空气烧结样品优异的机械性能,加上高制造精度和固定烧结收缩率,增加了月壤的实用性。

5.3　砌筑拼装建造工艺

砌筑拼装工艺是指使用砖块作为月球居住的建筑构件,并进行拼装形成完整的建筑。砌筑作为一种古老的建筑技术,从以前的简单承重形式到现在的复杂系统,已经得到了广泛的研究。与3D打印成型建造工艺相比,砌筑拼装建造工艺有以下特点:

(1)3D打印工艺建造的月球建筑的最大尺寸受到限制;砌筑拼装工艺通过将大量小型构件拼装形成整体建筑,不受建筑最大尺寸的限制。

(2)3D打印工艺需要连续加工和施工,材料的一次性供应决定了施工空间的大小;砌筑拼装工艺可以提前和单独生产。

(3)3D打印工艺的建造自由度较高,可以实现复杂建筑的建造;砌筑拼装工艺的灵活性相对较低,只能建造相对简单的建筑。

按拼装方式的不同,目前应用于月面原位建造的砌筑拼装工艺主要有拓扑互锁拼装和乐高积木拼装两种。

5.3.1 拓扑互锁拼装

如图5-42所示，拓扑互锁拼装建造工艺利用拓扑互锁的原理，实现构件组装之前的紧密连接。拓扑互锁结构的组装如图5-42所示，图5-43展示了这种拓扑互锁结构的建造测试情况。

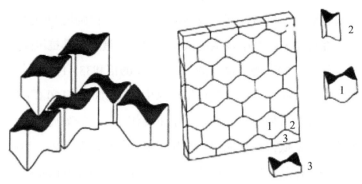

（a）层和角结构的组装原则　　　（b）单层的三种拼装单元

图5-42　拓扑互锁结构的组装[97]

图5-43　拓扑互锁结构的建造测试情况[97]

一些研究人员尝试使用拓扑互锁拼装工艺来建造月面着陆垫。通过将局部负载传递到周围的几个构件，组装的联锁结构可以作为一个整体发挥作用。此外，联锁模块的形状、尺寸和厚度也会显著影响结构性能。为研究模块间约束类型对结构性能的影响，根据联锁形式确定了垫片结构的机械联锁形式：垂直、水平和水平-垂直联锁。随后，为每种形式设计了简单的形状和尺寸，以及用于比较的非互锁结构，如图5-44所示。

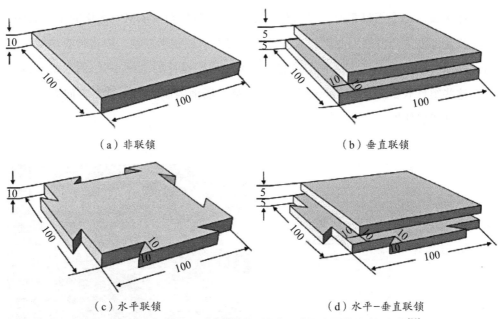

（a）非联锁　　　　　　　　　　　　　　（b）垂直联锁

（c）水平联锁　　　　　　　　　　　（d）水平－垂直联锁

图5-44　非联锁模块和三种机械联锁模块（所有单位均为mm）[98]

通过有限元仿真和力学实验测试，对几种机械联锁形式进行了比较分析，并进一步研究了联锁模块的尺寸、厚度和荷载位置对结构性能的影响，结果表明模块厚度对结构性能的影响大于模块的荷载位置和尺寸。

5.3.2　乐高积木拼装

华中科技大学提出了用于月球居住的自主机器人预制月壤砖施工方法，包括实验准备、执行和过程。提出的控制系统称为CSM（Chinese Super Mason），用于月球居住建造。考虑在地球上模拟月球上的极端条件是困难的，因此忽略这些因素，专注于设计实验和建造过程。

在地面模拟了整个砌筑拼装建造过程，整个实验设计和过程包括三个方面。必须准备材料和设备，并制定预算，以保证实验的顺利进行。因此，将上一次研究所应用的实验经验作为本研究的参考。实验材料必须按照计划预先购买，并对实验设备进行操作和测试，以避免潜在的危险。实验室中提出的想法和施工过程在建筑信息建模（BIM）软件Revit中进行模拟。实验结果的分析和结论主要考虑实验和未来工作的优缺点。

如图5-45所示，在结构设计的基础上，布置了实验室中的实验场景，包括组件堆放区、控制柜、传输装置和建造区域等。如图5-46所示，按照图中a→f的顺序，在放样区域，每个组件都有一个代码，该代码遵循我们在BIM中优化的施工顺序，传输装置将组件交付给工业机器人，工业机器人由控制柜控制，以将带有功能夹具的组件捕获到建造区域。所有实验部件均由比我们设计的木材小5倍的木质材料制成；这些组件长2.8m，宽0.8m，高1.1m。鉴于场地限制，只在宽度方向上建造了一半的月球居住地。

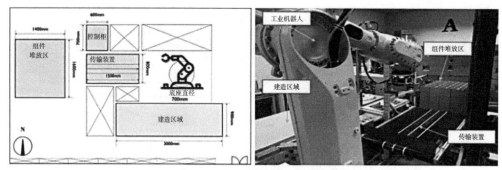

图5-45　模拟实验执行设置[99]

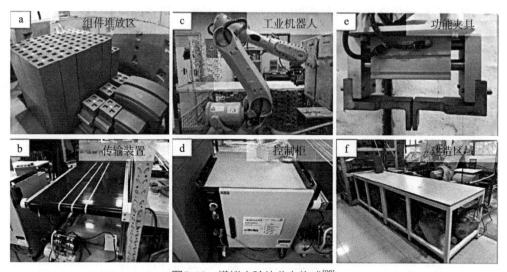

图5-46　模拟实验的分布构成[99]

在Navisworks中模拟了包含三种计划类型"拾取和放置"任务的施工过程，如图5-47所示。当月球砖的BIM和CSM控制坐标系完成后，建筑模型将与机器人基地坐标系相匹配。CSM的校准过程是通过将坐标系的正方向设置为与机器人运动的正方向对齐来完成的。然后将BIM软件中的世界坐标系设置为机器人基本坐标系。可以通过BIM平台的参数化计算功能选择适当的解决方案和放置点的3D坐标并输出。同时，这些点按照施工顺序排列。最后，将在BIM中生成一组可提取的放置点坐标文件。

计划A：从下到上

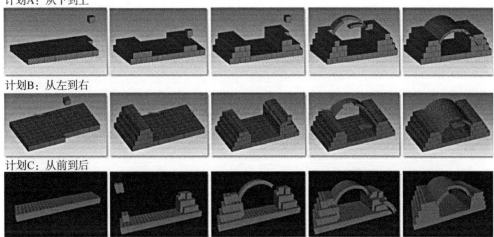

计划B：从左到右

计划C：从前到后

图5-47　月球居住地的建造模拟[99]

实验在实验室条件下进行。自主机器人平台主要由工业机器人、传输装置、施工工作台组成。机器人每次操作的运动路径和速度都通过控制程序单独控制，使结构的姿势和抓取速度可调。所有操作均基于ABB编程语言。精度控制在建造过程中很重要，甚至会影响月球居住的质量。因此，可以从不同的方向尝试抓取和放置过程，以测试要抓取的角度是否最稳定。实验过程模拟玄武基地的建设过程，如图5-48所示。

图5-48　月球居住地的建设过程[99]

第6章

月面原位建造装备

6.1 地质勘查装备

月球地质勘查是月球基地原位建造中的关键任务之一，其重要性体现在持续性、全方位性和时效性上。地质勘查任务将贯穿月球基地建立之前、期间和之后的各个阶段。地质勘查装备按照其勘查区域可以分为地面勘查装备、地下结构勘查装备等。

6.1.1 地面勘查装备

在地质性质相对稳定的地区，在月球表面使用固定的研究装备是可取的。然而，如果在具有不同年龄、成因、成分和光谱类别的各种岩石复合体的地区不使用移动装备进行全面研究实际上是不可能的。俄罗斯国家机器人和技术控制科学中心（RTC）设计了Robot-Geologist[100]用于地质探测，配备钻井平台、操作系统和科学设备。如图6-1所示，Robot-Geologist包括：①运动系统；②基本结构；③钻机（LDR）；④操作系统；⑤供电系统；⑥热控系统；⑦导航系统；⑧机器视觉系统（MVS）；⑨集成车载控制系统和通信系统。

图6-1　Robot-Geologist[100]

Robot-Geologist配有以下科学设备：

（1）科学导航设备，包括无线电信标、电视光谱仪、红外光谱仪、机械臂服务区相机，这些设备提供高分辨率的地形和地貌测绘，并获得月球车在路线上以及土壤取样和钻探点的精确坐标，相机和红外光谱数据提供月球化学测绘，以确定风化层中的主要造岩矿物。这些测量伴随着磁力计和重量数据，主动和被动月震实验，以及通过接触和雷达方法研究月球土壤的地电磁结构。

（2）地球物理研究工具，包括用于主动和被动地震调查的成套设备、地质雷达、测井装置、磁力计和重力仪，对3m深度的月球土壤的地电磁结构的研究通过接触法进行，在月球测量点或钻井处使用可重复使用的探头。当月球车移动时，使用地质雷达在150m的深度进行类似的测量。为了可靠地解释地质雷达获得的数据，使用探头对测量点获得的数据进行校准。

（3）研究月球土壤和气体组成的工具，包括研究月球风化层中弱束缚挥发物和研究月球大气的气体分析仪、伽马光谱仪和中子探测器。

（4）取样装置，包括钻机和带有盒式装置的机械臂，用于采集和储存岩心样品和土壤样品。

其中的钻机（LDR）部分高达4m，如图6-2所示，水平放置于月球车底盘上，LDR的大尺寸决定了Robot-Geologist的整体布局，平台被分为三个区域，如图6-3所示，区域Ⅰ用于放置设备舱和太阳能电池及其定向驱动器；中心区域Ⅱ用于放置LDR；区域Ⅲ包括用于科学设备的开放式主体平台以及操作系统和其他设备。钻孔时，LDR处于垂直移动状态，如图6-4所示。同时，MRS在三个拉出支架沿LDR的轴线上升，另外两个位于Robot-Geologist的后部。LDR的主体部分原型为LB-10机器，潜在钻孔深度可达15m。

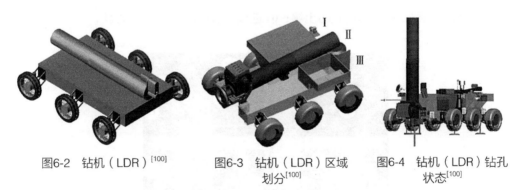

图6-2　钻机（LDR）[100]　　　　图6-3　钻机（LDR）区域　　　图6-4　钻机（LDR）钻孔
　　　　　　　　　　　　　　　　　　　　划分[100]　　　　　　　　　　状态[100]

LB-15为迭代版本，结合了两项科学任务，如图6-5所示，图中①为自动钻机；②为带有部署驱动器的框架；③为压制机构；④为样品容器。第一项任务是钻探到1.5～6m的深度（钻杆长度1.5m，一组最多4根杆），并将土芯收集到弹性采样器的盒式接收器中。暗盒包含一个长1.5m、直径20mm（钻杆内径）的取样器。长度为1.5m、3.0m、4.5m和6.0m的土芯质量分别为840g、1680g、2520g和3360g。第二项任务与钻井时测量月球土壤中气体的浓度和成分有关。钟罩位于钻机的底部，在钻井前将其降低到地面。在风化层的钻探和取样过程中，风化层岩屑以及冻结的挥发物通过钻杆外部的螺旋钻积聚在密封的钟罩下。风化层中冻结的挥发物在机械和温度作用下不稳定，当岩屑上升时，它们在钟罩下蒸发。挥发物从钟罩下方，通过带有止回阀的支管，以脉冲模式进入气体分析仪—质谱仪，以分析其化学和同位素组成，并使用伽马光谱仪和中子探测器进行测量。

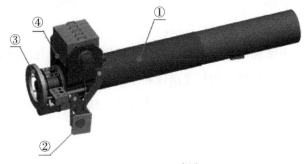

图6-5 LB-15[100]

Geologist-Explorer[2]是Lavochkin协会开发的用于极地勘探工作，探测冻结挥发物的机器人。通过对月球极地地区的冻结挥发物的沉积物进行采样和分析，评估其在月球极地地区的含量和分布。Geologist-Explorer的主要工作装置是一种可重复使用的螺旋钻机（ADR），其上装配了各种钻探机构及探测传感器。如图6-6所示，其组成为：①钟形罩；②淤泥；③质谱仪；④发动机；⑤进气支管；⑥减速机；⑦钻杆；⑧旋转机构（滚筒）；⑨套筒；⑩土壤；⑪进气支管的除尘器；⑫底盘。

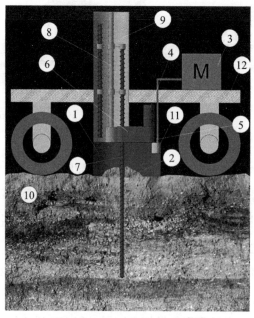

图6-6 Geologist-Explorer[101]

冻结挥发物浓度对地质结构的局部分布和依赖性，与小型和大型撞击坑的分布和年龄密切相关，其在风化层中出现的深度也显示出同样的异质性。这些层可能是由彗星核或富含水的碳质球粒陨石小行星撞击时从陨石坑喷射形成的。冻结挥发物沉积物的沉积年龄可达20亿年，埋藏深度为3m以上。冻结挥发物只有在这种埋藏状态下才能在风化层中持续存在，且其干燥的表层有10～50cm厚。因此，有必要使用钻井装置和经过验证的远程及接触式方法作为主要的探矿和勘探工具。测井对于研究冻结挥发物的深度分布同样有效。例如，感应测井可以测量介电常数，除其他外，介电常数取决于风化层中冻结挥发物的含量。因此，Geologist-Explorer上的科学设备综合体将解决以下任务：

（1）月球风化层中冻结挥发物的深度分布、化学成分和同位素组成；

（2）冻结挥发物在所研究的水当量、氢当量异常中的横向分布；

（3）冻结挥发物浓度分布的"矿场"结构及其与月球岩石组成、地质结构和地球物理异常（风化层的电磁特性、磁性和重力异常）的关系；

（4）极地地区月球风化层中冻结挥发物的来源、发生形式和积累机制；

（5）预测研究地区和极地地区冻结挥发物的储量；

（6）松散风化层到下层岩石的地质、地球化学和地球物理横截面及其沿月球路线钻探点的厚度；

（7）研究地区的地质、化学和物理测绘。

Geologist-Explorer还配备了导航系统、无线电信标、角反射器、多通道电视和红外光谱仪以及机械臂工作领域的相机。地球物理勘探综合体包含地质雷达、可重复使用的自深测井探头、磁力计—梯度计、地球化学勘探综合体以及带有质谱仪、操纵器、伽马和中子光谱仪的螺旋钻机。月球的导航综合体应主要执行创建数字地形图的任务，该地图还可用于确定通过能力、表面倾斜角度、太阳的位置，并将调查区域与参考坐标系联系起来以进行自动导航。高分辨率数字地图可用于通过机械臂瞄准红外光谱仪，以对土壤表层进行矿物学评估，更好地了解研究区域的地质过程以及水冰探测的前景。高分辨率图像可以调查土壤、单个岩石的特性，配合使用其他设备进行研究地点匹配，并找到该区域地形地貌细节与该地区全景的相关性。

Geologist-Explorer的主要工具之一是可重复使用的螺旋钻井装置（ADR），带有气体分析仪—质谱仪，用于研究钻孔点深度为2m的气体。钻井装置由带有螺旋钻机的钟罩组成，该钻机包括1个钻头、1个用于进料和连接螺旋钻杆的滚筒、4根0.5m长的钻杆和一个钻体。钻杆是一根直径约1cm的管子，外表面有一个螺旋钻。

第一根杆的钻孔端由带有螺旋钻的圆锥体形式制成。因此，钻探的整个过程都不需要进行碎土转运，因为钻探产生的岩屑可以直接通过螺旋纹路从井底自动输送到地表。其他三根杆的下端有一个刺刀锁。在初始运输位置，钻机钟罩的下边缘高于地面，离地高度至少为25cm。为了转移到工作位置，通常会将带有钟罩的钻机降低到土壤中，使钟罩的边缘沉入土壤中4~5cm，从而确保钟罩下方的密封性。之后，打开钻头的电机，将螺旋钻埋入月球土壤中，使第一根钻杆的长度等于0.5m，然后停止钻进。通过旋转机构，第二根钻杆被推到井口，旋转并在卡口锁的帮助下牢固地连接到第一根钻杆上。然后再次打开钻头电机，继续钻孔。使用全部4根钻杆后，井深应约为2m。在钻进过程中，风化层岩屑以及冻结的挥发物由螺旋钻经密封的钟罩输送至地表。由于螺旋钻对土壤的机械和热效应，冻结挥发物从土壤中释放出来，收集在钟罩下，并通过进料管进入质谱仪的电离室。通过计算出的螺旋钻形状和已知的钻孔速度，可以足够准确地确定在给定时间内将带有挥发性成分的岩屑从多深的深度输送到地表。在钻井过程中，测量连续进行到井的整个深度，便于评估冷冻气体在深度上的分布并研究其化学成分和同位素组成。成功解决问题的必要条件是在钻探过程中风化层中没有固体夹杂物（石头等），在遇到这些夹杂物时，需要改变钻孔位置。质谱仪还设计用于沿途取样期间以及钻机处于运输位置时在月球的长时间停留期内对月球稀薄大气的化学成分和同位素组成进行快速分析。这种测量应该在月球白天定期进行，但在日出和日落期间的早晨和傍晚，月球外逸层的某些气体会冷凝，这种测量尤其重要。为此，质谱仪配备了一个额外的支管，用于吸入大气气体。

Geologist-Explorer月球车的许多科学任务都是使用机械臂解决的。任务包括从地表（深度达250mm）收集土壤样本或去除上部风化层；使用红外光谱仪或高分辨率相机对土壤进行图像分析；对风化层施加机械作用，以分离挥发物并使用气体分析仪—质谱仪对其进行研究；对土体进行物理力学性能研究。因而，Geologist-Explorer在机械臂上安装有铲斗、带有一组传感器的土壤进料装置、红外光谱仪和总质量为1.5~2kg的高分辨率相机。

6.1.2 地下结构勘查装备

熔岩管道在月球基地建设中具有重要的作用，可以在资源利用、能源生产、基础设施建设和建筑材料制备等方面提供必要的技术支持。最新研究表明，这些管道的网络纵横交错，穿过月球表面的大片区域。位于管道口的月球坑也被认为是未来人类的理想栖息地和庇护所。这些坑深约80m，直径为80~100m。月球白天的地表温度可达200℃，夜间则会降至-150℃，而在这种深度，预计温度将保持温和，约为-25℃。此外，这些潜在的熔岩管道还可作为避难所，避免辐射和微陨石的影响。所有这些因素使得这些自然结构成为建立人类月球基地的理想选择。

鉴于与熔岩管探索相关的可能性，ESA通过其开放空间创新平台（OSIP）发起了一项活动，以寻求新的想法（系统研究），来解决月球上月球洞穴的探测、测绘和探索问题。这些想法需要解决与熔岩坑勘探相关的一些挑战：洞穴内的电力和数据分配、机器人勘探系统、科学有效载荷等。这项活动共开发了三种任务方案，第一种是从月球表面对进入坑和地下洞穴进行初步侦察，第二种是将探测器降低到坑中并进入洞穴的外围区域，第三种是使用自动漫游车探索地下熔岩管。

德国人工智能研究中心（DFKI）不来梅大学机器人小组协同合作，旨在找到一套完整解决方案，使用半自动漫游车进入并测绘月球熔岩管[102]。这个概念涉及使用系绳系统进入熔岩管，该系统还将提供通信和能量。当到达底部时，系绳线轴被展开，并用作电池供电的漫游车的充电站和通信中继。这项研究将进一步改进以前项目的已有结果。在这些项目中，对拟议方法的部分进行了评估。月球模拟场景假设机器人已经被运送到月球，离开着陆器，并到达目标溶洞。接下来执行的任务由几个连续的任务阶段（MP）组成。如图6-7所示，这些阶段可以在系统功能的端到端自治演示中执行，但也可以独立地进行验证。第一个任务阶段涉及所有三个机

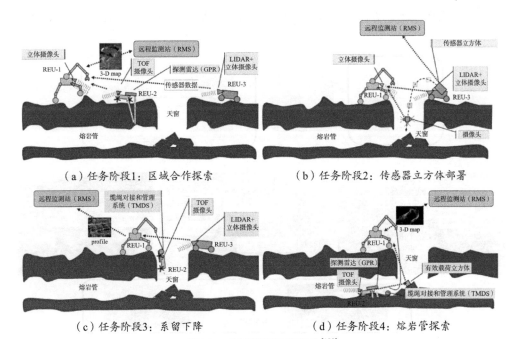

（a）任务阶段1：区域合作探索　　　　　　　（b）任务阶段2：传感器立方体部署

（c）任务阶段3：系留下降　　　　　　　　　（d）任务阶段4：熔岩管探索

图6-7　熔岩管道任务划分[102]

器人，它们共同探索熔岩管坑周围的区域，并在表面收集科学资料。MP-2传感器立方体部署在REU-3中，LUVMI-X将传感器立方体弹出到熔岩管道中。在飞行过程中，立方体收集关于坑壁的数据，最后收集着陆侧的数据。任务的第三阶段包括将Coyote Ⅲ降落到坑，由SherpaTT提供缆绳系统支持。最后一个阶段是Coyote Ⅲ对熔岩隧道的探索。

其中，如图6-8所示，SherpaTT是一个四轮漫游车，当配备燃料发电机和前面的航空电子箱时，重量约为230kg，该航空电子箱装有两个立体摄像机系统，一个惯性测量单元（IMU）和一个附加的车载计算机。漫游车的一个关键特征是它的主动悬挂系统：四个轮子可以分别驱动和转向，安装在主动驱动腿或悬挂单元的末端，附加有三个自由度（DoF）。此外，SherpaTT配备了一个6自由度操纵臂和一个DGPS系统，用于地面测深。该系统在几次室外现场测试中证明了具备可靠的自动驾驶能力。Coyote Ⅲ是一个微型漫游车，已用于与相对较大、较重的SherpaTT的场景合作，其高机动性、高速度、低质量和小尺寸为SherpaTT提供了有效性能补充。此外，它与SherpaTT一起开发并部署在多机器人探索场景中，包括在美国犹他州沙漠进行的广泛模拟现场测试。它的星形车轮在非结构化环境中展现了很高的机动性。LUVMI-X作为一个中型平台，配备了相应的传感器，具有互补的能力。LUVMI-X是在H2020 LUVMI期间开发的一种轻型四轮漫游车，能够携带大量可定制的有效载荷和传感器。该月球车的主要任务是在MP-1上进行探测和测绘，然后在MP-2上部署传感器立方体，为Coyote Ⅲ的下降提供熔岩管坑的初步数据。

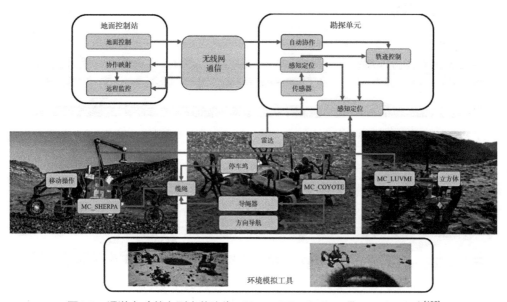

图6-8　漫游车（从左到右依次为：SherpaTT、Coyote Ⅲ、LUVMI-X）[102]

　　维尔茨堡大学（与康斯特大学、帕多瓦大学、帕多瓦国际大学和VIGEA合作）一直在探索使用系绳降低探测器的理念，以探索和表征月球熔岩管的入口、墙壁和初始部分。这些巨大的地下洞穴被认为是数十亿年前通过熔岩流形成的。如图6-9所示，这款名为Daedalus[103]的紧凑型球形探测器将配备3D激光雷达、立体相机视觉，具备独立移动能力。通过创建熔岩管内部的3D模型，探测器可以识别地质资源并寻找辐射水平和温度稳定的位置；这些信息可以使我们在月球上建立人类定居点更进了一步。

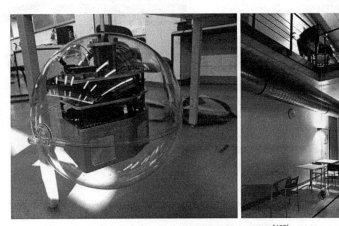

图6-9　Daedalus紧凑型球形探测器[103]

　　Daedalus的球形设计允许创建一个完整的系统，即可控自由度等于总自由度的系统，使其与期望的运动方向无关，从而具有全向性，增强了球形机器人的机动性。如图6-10所示，运动差动驱动系统基于稳定性和有效载荷空间的考虑设计为圆柱体，分为三个部分：作为轮子的两个半球和一个内部主体，该内部主体容纳科学设备，并通过两个电机与半球相连。机

图6-10　运动差动驱动系统[103]

器人通过单独控制每个半球来移动，这使得它可以在零转弯半径的情况下转向任何方向。

　　如图6-11所示，项目研究了另一种利用角动量守恒（IBCOAM）产生的冲量来移动球形机器人的方法。IBCOAM驱动背后的基本思想是，安装在球体内部的飞轮产生的扭矩将对球体本身产生相反的扭矩。旋转的电机提供了一个力，根据牛顿第三定律，一个力被施加回来，导致球体的动量发生相反的变化。球体的旋转不是

飞轮角动量的直接结果，而是旋转它们所需的冲量的直接结果。基于移动球体的质心来引起旋转的思想，当球体的质心不在球体与地面的接触点正上方时，球体将滚动，直到它的质心和接触点重新对齐。移动球体的质心是通过两个电机来实现的，这两个电机将外部球体连接到内部结构上。当这些电机旋转时，内部结构也随之旋转，导致质心移动。转向是由两个额外的电机来实现的，它们移动垂直于运动线的内部结构部分，并导致质心左右移动。

图6-11　球形机器人内部结构[103]

与此同时，如图6-12所示，奥维耶多大学（University of Oviedo）正在研究在洞穴内部署一群小型机器人[104]。他们与维戈大学和阿伦太空公司合作，研究的重点是克服洞穴内缺乏阳光和太阳能的困难，以及如何将数据从机器人传输到月球表面的漫游车。该团队的解决方案是使用起重机将机器人降低到熔岩管道中。该系统依赖于安装在漫游车上的起重机，它们共同构成了任务的表面元素（SE）。使用起

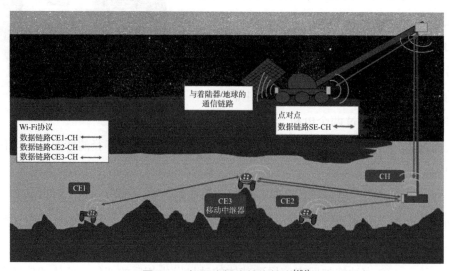

图6-12　机器人探索熔岩管道[104]

重机可以避免坑缘周围任何不稳定的地形，并防止电线磨损（其中电线将与不规则的坑边缘和墙壁接触）。该表面元素（SE）能够在坑内部署一个充电头（CH），并将其悬挂在靠近坑底的位置。该CH具有用于控制部署的设备，并为探索洞穴的机器人提供通信和电源。这些机器人被称为洞穴元素（CE）。起重机用于悬挂CH的电缆还在SE和CH之间提供电气连接。因此，电缆执行机械功能（支撑CH）和电气功能（为其内部设备供电）。当CE的能量耗尽时，它们可以接近CH以从SE太阳能电池板收集的能量中充电。

6.2　月壤采集装备

国际月球探测领域长期处于活跃状态，从20世纪六七十年代美国、苏联进行太空竞赛，实现载人登月、月壤采集回收等一系列任务，再到中国、印度、日本等新兴航空航天大国的兴起，在探测器着陆、巡视、采样等方面取得重大成就。为了进一步深入月球探测，提出了月球原位资源利用（In-Situ Resource Utilization，ISRU），利用月球矿产、土壤、水冰等资源进行生产、制造、建设等活动。这不仅可以大大降低材料地月运输成本，还有助于实现可持续月球探测和未来月球基地建设。因此，ISRU被认为是未来月球及深空探索和月面原位建造的重要发展方向之一。

面向原位建造的月壤采集技术是原位资源利用的重要技术手段之一。月球环境具有大温差、低重力、强辐射等特点，这对月壤采集方式及操作、采集设备及材料的选择都提出了严格的要求。尤其是低重力环境对月壤采集技术影响较大，在低重力环境下，月壤采集设备因不受惯性力的约束而出现不稳定的运动，也可能会在采集时引起月壤颗粒飞散或堵塞，影响采集效果。因此需要对月球极端环境下的月壤物理特性进行深入研究，以便更好地模拟月壤采集过程。

目前，月壤采集大多以了解月球环境为目的，采用了宇航员操作和机器自主控制相结合的采集方式，缺少针对原位建造成熟的月壤采集方案。因此，本节面向原位建造任务，回顾了月壤原位采集发展历程，分析了原位建造任务的采集需求及采集难点，介绍了包括钻取式、铲挖式、气动式、静电式四种采集方式及原理，并重点讨论了采集关键技术：采集过程的仿真分析、采集器设计与制造及地面实验验证，最后基于月壤原位采集技术现状提出结论，并结合原位建造任务对未来发展提出展望。

6.2.1 月壤采集发展历程

1. Luna计划月壤采集

1970年苏联成功发射Luna-16探测器,成功取回101g月壤,实现了人类首次利用无人探测器采集月壤并返回。Luna-16探测器主要由长度为0.9m的可伸缩机械臂和钻孔机构组成,如图6-13所示,机械臂可以在着陆器前方100°范围内摆动。末端连接的钻孔机构与月表呈15°进行月壤采集工作,该钻孔机构利用螺旋切削方式钻进,并采用直插压入方式将月壤样本压入空心芯管中,钻机工作7min后采集深度达350mm,因遇到障碍物采集任务结束,机械臂向上摆动,钻孔机构翻转180°将月壤样本存入球形返回舱中。2年后苏联成功发射Luna-20探测器,与Luna-16探测器采集机构相同,但在采集过程中多次出现故障,转移月壤时发生泄漏,仅返回55g月壤样本。

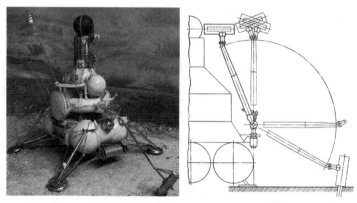

图6-13　Luna-16探测器及采集方式[105]

Luna-24探测器于1976年成功着陆月球并返回170.1g月壤样本。其采集机构是一种新型的旋转冲击钻机LB-09,与Luna-16和Luna-20的钻机不同,该钻机可以保持月壤层理特性,还能根据月壤密度调节钻机功率。LB-09由阶梯式硬质合金钻头、钻头驱动器、空心外螺旋钻杆、样品存储器等构成,其内部包含一个直径12mm、长260cm的柔性月壤采集管,当采集过程结束后,可将其螺旋缠绕在特殊滚筒上并封存在样品存储器中。钻进过程中,钻机与月表角度为30°,钻进深度达2250mm,最终取得月壤170.1g。虽然Luna-24探测器带回的月壤保持了一定的层理特性,但柔性月壤采集管在缠绕时发生了挤压变形导致部分月壤泄漏,层理特性保持度一般。

Luna-27是俄罗斯联邦航天局与欧洲航天局合作进行的月球探测任务，预计2025年将着陆器送往月球南极背面的艾特肯盆地，该任务是Luna-Glob计划的延续，科学目标是：

（1）月壤水冰剖面1m深度低扰动钻进，采集月壤水冰样品。

（2）月壤水冰力学、温度、介电特性随钻测量。

（3）月壤水冰中挥发物的种类及含量测定，为月球起源等科学问题研究提供基础数据。

（4）挥发物热诱导提取：H_2、CH_4、O_2。

Luna-27搭载了PROSPECT钻探系统[106]，该系统由一个用于月球南极水冰采样钻（ProSEED）和用于分析采样样本的一套科学仪器的微型实验室（ProSPA）组成，如图6-14所示。ProSEED钻由意大利的李奥纳多（Leonardo S.P.A.）公司设计，由6个部分组成，即钻筒、螺旋钻、取样管、旋转/滑移台、ProSPA实验室进料系统接口、机械臂取样接口。选定探测位置后，通过旋转滑移台调整钻进系统的位姿，提高对不同钻进工况的适应。钻头基体采用奥氏体不锈钢，在低温下具有韧性，切削刃采用多晶金刚石材料，以适应极端低温高硬度月壤组构对象。钻进达到目标深度后，取样管从钻头上伸出来并对月壤水冰对象取样，相比提钻采样方法，保证了在典型深度处样品采集的同时减量降低采样期间孔壁崩溃的风险。

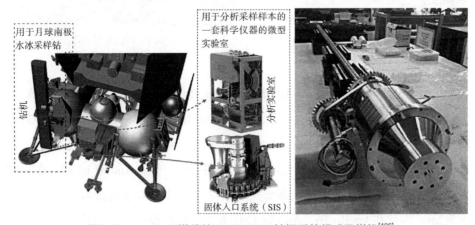

图6-14　Luna-27搭载的PROSPECT钻探系统组成及样机[106]

2. 美国Apollo计划月壤采集

美国于1969年成功完成Apollo 11载人航天任务，实现人类首次登月，并利用人工采集的方式返回月壤样本，3年时间里共在6次任务中完成取样。在Apollo

11、Apollo 12、Apollo 14任务中，宇航员利用铲子、钳子、锤子、取芯管、耙子等工具收集月壤[107]，如图6-15所示，铲子被用于采集月球表面的月壤，钳子被用于夹取月表岩石，取芯管则被用于采集月表以下月壤，如图6-16所示，取芯管竖直插入月壤中，利用锤子反复敲击其顶端，在经过大概50次敲击，采集深度可达700mm。

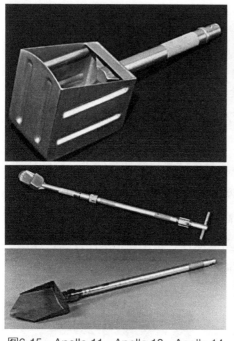

图6-15　Apollo 11、Apollo 12、Apollo 14
人工采集月壤工具[107]

图6-16　Apollo 12任务取芯管采集[107]

为了采集更深处的月壤，在Apollo 15、Apollo 16、Apollo 17任务中，人工采集工具更换为手扶式回转冲击式钻具ALSD（Apollo Lunar Surface Drill）。该钻具由四根长0.7m的螺旋钻杆和硬质合金钻头构成[108]，如图6-17所示，通过直压、螺旋排屑方式，可形成直径20mm、目标深度3m的样芯。但在Apollo 15实际操作过程中，连续钻头段之间的螺旋输送器槽发生错位，导致螺旋输送器阻塞，导致最终深度为2m。因此在Apollo 16、Apollo 17任务中，重新设计了钻杆结构并添加了一个能将钻具吊出月表的千斤顶，这使得Apollo 16、Apollo 17成功达到了3.5m的目标深度。相比苏联无人钻取采集月壤，美国人工钻取采样不仅在采集点选取上更灵活，还可以根据实际钻进过程调整钻机参数，但硬质管取芯方式对月壤层理特性保护程度较差。

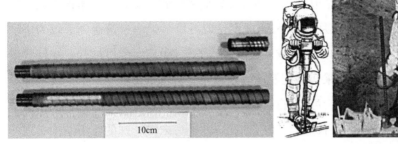

（a）钻头及钻杆　　　　　　　　　　　　　（b）钻进及取芯过程

图6-17　Apollo钻取月壤采集[108]

3. 中国嫦娥五号月壤采集

中国无人月壤采集返回探测器——嫦娥五号成功于2020年12月2日进行月壤采集工作，通过钻机钻取和机械臂表取两种采集方式共取得1731g月壤样本，中国成为继美国和苏联之后第三个成功执行月壤采集返回任务的国家，图6-18为嫦娥五号及采样机械臂。与之前的月壤采集机构不同，嫦娥五号携带一个摄像头，不仅可以在软着陆过程中对着陆区成像，获取月壤采集点先验信息，还可以对钻取采样过程进行监控，记录钻取工具与月壤相互作用，返回后可通过图像信息预测钻孔路径、钻孔倾角等钻头参数。

图6-18　嫦娥五号及采样机械臂[109]

嫦娥五号钻机钻取机构包括钻头、钻杆、刚性管及柔性管等，如图6-19所示，钻头用于穿透月表，钻杆为中空设计，其中包含一个同心刚性管，柔性管位于管内部并外翻包括刚性管外部。钻取过程中钻杆旋转而刚性管不旋转，月壤被收集在柔性管中[110]。嫦娥五号计划在月表以下2m深度钻取月壤，但由于遭遇到了较为坚硬的岩石，最终钻取深度约为1m。机械臂表取采样器包括4自由度机械臂、铲挖式采样器及浅钻式采样器，用于采集表层及次表层月壤。如图6-20所示，铲挖式采样器具有挖掘、铲取和抓取功能，可以直接挖掘月表细颗粒月壤及浅层岩石，浅钻式采样器可以对一些相对较硬的目标进行浅层钻孔，并通过末端特殊的花瓣结构实现样品提取。

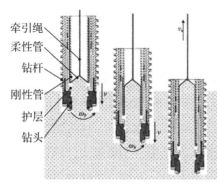

图6-19　月壤钻取及表取月壤采集过程[110]

（a）铲挖式采样器　　　　　　　　　（b）浅钻式采样器
图6-20　机械臂表取采样器[109]

　　表6-1为成功的月壤采集任务概述，月球表面除了裸露的岩石及陨石撞击坑壁外，绝大部分被月壤覆盖。研究表明月壤的平均厚度为4～15m，目前的采样深度还未达到月壤下面的月岩，因此月球深处地层信息仍未探明。根据目前对不同采样点的月壤样本分析，月壤物理性质可能因地区不同而呈现出差异性，另外月壤高孔隙度、大相对密度和压缩系数等物理特性对月壤采集过程造成影响。

月壤采集任务概述　　　　　　表6-1

任务	年份	采集方式	采集深度	采集质量
Apollo 11	1969	人工铲挖	表层	21.6kg
Apollo 12	1969	人工铲挖	70cm	34.3kg
Luna-16	1970	无人钻取	350mm	101g
Apollo 14	1971	人工铲挖	表层	42.3kg
Apollo 15	1971	人工铲挖及钻取	236cm	77.3kg
Luna-20	1972	无人钻取	340mm	55g
Apollo 16	1972	人工铲挖及钻取	218cm	95.7kg
Apollo 17	1972	人工铲挖及钻取	305cm	110.5kg
Luna-24	1976	无人钻取	2250mm	170.1g
Chang'E-5	2020	无人钻取及表取	100cm	1731g

6.2.2　面向原位建造的月壤采集任务

1. 原位建造任务的采集需求

月球在科研、经济和社会方面的战略价值日益凸显，考虑到月面的恶劣环境以及地月之间的运输成本和技术问题，利用月壤等资源进行原位建造成为月面建造解决方案之一。原位建造任务包括地质勘查、月球基地及交通设施建设等。

首先，月面地质勘查不仅是原位建造选址的科学依据，还是原位建造资源采集的前提，是开展月面原位建造的重要保障。目前可行的勘查手段包括无人探测器探测、遥感技术观测、采样分析等，其中原位采样分析可以获取到该地区月壤的详细性质和成分信息，评估行星或卫星表面的资源丰富程度和可用性，可靠性最高，能够提供关于建造过程中材料性能和适应性的信息，有助于确保建造结果的可靠性和耐久性。

其次，月球基地建设可为宇航员的居住、工作和研究提供永久或临时基地，而交通设施建设主要包括月面道路、着陆垫等，以便月表探索及地月运输。月壤是月球基地及交通设施建设的核心原材料之一，其中，3D打印和高温烧结等技术为月壤基建筑材料成型提供了技术支撑。欧洲航天局（ESA）利用月壤作为原材料，提出一种D形3D打印技术，可直接打印大型建筑复杂结构；NASA也利用模拟月壤，通过高温熔融技术使其固化为建筑构件，为在恶劣的空间环境中开发现场资源建造建筑物开辟了可能性，因此月壤采集可以为原位建造提供重要的原料支撑。目前，不同研究机构的月球原位建造方案存在差异，但无论是3D打印整体结构还是月壤烧结后的装配式建造方法，对月壤材料的需求量、成分、粒径分布等都有特殊要求。例如，面向整体3D打印建造任务，考虑到建造过程的连续性，对月壤材料需求量较大。而在关键建筑构件成型任务中，构件强度要求更高，这对月壤中的成分、粒径分布也有不同的要求。因此，针对不同建造任务的月壤需求，可存在多种采集方式以应对其多样性。

2. 采集难点分析

一方面，月壤颗粒直径以小于1mm为主，绝大部分颗粒直径的中位值为40～180μm，平均粒径为70μm。颗粒形态以次棱角状、棱角状和长条状较为常见，且由于低重力影响，颗粒间产生"互锁效应"，月壤呈现出高密实度的特点，增大了月壤采集难度。除此之外，月壤中也可能存在大块状颗粒，其直径可以达到数毫米至几厘米，可能在采集过程中造成设备故障。

另一方面，月面环境具有多个特点，如大温差、低重力、高真空和强辐射等。这些特点对月壤采集方式、操作和采集设备的设计提出了严格的要求。特别是受低重力环境的影响，常规用于地面的采集土壤方式在月面环境下不适用。通常，地面上采集土壤方式依赖自身的重力或牵引力进行挖掘采集。然而，在低重力、月壤高密实度的条件下，以及对月面设备轻量化的要求下，重力很难提供足够的挖掘力。而增加牵引力来进行挖掘则会使设备受到月面的反作用力增大，在低重力条件下容易发生倾覆。

因此，针对月面环境的特点及原位建造任务需求，需要研发专门采集方式和设备。这些方式和设备应考虑月壤的高密实度、低重力条件、月面设备的轻量化要求及原位建造任务需求，以确保采集任务的完成。

6.2.3　采集方式及原理

1. 钻取式采集

月壤采集按采集深度可以划分为表面采集和深部采集，钻取式采集方式作为深部采集方式，通过旋转钻入、冲击等方式深入月壤地层，在过去的月壤采集任务中证明了其穿透高效性及保持地层信息的能力。但钻取式采集方式采集量较小，容易发生岩屑堵塞、取芯故障等，在钻取过程中钻头需承担高磨损带来的风险。

钻取式采集机构往往固定在着陆器或漫游器上或者作为机械臂的末端工具，主要由用于破坏月壤的钻头、用于输送岩屑的钻杆组成。钻杆主要以外螺旋中空钻杆和外螺旋内软袋钻杆形式为主。前者利用中空设计随着钻杆的旋转将月壤样本挤压到钻杆中心的中空管道内，并使其上升到地面，这种设计可以在推进的同时保持对地面的稳定，从而提高钻取样本的成功率。而外螺旋内软袋钻杆是利用外螺旋钻杆的螺旋外壁将月壤颗粒推入内部软袋，通过钻杆的旋转和软袋的抽取收集月壤样本。与其他采集方式相比，外螺旋内软袋钻杆具有操作简单、可重复采样等优点，适用于采集粒径较小的月壤颗粒和较浅的钻孔深度。

在面向原位建造任务时，钻取式采集技术较为成熟且设备接口适应性较强，能将采集到的月壤与原位建造任务的其他设备有效地连接，使月壤采集、处理、建造流程一体化，但考虑其采样量较小，仅适合月球砖、月球道路板等建设任务。月面地质勘查保真度取决于钻取式采集保持地层信息的能力，为了保持月壤样本的地层信息，如图6-21所示，柔性管取芯的钻取方式相比仅利用旋转和穿透的复合运动进行钻孔和取芯的方式更为有效。TANG等[111]提出一种月壤流动状态监测方法，通过在软管中使用超声波传感器在线获取取芯高度和比率从而优化钻取参数。另外，还提出一种非接触测量方法[112]，探究移除的月壤与取芯土壤相连特性问题，揭示了可能导致柔性管取芯故障的原因。除了传统式的机械钻取方式，GAHAN等[113]设计GTI激光钻取系统，通过透镜等光学仪器的聚焦作用，形成高能激光束，利用激光束直射月表实现对月壤及月岩的切割。如图6-22所示，实验证明激光钻探方式在结晶结构的岩石、斜长岩和玄武岩上有较好效果。

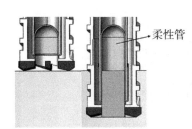

图6-21　柔性管取芯[111]

图6-22　激光钻取[113]

针对月球水冰物质勘探任务，美国航天局开发了如图6-23所示的VIPER钻探系统[114]，包括中子光谱仪、样品钻进采集和转移、近红外光谱仪、氧气挥发物提取装置、高级挥发物分析等子系统。中子光谱仪系统检测着陆附近区域月壤的氢丰度，并根据氢丰度大小规划探测路径。样品采集和转移系统通过回转钻进的方式对风化层月壤进行样品采集，并通过近红外光谱仪子系统实时检测钻探剖面的动态氢含量。此外，采样样品进入挥发物提取装置，通过加热产生挥发物，挥发物进一步进入月球高级挥发物分析子系统。将挥发物从缓冲罐中转移到气相色谱仪—质谱仪中。如果检测到水，则将挥发物转移到水滴演示组件中。在水滴演示组件中，使用热电冷却器冷却挥发物，以将水冷凝出液相。一旦出现液态水，相机将拍摄记录月球液态水的图像。

钻探系统组成及结构由回转单元、冲击单元、进给单元、样品传送单元、钻具单元等组成，如图6-24所示。钻具长度1m、直径25mm，钻头端100mm的长度部分用于采集样品，其凹槽深且螺距较短，其几何形状适合保留破碎的月壤颗粒，上部的螺旋槽的深

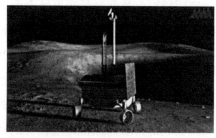

（a）月面探测示意图

（b）钻探系统样机

（c）近红外光谱仪

图6-23 钻探系统及搭载近红外光谱仪[114]

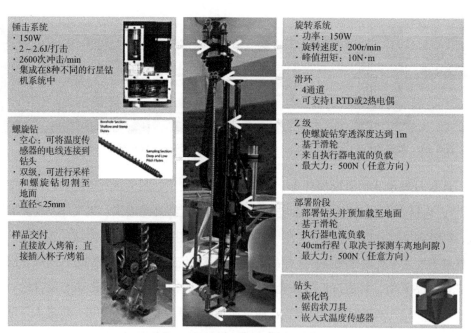

图6-24 钻探系统组成及结构[114]

度较浅且具有较高的螺距，最适合有效地输送切屑。

　　当钻具接触到地面时开始钻探，钻深达目标10cm深度后，停止钻进并将钻具向外提出，收集钻屑。当钻具向下钻进时，切削破碎的月壤水冰样品会收集在钻杆的螺旋槽内，提升钻具后，由于刷子和螺旋钻杆存在类似于蜗轮蜗杆的啮合关系，刷子会被动地旋转，通过毛刷的旋转将螺旋槽内存储的样品转移至落料槽道。机械臂夹持着样品收取装置在落料槽道处，收集钻屑样品，而后将样品转移至分析工位，完成物性分析。这种方法的一个优点是孔的深度信息得以保留（每间隔10cm）。由于螺旋钻不必一次将整个深度的材料输送到表面，因此大大降低了螺旋钻的功率和卡在孔中的风险，钻进流程如图6-25所示。

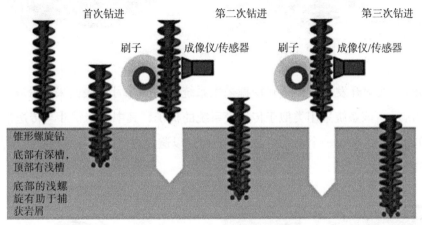

图6-25　RP钻进采样工作流程[114]

2. 铲挖式采集

　　铲挖式采集月壤是一种相对简单的采集方式，与钻取式采集方式相比，采集深度较浅，适用于采集大量表层月壤的任务，具有采集速度快、操作简单、采集范围广等优点，可以通过简单的操作在短时间内采集大量月壤，为原位建造提供足够的材料，适用于建筑整体3D打印等单次月壤需求量较大的建造任务，对未来月面原位采集及利用有重要意义。另外，铲挖式采集方式较为灵活，可以适应多种不同的地形和采集任务要求，更加适合应对原位建造任务中的多变情况。

　　铲挖式采集往往利用机械臂携带铲子、挖斗等铲挖式采集器，与地面挖掘机相似，可通过漫游车实现移动式月壤采集。由于月球在形成初期经历大量的陨石撞击，月壤中的颗粒紧密结合在一起，再加上月壤颗粒粒径较小，因此月壤具有极高的密实度，这对铲挖式采集方式造成极大的困难。低挖掘力、小接触面积高速挖掘是解决月壤高密实度问题的方法之一。

"RASSOR"[115]是由NASA研制的滚筒式月壤采集机器人，如图6-26所示，每个滚筒设计两个挖掘铲，挖掘铲位置与其他滚筒相对位置不同，挖掘铲设计有锯齿状边缘和前角，以帮助减少与表面的接触面积，从而降低挖掘力。

图6-26 "RASSOR"及其滚筒[115]

BRAC大学开发了一种梯式挖掘采集系统，用于在月球表面采集月壤[116]。如图6-27所示，该系统采用类似于传送带系统的梯子，其中40个铲斗与传送带相连。在工作过程中，只有一个铲斗接触月球表面，以避免过多接触导致挖掘力过大，机器人作业失稳。

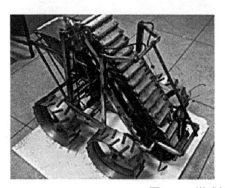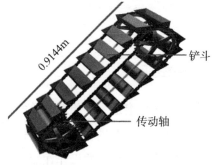

图6-27 梯式挖掘采集系统[116]

除了降低挖掘力和减少接触面积，KÓKÁNY等[117]提出一种月球装载机，如图6-28所示，利用装载机铲斗实现月壤采集、运输及卸料。在采集过程中，经过向前推动作用，月壤可以通过铲斗特殊的结构设计装载到机器人内部储存空间中，月球装载机的设计不仅可以完成月壤

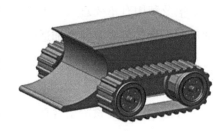

图6-28 月球装载机[117]

采集任务，还可以执行平整场地的任务，为未来月球道路、月球基地的建设打下基础。

3. 气动式采集

气动式采集月壤方式是利用压差关系将月壤吸入采集器中，主要由气动机构及采集器构成，通过气动机构风力作用使管道内产生负压，管道末端月壤受压差作用影响被吸入管道中，从而实现月壤采集。这种采集方式适用于微定量表层月壤采集，由于避免了传统采集方式的机械振动和切割，避免了月壤高硬度带来的采集器机械磨损问题，因此采集的月壤颗粒样本更具有保真性，在原位建造中对地质勘查有重要意义，但无法保持完整的地层信息，仅适合分析月壤颗粒特性及性质。另外，气动式采集方式具有能量要求较高、容易发生堵塞、采集效率较低、设计复杂及研发成本高等缺点。

KRIS ZACNY等[118]提出一种着陆器系统——Planet Vac，如图6-29所示，着陆器脚垫下的空心样品管中设有阀门，通过将气体喷向管口并沿着管道向上方吹气，将月壤样品推动穿过连接软管并进入样品返回容器。NASA联合Honeybee Robotics公司开发了一种气动表土开采机[119]，如图6-30所示，通过向输送管中喷射脉冲气体，将相邻的物质吸入并输送至接收容器或出口管中，气动式采集方式采集精度高，可以通过精确控制气流流动的方向和速度实现对采集位置及深度的精准控制，在原位建造任务中适合挖掘有较高精度要求的沟渠、孔洞等。

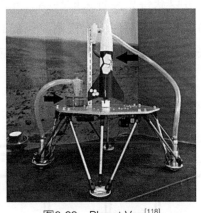

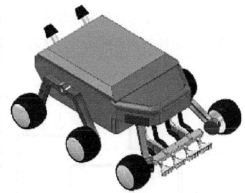

图6-29　Planet Vac[118]　　　　　　图6-30　气动表土开采机[119]

传统机械式采集机构具有较多运动部件，如轴承、衬套和难以密封的线性滑动气缸等，而月壤颗粒粒径较小且月球重力仅为地球的1/6，因此月壤颗粒容易进入机械构件中造成故障。而气动式采集机构中的运动部件仅包括阀门，因此可以降低月尘对机械结构的影响。

4. 静电式采集

由于月球风化层密度小于2g/cm³，月壤颗粒粒径小且质量低，因此可以被静电吸附。静电式采集方式便是利用这一特点，通过带电采集器捕获表层月壤颗粒，实现微定量月壤采集。静电式采集器无需机械装置，可以降低故障率，增加可靠性，与气动式采集方式类似，静电式采集可以避免对月壤颗粒进行机械破坏，物理和化学性质保存更加完好，便于准确分析月壤颗粒作为建筑材料在月面环境下的适应性。但该方式常伴随着采集效率低、能耗大等缺点，同时，采集的月壤颗粒可能产生静电吸附效应影响样品分析和研究。

ADACHI等[120]开发了一种基于静电力的月壤采样器，其工作原理是通过施加矩形高压，使得在管道下端的平行电极之间形成静电场，从而在筛网电极开口时捕获月壤颗粒，被捕获的月壤颗粒随后通过管道进入收集器，图6-31为静电采集器工作过程。后来，ADACHI再次提出利用库仑力和介电泳力来捕获直径大于0.1mm的月壤颗粒。TANG等[121]提出了两种基于EA电极理论的月壤采样器方案。如图6-32所示，其中，Ⅰ型采样器（ST-Ⅰ）将电极集成在螺旋钻孔工具上，当钻具达到目标深度时，EA电极正常工作，能够吸附和收集月壤颗粒。而Ⅱ型采样器（ST-Ⅱ）则将电极集成在端面上，在挖掘形成的钻孔中利用平面电极收集和吸附月壤颗粒。未来的一种发展方向是将静电式采样与其他采样方式结合使用，例如结合铲挖式或钻取式采样，可以获得更多种类的样本，并提高采样效率。同时，还可以研究和改进静电力和表面电荷的作用机制，以提高静电式采样器的采样效率和可靠性，这对于未来的月球和行星探索任务具有重要意义。

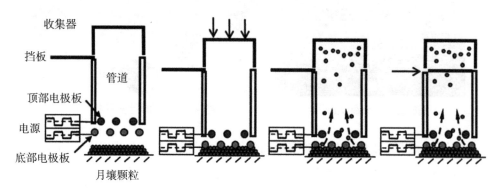

图6-31 静电采集器工作过程[120]

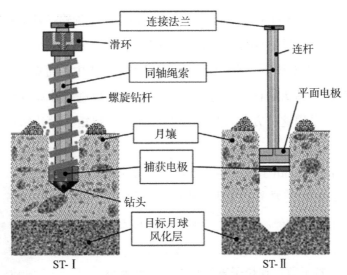

图6-32　ST-Ⅰ和ST-Ⅱ采集器[121]

静电式采集相比其他采集方式，无须进行挖掘或利用气流，对月壤及其周围环境影响较小，不易造成扬尘，对精细的原位建造设备起到一定的保护作用。另外，月壤中可能含有带磁性的矿物成分，通过静电式采集的筛分作用，可以获得不同颗粒大小的月壤物质，其中可能包含适用于原位建造的更加多样的原材料。

6.2.4　采集关键技术研究

1. 采集过程的仿真分析

由于月球地质环境具有不确定性、月壤与采集工具作用机制不明等原因，月壤采集过程存在不稳定因素，这对采集成功率带来了巨大影响。具体来说，不同建设地点及采集点地质环境不同，月壤颗粒的机械性能不同，可能会影响采集功率、采集工具磨损程度及静电产生等。针对不同采集形式和月壤类型，提出了许多装备以及与月壤相互作用的模型，基于动力学、热力学等对采集过程进行仿真模拟，揭示采集机理，并根据对装备结构或材料调整，实现采集参数优化。

（1）动力学建模：月壤颗粒形态以长条状、次棱角状和棱角状为主，这种颗粒形态会使各个颗粒之间紧密互锁，相对滑移难度较大，面对不同深度月壤，其摩擦角、孔隙比等特性也不同。因此需要建立不同的动力学模型分析各种工况下的月壤采集过程。CHEN等[122]基于Janssen模型分析了螺旋钻取月壤过程中的不同应力分量之间的耦合效应，结合钻头切削模型对月壤碎屑在输送通道中的运动及受力过程、钻芯采样机制进行动力学建模，研究了螺旋输送器的输送能力、取芯率和钻进参数（如钻进深度和转速）之间的关系。为解决在月球深部钻探时的扭矩设计问题，LIU等[123]采用离散元模型对采集过程中的扭矩进行分析。该方法针对不同深度的钻头钻杆进行建模，并对合成扭矩进行计算分析，最终仿真预测扭矩曲线。采用这种方法可以在短时间内分析扭矩并设计钻机机构的基本参数。

（2）热力学分析：由于月壤热传导系数仅为地球土壤的1/1000，因此需要考虑采集过程中的热效应，避免过热导致的采集故障。CUI等[124]采用离散元法建立了考虑对流、辐射和几何形状的模拟物热模型。在离散元模拟中，粒子数量和粒子直径是影响模型大小和计算时间的两个最重要因素。因此CUI提出了可变粒径建模方法来建立钻孔模型，如图6-33所示，该方法将模拟月壤划分为几个区域，并使用不同直径的粒子进行建模，然后分别在常压和真空条件下进行热模拟。

图6-33　可变粒径建模[124]

2. 采集器设计与制造

随着月壤采集技术的发展，创新式的采集器及采集方式设计不断出现，而面对月球的极端环境和建造需求，高性能材料可以满足采集器各个部件应对其建造场景的需求。另外，月壤采集智能化调控的研究呈现出上升态势。因此针对采集器的结构设计、材料制造与智能化控制的研究对面向原位建造的月壤采集过程的操作性能及可靠性有重要意义。

（1）结构设计：优秀采集器的结构设计在满足基本采集任务需求的同时，具有更高的采集效率和采集成功率。根据对过去月壤采集历程的分析，月壤颗粒阻塞是钻取过程发生故障的原因之一。HOU等[125]设计了一种移动式螺旋采集器，如图6-34所示，通过这种设计可以在降低钻进压力同时保持较高的月壤传输效率，还可以缩短剪切运动下的路径长度，提高能量利用率。虽然复杂的结构设计可以提高采集过程的灵活性和可操作性，但面临着更为复杂的控制机构，系统可靠性大大降低。

（2）材料制造：新材料技术是开发新机械产品和提高极端环境下使用的产品质量的基础。面对大温差、真空、强辐射等月球极端环境及月壤颗粒粗糙、导热性差

图6-34　移动式螺旋采集器[125]

的特点，考虑到月面原位建造任务需求，采集器材料需要具备优良的耐磨性、耐高温、高强度等特性，另外考虑到高昂的发射成本，材料在保证强度的前提下应满足轻量化要求。钻取机构的螺旋钻、钻头、钻头刀具和芯管采用不同的材料进行制造。螺旋钻受力较少，可以由轻质复合材料制成；钻头承担扭矩较大，可用钢基材料制成；钻头刀具用于切割破坏月壤表层，在强度、耐磨性、耐高温上有较高要求；芯管则可以由轻质高强度铝合金制造。

（3）智能化控制：月壤采集器智能化控制可以通过加装加速度计、陀螺仪、压力传感器等多种传感器，实时监测采集器的位置、姿态、速度、压力等参数，为控制系统提供准确的反馈信息并与其他建造设备实现协同工作。另外还可以采用先进的控制算法，如PID控制、模糊控制、神经网络控制等实现对采集器的精确控制。WANG等[126]为4自由度（4-DOF）月球表面采样机械臂设计了一个基于视觉的姿态测量系统，如图6-35所示，通过相机校准、标记提取和姿态测量等过程实现采集器与着陆器之间的相对姿态控制，用于提高月球土壤采样和封装的执行效率和精度。

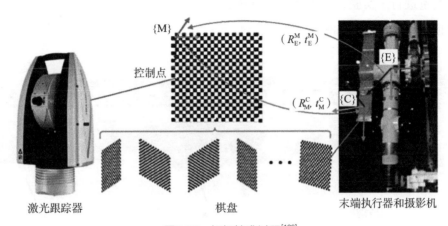

图6-35　相机校准过程[126]

3. 地面实验验证

面向原位建造的月壤采集地面实验验证在于模拟真实的月壤环境，验证和测试月壤采集器的性能和可靠性，发现和解决可能存在的问题，进行迭代优化。在地面实验验证过程中，需要考虑以下两个问题：

（1）采样环境的模拟：月壤采集地面实验需要高保真的采集环境，首先针对不同采集任务选择与采集点月壤颗粒摩擦角、孔隙比、矿物成分等相近的模拟月壤，其次需要模拟月球真空、低重力等环境，在进行材料测试时还需注意大温差、强辐射等极端条件的模拟。

（2）采样器的性能测试：采样器的性能指标包括采集效率、采集深度、地形适应能力、能耗、可靠性等，可以根据具体的采集器设计和应用场景进行具体和定量分析。

目前，钻取式采集技术较为成熟，相对应的钻井取芯试验台研制及实验研究数量较多。ZHANG等[127]搭建了一个真空、低温、无水无土的2.2m深度的钻井试验台，如图6-36所示，并进行了真空与非真空热性能对比实验。如图6-37所示，SHI等[128]建立了由颗粒土和坚硬岩石组成的多层模拟物，以测试钻孔和取芯的适应性。ZACNY等[129]设计了一种采集深度为1m的钻头和岩屑采集系统——Lunar Vader，如图6-38所示，不仅在真空室进行了实验，还南极洲罗斯岛的月球模拟地点进行了现场测试。

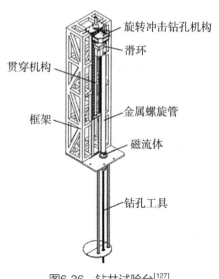

图6-36　钻井试验台[127]

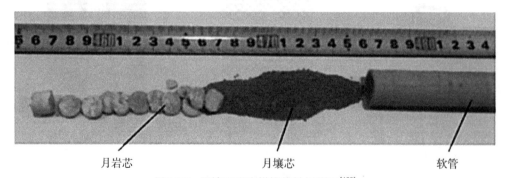

月岩芯　　　　　　　　月壤芯　　　　　　　　软管

图6-37　月壤和月岩模拟物钻探样品[128]

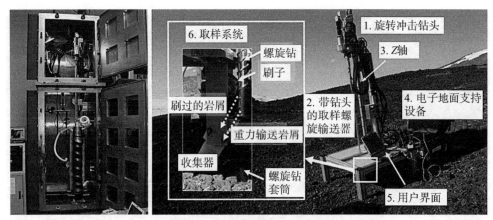

图6-38　真空室与南极洲实验[129]

6.3　月面原位打印装备

3D打印技术已被广泛研究用于将原位月球风化层构建成建筑结构，利用由模拟月球和液体胶粘剂组成的预混合浆料作为打印材料，逐层构建月球基地。目前，已经提出了结合3D打印技术和月球风化层作为原材料的各种概念验证来支持月球建设，例如直接挤出打印、轮廓打印、D形打印和高温熔融打印方法等。

6.3.1　直接挤出打印装备

在直接挤出式打印中，通过一个喷嘴或挤出头挤出混凝土或类似的建筑材料，将材料层叠在一起，从基层开始逐层构建建筑物，然后在建筑物的建造过程中逐层硬化，从而构建出建筑物的结构。

受发射运载能力与月面着陆系统能力限制，3D打印系统总重量需满足轻量化指标要求。大尺寸展开制约着3D打印系统轻量化的实现，系统柔性振动及3D打印机构的鞭梢效应对构件精度造成严重影响。针对月面打印机构的特殊性，21世纪初，NASA与Autodesk公司合作为喷气推进实验室设计了轻量化太空着陆器[31]，如图6-39所示，重量比喷气推进实验室的其他着陆器设计降低35%。

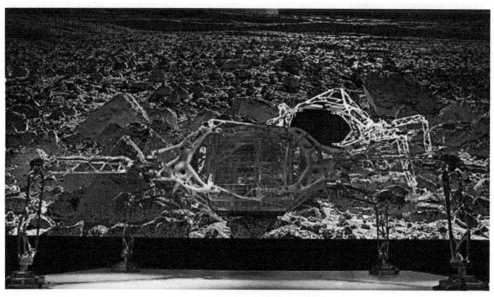

图6-39　轻量化太空着陆器[130]

北京卫星制造厂有限公司与清华大学等合作研制了月壤3D打印原理样机，其打印过程可控、可调。中建机械与中国建筑技术中心合作研制的3D打印建筑设备打印头垂直调整行程2m。国内外重构3D打印系统主要以可重构并联机器人实现，虽然在精度控制方面还存在一些不足，但对于月面建造，轻量化大型自主重构3D打印系统是一种首选手段，开展相关研究尤显必要。

因此，中国空间技术研究院联合华中科技大学研制包括3D打印机构、打印管路和末端工具的大型驱动打印系统原型样机，提出打印机构的轻量化设计方法，是实现轻量化大成型空间可重构月面打印系统设计的关键。针对不同使用场景开展了多方案比较，确定了打印机构构型。从打印连续性来看，对于回转壳体，内部打印可整周打印，外部打印只能分块打印，或需要较大代价才可整周打印，但对于内部结构复杂的建筑物而言，内部打印几乎不可实现。从系统复杂性而言，内外部打印系统组成差别不大，外部打印需要在月面建立绝对坐标系辅助定位。从控制与测量精度而言，内部打印基于自身坐标系，通过简单回转与末端精密调节即可实现打印，而外部打印轨迹复杂、拼缝处理困难。综上，打印系统在建筑物外打印虽然难度较大，但扩展性好，且具备一定条件下内部打印的能力；打印系统在建筑物内部打印虽然结构简单、控制容易，但打印对象的局限性较大。因此还是以打印系统在建筑物外打印作为主要场景，同时兼顾建筑物内打印的需要开展详细设计工作。详细对比情况如表6-2、表6-3所示。

不同场景下的打印系统构型对比 表6-2

序号	项目	打印系统在建筑物外打印	打印系统在建筑物内打印
1	打印系统形式		
2	工作过程	（1）选定打印地点，建立打印材料取样点 （2）打印臂绕固定轴、变化半径打印特定弧度、厚度、高度建筑物（出入口需单独打印梁） （3）打印系统移动至下一位置，继续打印，直至宽度高度满足要求	（1）选定打印地点，建立打印材料取样点 （2）打印臂绕固定轴、固定半径螺旋打印（出入口、穿顶需单独打印梁或盖板） （3）打印系统退出建筑物根据需要对门进行缩小
3	对传感器的需求	（1）末端视觉传感器检测末端抖动及打印材料拼接情况 （2）打印臂运动副处有角度或移动传感器 （3）平台有惯性导航、星敏、视觉传感器 （4）在打印建筑附近设置定位信标	（1）末端视觉传感器检测末端抖动及打印材料拼接情况 （2）打印臂运动副处有角度或移动传感器 （3）平台有惯性导航、星敏、视觉传感器
4	对控制的需求	（1）多次转移中需根据定位信标信息对平台、末端进行多次定位 （2）基于定位多次进行平台、末端路径规划以保证建筑物形状，并满足拼缝要求，臂、末端并联机构每时每刻的姿态均不同	平台支腿支撑后，打印系统处于稳定状态，连续螺旋打印即可，臂一个关节整周回转、其他关节单圈中不需要调整参数、末端并联机构微调姿态即可
5	对打印臂的需求	（1）打印臂需满足局部角度范围径向2.5m、高度5m的打印范围 （2）长度长（7.5m）、重量大	（1）打印臂需满足局部角度范围径向2.5m、高度5m的打印范围 （2）长度短（5.5m）、重量小
6	对平台需求	（1）单体平台需要体积较大以规避建筑物遮蔽阳光问题 （2）分体平台需要避免往复运动的钩挂缠绕问题 	需要分体平台，将能源、通信、输运系统（取样装置、存储罐）单独放到拖车上，以规避建筑物对阳光的遮挡

序号	项目	打印系统在建筑物外打印	打印系统在建筑物内打印
7	对原材料的需求	需从建筑物外取得，打印前需较长时间将打印材料较为均匀地沿建筑物外包络摆放，以利于平台的原材料获取 	需从建筑物外取得，打印前需较长时间将打印材料堆积至建筑物开口附近，利于集中使用
8	对打印材料输运系统需求	需要有间歇取样能力，需要的移动能力相对较弱，只需适应堆积量较少的情况	需要有连续取样能力，需要的移动能力相对较强，需适应材料大范围堆积的情况

打印系统打印臂构型对比　　　　　　　　　　表6-3

类型	机构简图	特点/优势
构型1		自由度少，但外包络较大
构型2		关节2所需力矩较大

续表

类型	机构简图	特点/优势
构型3		关节布置较为常见，收缩后包络尺寸小
构型4（优选）		相较于构型3，采用平行四连杆机构，关节四驱动后置，将明显改善系统的动态特性和降低系统的运动惯量

基于打印系统在建筑物外打印的主要工作场景及打印系统整体构型，开展了指标分析与详细设计。如图6-40所示，打印系统由月球车、打印臂两大部分组成。其中月球车移动采取六轮常规设计，同时在打印时通过展开支撑腿实现整车姿态调平、扩大支撑面积、提升打印稳定性。打印臂可分为两部分，与车体相连的是套筒式伸缩臂，而后是3自由度机械臂，

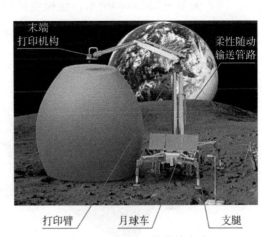

图6-40　打印系统整体方案

在打印臂末端可配套并联机构进行精密位姿调节与补偿，最终实现打印头或工具的高定位精度。同时打印材料输送管路沿打印臂布置处于随动状态。详细指标如表6-4所示。

打印系统详细指标   表6-4

技术指标项目	技术参数
整机外包络尺寸	≤2500mm×1800mm×2500mm
3D打印机构（机械臂）重量	≤200kg
月球车（移动系统）	≤500kg
成型空间（机械臂及移动系统协同）	≥5m×5m×5m
3D打印精度	±10mm
3D打印机构（机械臂）重复精度	优于±2mm
月球车（移动系统）重复定位精度	优于±6mm

通过对机械臂各关节的重量进行初步预估和计算，确定减速器及电机型号，针对各关节零部件详细设计后的重量进行再次预估，同时校核所选元器件是否满足要求。

各关节详细建模重量及优化目标重量如下：

（1）关节六如图6-41所示，建模重量2.46kg，轻量化后目标整体重量2kg。

（2）关节五如图6-42所示，建模重量4.375kg，轻量化后目标整体重量4kg。

（3）小臂如图6-43所示，建模重量44.58kg，轻量化后目标整体重量14kg。

（4）关节三如图6-44所示，建模重量15kg，轻量化后目标整体重量10kg。

（5）大臂如图6-45所示，建模重量43kg，轻量化后目标整体重量15kg。

图6-41 关节六

图6-42 关节五

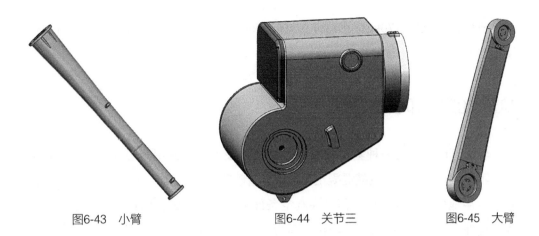

图6-43　小臂　　　　　　　　　图6-44　关节三　　　　　　　　图6-45　大臂

（6）关节二如图6-46所示，建模重量110.05kg，轻量化后目标整体重量10kg。

（7）关节一如图6-47所示，建模重量140kg，其中关节一底座130kg，轻量化后关节一底座目标重量10kg，整体重量15kg。

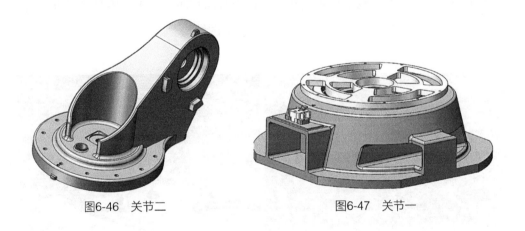

图6-46　关节二　　　　　　　　　　　　图6-47　关节一

重量计算如表6-5所示。

重量计算　　　　　　　　　　　　　　　　　　　　　　　　　　表6-5

序号	关节六 m_6（kg）	关节五 m_5（kg）	小臂 m_4（kg）	关节三 m_3（kg）	大臂 m_2（kg）	关节二 m_1（kg）	关节一 m_0（kg）
模型重量	2.46	4.375	44.58	15	43	110.05	140
轻量化目标重量	2	4	14	10	15	10	15

机械臂关节总重70kg，元器件总重62.4kg，线缆管路重量16.8kg，机械臂整体重量149.2kg。

6.3.2 轮廓打印装备

轮廓打印一般是一种基于龙门架的3D打印技术，它使用液态胶粘剂使材料结晶，不需加热或烧结。硫磺混凝土等材料靠着喷嘴挤出，材料通过挤压成型，直接一层一层地构建建筑结构。但是在真空条件下，使用轮廓打印机进行泵送难以实现。此外，轮廓制作很难打印浅拱，因为这种拱门形状必须通过平面上的轮廓制作水平打印，然后由机器人提升到直立位置。

如图6-48所示，与移动机器人相比，由于龙门架的尺寸较大，使得发射系统货物区域的安装存在问题，并且由于龙门架在部署时需要自主组装，导致难以实施，因此龙门架结构对行星建设的吸引力较小。此外，龙门架结构不能建造比它空间范围更大的东西。因此，移动机器人系统更适合月面打印，它更紧凑且更适合发射、在着陆后更容易展开，另外可以建造几乎无限大的结构[32]。

图6-48 龙门架（左）与移动机器人（右）对比[131]

NASA选择轮廓打印技术建造月球基础设施，如着陆垫和停机坪、道路、防爆墙、遮荫墙等，以防止热辐射和微陨石。如图6-49所示，着陆垫被设计为椭圆形，其长度与降落和起飞方向一致，中央着陆区被灯光照亮，周围是一个更宽的无尘停机坪。另外还设计了防爆墙，用于保护整个定居点和存储在防爆墙后面的设备，如图6-50所示，轮廓打印技术也可实现道路打印。

图6-49　着陆垫、停机坪和防爆墙设计[131]

图6-50　道路打印[131]

安装在ATHLETE漫游者上的轮廓加工机器人，将利用处理过的风化层完成拱形结构体的打印。目前南加州大学拥有一个多功能的地面自动化建筑系统，轮廓打印工艺系统已经较为成熟，南加州大学也正在研究，寻找快速有效地适应轮廓打印技术以支持NASA任务的方法。实现这一目标的方法是将带有轮廓打印技术的协作机器人理念嫁接到现有的NASA机器人上，这些机器人已进行现场测试，并显示出嫁接轮廓打印技术的希望。

NASA在为空间轮廓打印技术选择合适的机器人支架时，注意到了一些重要的物理和操作参数，包括：

（1）在各种地形条件下保持稳定（当锁定位置时）；

（2）当打印系统运行时，要静止；

（3）在月球极端环境下可操作；

（4）能够携带和交换各种末端执行器；

（5）支架机器人对轮廓打印机构影响较小。

可移动增材建造（Additive Construction with Mobile Emplacement，ACME）是NASA，美国陆军工程兵团（USACE）和Contour Crafting Corporation（与卡特彼勒的NR-SAA）之间的合作，旨在证明在月球或火星上为未来人类建造庇护所和其他表面基础设施的可行性，ACME项目将首次允许使用原位资源作为建筑材料对行星体表面结构进行3D打印，从而大大减少发射和运输质量以及物流成本[132]。

1. ACME-1

南加州大学（USC）于2004年交付了"2-D"系统，该系统可以在X和Z方向上转换，并且可以旋转头部，可制造细长的墙壁。在2005年承担了增加第三维的运动，以制造不同的几何形状，并开始尝试不同的喷嘴配置。其最终完成向"3-D"系统的转换，如图6-51所示，不仅解决构图问题，还开始编程和打印各种

简单的几何形状。试验了移动速率与混凝土固化时间和强度的关系，以优化整个
过程。

图6-51 ACME-1"2-D"系统及"3-D"系统[132]

2. ACME-2

为了实现打印更大的结构、消除进料批次之间较差的层与层黏合、消除进料批
次间的不连续，选择拆除挤出室和柱塞硬件，用大型混合器、连续泵、蓄能器、软
管等配件取代，如图6-52所示，使打印系统从按批次进料转换为连续进料。

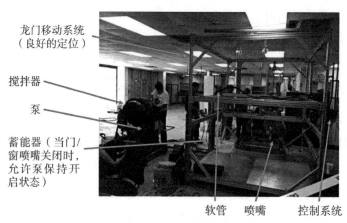

龙门移动系统
（良好的定位）

搅拌器

泵

蓄能器（当门/
窗喷嘴关闭时，
允许泵保持开
启状态）

软管　喷嘴　控制系统

图6-52 ACME-2[132]

3. ACES-3

考虑到最佳移动系统、软管管理、清洁、定位精度、移动、组装、拆卸、打
印速度、体积流量，ACME-2升级到了ACES-3，如图6-53所示，实现了从小尺度
打印到全尺度打印的过渡。ACES-3拥有物料输送系统（Materials Delivery System，
MDS），以准确的剂量计量和输送7种不同的物料，通过FDM喷嘴挤出，使混凝

土混合物具有适合3D打印的性能，如图6-54所示。这些干货必须与水和其他三种液体外加剂混合，以产生最终的混凝土浆料，该浆料具有适合可靠的3DAAC的流变特性。MDS是一个完全自动化的系统，可以在用户界面触摸屏上输入任何所需的混凝土混合配方。MDS必须批量向安装在MTL上的"Scoop-N-Mix"装置提供足够的混凝土，以便批量向安装在ACES/ACME龙门机构上的混凝土泵输送混凝土[133]。

图6-53　ACES-3[132]

图6-54　喷头及泵送机构[132]

其中，干料输送系统（Dry Goods Delivery System，DGDS）是一种定制设计，如图6-55所示，可以通过自动计算机控制的螺旋钻进料系统从钢料斗中存储和准确分配7种不同的干货。所述干货被分配到一个单独的称重斗中，该称重斗安装在4个称重传感器上，称重传感器可通知控制系统和操作员所分配的干货质量。该设计要求能够每小时向ACES/ACME 3D打印机提供1m³的混凝土，并能够将其包装在运输托盘上，可以装载到C-130飞机或USACE平板卡车上进行运输。

图6-55　干料输送系统[133]

而液体物料输送系统（Liquid Goods Delivery System，LGDS）设计用于自动分配水和其他3种外加剂到干货混合物中。如图6-56所示，它有经过校准的流量计，可以测量每种液体从一组喷嘴中泵出的量，并将其添加到混合器中，同时干货也被分配。LGDS最终集成到DGDS结构框架和控制系统中。

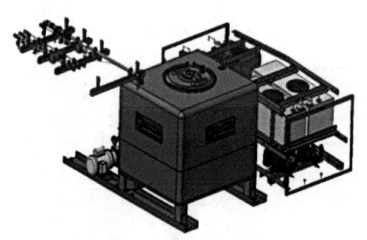

图6-56　液体物料输送系统[133]

ACES-3增材结构龙门系统旨在满足前面讨论的NASA和USACE目标要求。这包括满足在潮湿环境中操作的要求，使用原位材料，满足流动性要求，满足精度和建造时间要求。在严格的打印头定位控制下，龙门系统可以在24h内自动制造9.75m×4.88m的结构，最高可达约3m。该结构也被设计为由C130飞机运输。增材施工系统的主要子系统包括手推车上的泵和蓄能器，两辆手推车上各有一个塔，塔之间的桥，沿桥移动的车厢，包括可伸缩臂、滑环和喷嘴、自动调平系统、电气系统、控制箱、变压器、接地故障电路中断器（GFCI）、电缆、连接器和轨道系统。泵和蓄能器被放在一个小车上，小车跟着龙门架小车，这样软管的长度就可以缩短。混凝土从"Scoop-N-Mix"系统输送到泵中，并通过蓄能器泵送到连接臂架的喷嘴上。蓄能器的作用是当水流在喷嘴处停止时积聚混凝土，以便在不关闭泵的情况下建造门或窗户。该系统有3个自由度，一个在沿轨道移动的X轴上，一个在沿桥移动的Y轴上，一个在沿塔移动的Z轴上。该喷嘴具有旋转能力并配备用于成型的镘刀。该系统可以20cm/s的最大速度移动喷嘴。粗调平可以通过自动调平千斤顶系统完成，而精细调平则通过激光调平和支撑腿实现。

ACES-3系统可拆卸成小块并运输。最终在试验场地被组装起来，然后移动到预浇筑的混凝土垫上，进行增材施工演示，如图6-57所示。龙门系统的一个原型版本，ACES-2被用来建造第一辆缺乏精度和不移动的B形小屋（BHut）。ACES-3被设计成可运输、移动和精确的打印系统，由Contour Crafting公司提供先进的镘刀打印头。

图6-57　ACES-3系统[133]

NASA为了在月球环境中实现轮廓打印，使用硫磺混凝土，考虑到大的温度变化、真空、低重力、灰尘影响和高温，需要一个完全不同的挤出机。由于ISRU提供的建筑材料在不同的地形条件下可能会有所不同，因此必须针对不同成分类型、黏度和塑性的含硫混凝土开发新的挤压装备。

挤出喷嘴由两个子阶段组成：压缩阶段和成型阶段。压缩是用来将硫磺和风化土的混合物输送到加热的喷嘴中，在那里它被熔化和挤压。图6-58中显示了四种压缩方法，从左到右分别是螺旋钻旋转法、双滚轮法、柱塞法、预热法。在螺旋钻旋转法中，可使用单螺旋钻或双螺旋钻旋转来移动混合物。在双滚轮法中，滚轮表面捕获并压下粉末颗粒。在柱塞法中，连接到曲柄的活塞周期性地推动混合物。在预热方法中，叶片在加热的料斗中旋转并提供压力以将熔融混合物推入喷嘴。

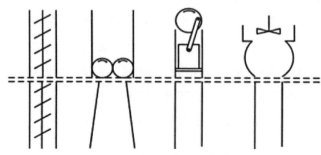

图6-58　挤压系统设计[131]

双滚轮挤出机如图6-59所示。首先，将集料和硫的混合物放入室内。其次，滚轮在一起按压时旋转，将混合物送入喷嘴。为了防止桥接效应，振动由一个偏心负载的独立电机增加。挤压系统被固定在一个带有转盘的框架上。喷嘴被加热到大约130℃，混合物以黏性糊状物的形式被挤出。

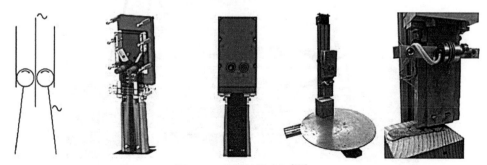

图6-59　双滚轮挤出机[131]

在螺旋挤出机中，混合料被旋转的螺旋钻向下推至喷嘴，同时被电热元件加热。在喷嘴的底部，喷嘴头控制混合物的流动，并创建规则的表面和边缘。如图6-60所示，为了增加层间结合强度，在喷嘴出口处加工了轮廓，以形成联锁特征。

由于缺乏水作为润滑剂来缓解混凝土流动，挤压高黏性和磨蚀性的硫磺和风化土混合物无疑是具有挑战性的。为了研究这一问题，建立了螺旋挤出机实验装置，如图6-61所示，在这个装置中，齿轮电机转动螺旋钻，迫使干燥的砂子和硫磺混合物从振动的料斗中出来，进入热桶和喷嘴。螺旋钻还配备了振动器，以防止可能的堵塞。当上述混合物被推入所述挤出喷嘴的热筒内时，所述硫磺部分在所述热筒的

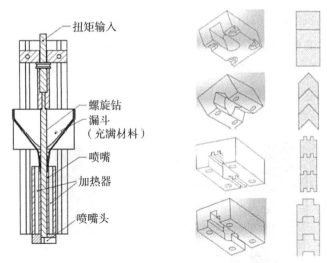

图6-60　螺旋挤出机及喷嘴设计[131]

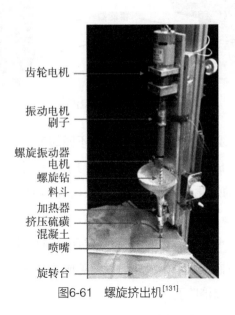

图6-61　螺旋挤出机[131]

上部受热，并在所述热筒的下部熔化。挤压过程可能只在几秒钟内没有堵塞，直到"桥接"现象导致一些砂子颗粒形成一个反对流动方向的拱形，两个拱形基座推向筒体内壁，造成完全堵塞。在这种情况下，振动可以克服静摩擦，解决堵塞问题。振动也可以施加在钻筒或螺旋钻上。振动枪管可能会产生问题，需要枪管牢固地附着在结构的其余部分以保持稳定。

筒体振动还可能导致用于熔化硫的加热筒体内的加热丝损坏；因而，更适合对螺旋钻进行振动。此外，最好尽可能缩短振动时间，只在堵塞时进行振动，因为太多的振动会导致硫粉和聚集颗粒在挤出筒的上部分离。

振动阀挤出机如图6-62所示，工作时内部混凝土由柱塞推动通过带有阀门的管道。当混凝土的磨料颗粒穿过摩擦元件的叶片时，它们会被摩擦阻止。当振动施加于摩擦元件时，摩擦被"中和"，让磨料颗粒流动。通过改变摩擦元件的振动频率和强度来控制混凝土的流量。

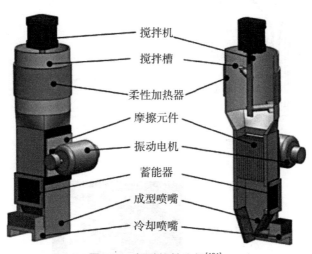

图6-62　振动阀挤出机[131]

对于含硫混凝土，必须开发一种与此过程不同的工艺。新型振动阀挤出机包括混合系统、挤出系统、成型系统和固化系统。与水工混凝土不同，硫混凝土在整个过程中必须保持在硫的熔化温度附近。首先，将硫磺和骨料的混合物倒入混合罐中，用柔性加热器加热至熔化。摩擦元件与振动电机相连，振动电机两侧有偏心轮。当振动器打开时，卡在叶片之间的磨粒被打碎并向下推入成型室。成型系统中的蓄能器由高温硅橡胶制成，其释放压力以避免成型室发生堵塞。减速器被设计成对含硫混凝土施加压力以消除孔隙。

为了保证硫混凝土挤出机的耐久性、稳定性和可靠性，提出了一种新型挤出机。如图6-63所示，新型挤出机由多个推进叶片、成型系统和固化系统组成。与以往的螺旋挤出机不同的是，喷嘴末端的双螺旋桨提供主要的挤出力，而上部的多个叶片顶着挤出管的阻力向下推动水泥。此外，混合物在进入喷嘴之前已完全熔化，因此其与喷嘴壁面的摩擦远小于室温下的混合物，甚至小于预热的混合物。除了这两个改动之外，在喷嘴的出口处增加了一个铝扩展端，也可以作为散热器来加速冷却。该方案采用模糊逻辑控制对驱动螺旋桨的直流电动机进行控制。实践证明，该控制系统具有较好的一致性和准确性。

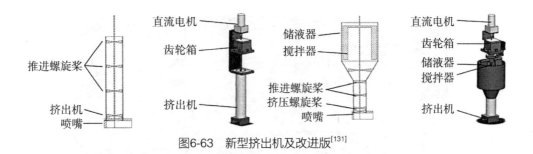

图6-63　新型挤出机及改进版[131]

在此基础上，采用多螺旋桨挤出机进行了多次挤压实验，研究了不同阶段温度、硫比、挤压速度和线速度对挤压性能的影响。然而，挤压管的体积限制了挤压的最大长度。为了研究连续挤压过程，研制了一种改进的带储料和进料系统的挤压机。当储罐中的硫磺混凝土混合物耗尽时，机器人可以将挤压系统连同料斗下的储罐移动到补给站。

6.3.3　D形打印装备

意大利发明家Enrico Dini开发了一种名为D-Shape的巨大三维打印机（简称"D形打印机"），可以用砂子和无机胶粘剂打印整个建筑物。打印机的工作原理是喷洒一层薄薄的砂子，然后从其底部的数百个喷嘴喷洒胶粘剂，胶水将砂子变成实心石，从下往上一层一层地堆积起来，形成雕塑或砂岩建筑。

ESA利用了D形3D打印技术，以月球风化层为原材料在月球上生产原位建筑。该方法适用于单工序大规模施工，为直接建造任意形状的月球栖息地外壳提供了可行的解决方案。尽管如此，D形打印仍然存在缺点。首先，在低重力或真空下注入流体是有问题的。其次，巨大的打印机和包括液体墨水在内的材料必须从地球运输到月球，运输成本高。最后，D形打印要求月壤的筛选过程要有粉状材料。这种三维打印系统有两种不同方法生产系统建筑或建筑块。第一种打印方法允许直接在现场生产整个建筑结构，而第二种方法则是打印建筑模块，然后将一组建筑模块组装在一起，最终使用额外的增强材料加固。下面介绍D形打印机各功能机构[134]。

1. 运动系统

D形打印机由一个6m×6m的大型方形结构组成，安装在四个3m长的柱子上，如图6-64所示。每根柱子都配备了一个电动机，使系统能够在垂直轴上上下移动。

图6-64　D形打印机龙门架[134]

如果有必要增加打印机的高度，这些柱子可以延长到6m。

横跨大型方形结构的中间是一根6m长的双梁。这种双梁配备了另一个电动机，该电动机沿其长度携带一个6m长的喷嘴阵列，该喷嘴与光束本身垂直，并在必要时选择性地放下胶粘剂。因此，整个可打印区域被这一长排喷嘴的单一运动覆盖，沿着中间梁上下移动，并扫过方形可打印区域的整个表面。由于两个喷嘴之间的间隔为20mm，因此不可能在一次滑动中覆盖两个喷嘴之间的空间。为此，在喷嘴阵列的顶部安装了一个额外的电动机，这使得每次新的滑动都可以微调喷嘴。这样，所有的表面都被喷嘴的几次滑动所覆盖，每次都与前一次偏移。

这种类似于传统桌面扫描设备的滑动动作也用于平整每一层粉末材料。当粉末落在打印机床上时，纵向抹刀将其扩散到最后一个可打印层的表面。这个泥刀位于喷嘴阵列系统的后面。因此，打印机可以在一个方向上移动时沉积胶粘剂，并在向后移动时使粉床平整。一旦粉床被抹平，下一层的胶粘剂可以沉积在新创建的平面上。

2. 材料（胶粘剂）沉积系统

沉积系统由一系列喷嘴组成，这些喷嘴沿着6m长的光束排成直线（阵列），穿过整个打印区域，如图6-65所示。有一个加压进料箱，形状像一个管，并连接到梁。每个喷嘴通过一个小软管连接到这个纵向进料槽，软管的一端是一个阀门，控制每个喷嘴的开启和关闭。

图6-65 喷嘴阵列[134]

在滑动过程中，阀门通过电子开关打开和关闭，按照每个打印层的特定顺序选择性启用。喷嘴间距为20mm，而每个喷嘴覆盖5mm厚的打印线。因此，有必要对每一层的完整打印执行四次滑动，每一层与前一层偏移5mm。该组件在所有版本的打印机上基本保持不变。

3. 给料系统

D形打印技术是胶粘剂喷射式的，这意味着它有两种材料需要交付给打印机：液体和干粉混合物。液体成分位于打印机旁边的一个大容器中，如图6-66所示。泵通过软管连续地将液体输送到与喷嘴相连的加压进料罐中，并与喷嘴一起移动。容器中的泵在进料罐中产生必要的压力，这样当喷嘴打开时，液体就可以释放出来。

图6-66 液体物料进料罐[134]

粉末成分的沉积是在打印机的第一版上手动完成的，通过使用充满干燥混合材料的悬浮箕斗向下均匀铺撒材料。在接下来的版本中，增加了给砂器，如图6-67所示。给砂器位于打印机的一侧，将一层所需的大约数量的粉末成分撒在前一层的表面，然后扩散和平整。之后通过放置在喷嘴阵列后面的纵向抹刀的滑动运动来进行抹平。给砂器迭代了几次版本，主要是简化以减少堵塞等问题，但其主要功能还是将物料撒在一个边缘附近保持不变。在某些版本中，在可打印区域的两侧增加了传送带，以便收集多余的材料并将其带回给砂器，在那里它可以再次掉落并用于下一层。

图6-67　给砂器[134]

4. 打印头

该系统的核心是打印头，它在打印过程开始时也充当固体材料散布器。固体材料吊具/打印头安装在6m长的铝梁上，如图6-68所示。为了填充喷嘴内20mm的间隙，并保证液体油墨均匀到达整个待打印区域，打印头沿Y辅助轴移动。这种垂直运动是由一个交流电动机控制的，其增量编码器具有0.5mm的定位精度。打印头结构还包括头部容纳液压管道和连接到喷嘴的电线，以及通过电缆连接到CPU的两个外围控制单元。

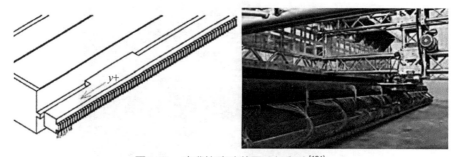

图6-68　喷嘴的移动装置及打印头[134]

支撑打印头的龙门架内部是空的，并循环地填充颗粒状材料，然后沉积形成下一层。在光束沿其主X轴运动期间，"砂子"被刀片拉伸成薄薄的一层。开始在新沉积的层上打印之前，一组滚动滚筒提供均匀的压力。齿轮电机和编码器确保1mm的定位精度。

喷嘴由微阀激活，由24V直流开/关伺服驱动电磁阀以脉冲模式操作，定时喷射预设体积的液滴。阀门开/关响应时间为10～15毫秒。图6-69描绘了喷嘴的细节并提供了沉积过程的详细视图，打印头由①阀体、②O形圈、③汽缸垫、④线圈本体的推力弹簧、⑤活塞后止动器、⑥电磁线圈、⑦垫圈、⑧软铁活塞、⑨黄铜圆柱外壳、⑩关闭弹簧、⑪阀盖、⑫进料通道等组成。工作温度范围为−10～+60℃。"墨水"流速取决于喷嘴上游压力和喷嘴形状。

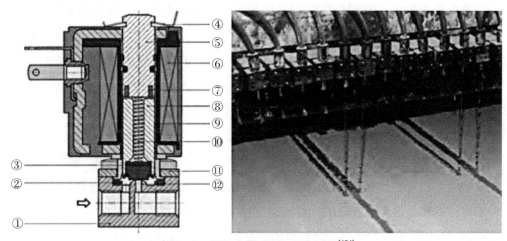

图6-69　打印头剖面图及打印过程[134]

6.3.4　高温熔融打印装备

高温熔融打印是一种潜在的月面原位建造方法，通过利用月球表面材料，如月壤或其成分，结合高温熔融技术，可以在月球表面制造建筑结构和基础设施，例如选择性激光熔融（SLM）、激光近净成型（LENS）等。

SLM装备是一个由不同机制组成的系统，可以根据生产的需要进行相应的调整。简而言之，它是由激光、一组透镜和光学器件、支撑基板和供料机构组成的。除此之外，还可以添加一个套管，以方便操作人员的使用。

与工业机器相比，样机的尺寸较小，可以生产最大尺寸为50mm×50mm×20mm的零件。尽管如此，它的操作精度可以与更强大的技术相媲美，并且被证明非常适合与其他材料一起生产。在模拟风化层NU-LHT-2M上的试验也证明了陶瓷SLM在该机器上的可行性[135]。

1. 激光器

市场上有不同类型的激光器，基于不同的系统来产生电磁波的放大，包括气体激光器、准分子激光器、固态激光器、二极管激光器和SLM技术中最常见的光纤激光器。这些激光器利用抽运功率在增益介质中产生激光束，而增益介质在固态激光器和光纤激光器中是掺杂晶体。激光束的性质随所用晶体的类型和电源的不同而变化，但可以通过改变功率水平和其他参数来进一步改变。大多数激光特性主要在光束通过的光链上完成，但可以通过改变功率发射来引入一些变化。

在激光产生中，特别是在SLM等应用中，脉冲频率是一个非常重要的方面。激光可以在连续波（CW）中工作，但在某些情况下使用脉冲更有效，而在其他情况下甚至不可能获得连续波条件。在脉冲模式下的使用允许选择与能量相关的特定发射，以促进用激光处理的材料中的不同反应。即使脉冲激光的使用不适合本研究的可行性，它也被用来探索许多替代方案，并且实际上可能成为未来研究发展风化层和一般陶瓷SLM技术的一个非常有趣的话题。

在样机中使用的激光器采用光纤作为光源，最大功率可达250W。输出是通过从具有串行端口的计算机中选择电流值来控制的。虽然功率可以通过计算机微调，但对过程的影响是相当有限的。在实验过程中，小于5W的功率变化对最终产品没有任何明显的影响。为了改变材料中的能量吸收，唯一的解决方案是根据期望的结果将光束的功率、脉冲频率和扫描速度结合起来。

2. 光学部件

激光束在产生时是相干的，这意味着它是一个单一频率（或波长）的极化波。这些特性允许激光束的尺寸非常小，但实际上，这是一个近似值，因为激光有多个单一模式。此外，超过瑞利范围的阈值，光束就会发散，需要使用透镜来保持对齐。

在使用的设备中，激光束依次通过准直透镜可调焦距的变焦透镜和聚焦透镜。经过粉末床上的两个旋转反射镜反射，激光可扫描到材料表面。这些反射镜可以比任何机械臂更快地移动激光束，并且可以跳过表面的部分，使用户能够打印具有腔和突起的复杂形状。调整反射镜的位置可以改变激光走向，从而在加工时遵循不同的路径，覆盖整个床的表面，以获得不同的打印质量和结果。与扫描控制相关的一个重要参数是激光轨迹的重叠，它将重新加热激光已经经过的表面。设置此值可以部分控制与激光离开该区域后发生的极快冷却有关的淬火效果。激光的功率、速度和焦点可以根据使用的材料类型进行调整，以获得所需的结果，但对于相对较新的材料，调整过程可能需要时间，因为它会对所选参数产生意想不到的反应。在本工作中，以其他机构对JSC-1A的研究结果为参考点，缩小了参数的选择范围。

3. 基板和层沉积系统

基板和层沉积系统采用静态结构，其上安装有一个可移动的板，由蜗轮驱动，如图6-70所示。齿轮的旋转通过LabView进行电子控制，并经过校准，以补偿与产生扭矩的伺服电机惯性相关的位移偏差。为了减少与惯性有关的问题，板块的整体运动被分为两个宏观步骤，首先下降，然后上升。在移动台上，基板可以被定位并通过固定螺钉固定在适当的位置上。打印完成后，承印物必须能够从桌面上的相应孔中轻松移除，这要求有足够的孔位间隙。然而，由于粉末填充了桌面和基板之间的间隙，紧密配合的情况下移除承印物可能会很困难。

图6-70　铺层测试[135]

系统内安装的料斗配有振动板，可以将少量粉末倒在打印台上。对于已知精确粒度的材料，它可以设置为在给定时间内自动振动。未知的材料浇注可能会导致堵塞或改变粉末掉落的速度，需要人员经常检查沉积情况。一旦材料足够多，它可以使用一个配备橡胶垫圈的耙子使材料均匀分布在衬底上。耙子由一对带传动的电机驱动，必须由操作员拆卸、清洗并正确放置。橡胶垫圈必须在安装时与表面接触，不留下与衬底表面之间的缝隙。耙子未对齐会导致粉末在衬底宽度上分布不均匀，会改变层的厚度并影响熔融过程。在使用机器时，需要定时检查工作状态中的耙子，以防止其卡在已打印的部件上。还可能会出现打印物从粉末层中突出，耙子钩住并将其拉扯从而损坏零件和橡胶垫圈的情况。此外，还必须尽可能防止密封圈变质，如果损坏程度过大，必须将其拆除并使用新的密封圈重新密封。为了验证基板和耙子的正确对齐，用薄刀片刮第一层，并由操作员比较不同区域标记的宽度。如果印痕的宽度相差太大，则基材和耙子需要重新对齐。多余的粉末被收集在打印工作台末端的料斗中，以便回收利用。由于使用过的粉末在成分和粒度上可能与原始样品不同，因此验证是否可以重复使用也是相当必要的。

激光近净成型（LENS）是由桑迪亚国家实验室开发的，可以看作是一种改进的SLM机器，它将粉末材料喷涂到由激光产生的熔池上。相对于经典SLM的优点之一是可以生产更大的物体，并保持高精度。此外，所得到的物体可以具有内腔，这是用粉末材料填充的经典SLM溶液无法获得的。到目前为止进行的测试表明产品具有良好的性能，但尚未在硬真空或微重力条件下进行测试。目前针对月面LENS工艺的设备较少，大多数研究团队使用的是用于增材制造的常规LENS设备，如图6-71为LENS-750，该设备采用YAG激光器，波长1.064mm，基板可用功率为100~550W，具备气体再生系统的VAC手套箱及正压的氩气大气环境，氧气水平为1~15ppm，具有2.5个自由度（X-Y-1/2Z），包含线性编码器Parker Daedal电机[136]。

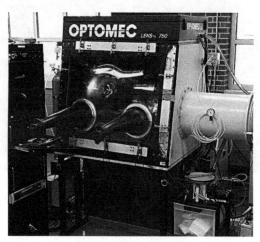

图6-71   LENS-750[136]

6.4 月面装配装备

开发具有成本效益的月球前哨基地的关键是在月球表面整合高效的有效载荷处理技术。一方面，机器人进行组装和吊装作业可以减少人类直接接触大温差、强辐射等风险因素的可能性，从而保障了工作人员的安全。另一方面，相比人工作业，机器人可以连续工作、不受疲劳影响，且在月球低重力环境下更为适应，提高了施工效率，可以精确控制动作和位置，从而提高了建筑物的组装精度，为月面基地的建设奠定了坚实基础。

6.4.1　起重吊装装备

月球表面操纵系统[137]（Lunar Surface Manipulation System，LSMS）的设计特别考虑了月表操作特性，以解决月球基地建设相关问题。如图6-72所示，LSMS是模块化的，单段和多段吊杆都可以使用。图6-72显示的是LSMS的单链臂架版本卸载着陆器。LSMS的试验台正在开发中，以验证结构设计概念、包装和设计的操作通用性。目前正在建造的起重机试验台如图6-72所示。试验台由三个主要压缩构件（从基座开始）组成，分别为柱、臂和前臂；四个次级压缩构件（吊具杆）和4个拉力对角线杆。试验台具有3个自由度：腰部、肩部和肘部的旋转，其中肩部和肘关节分别由升降机1和升降机2驱动，腰部由旋转电机驱动。LSMS的设计具有起重机的结构效率，但试验台通过配备铰接主臂保留了精确放置有效载荷的能力。

图6-72　月球表面操纵系统（LSMS）[137]

LSMS针对重力场进行了优化，集中其结构质量以抵抗重力载荷，就像地面起重机一样。如图6-73所示，试验台的目标设计捕获了大部分预期的有效载荷质量范围，并达到了月球表面操作的距离。LSMS的设计具有比传统起重机大得多的关节角度范围，这可以实现更广泛的操作配置，图6-73所示的叉式提升模式，是自卸载或从着陆器侧面移除有效载荷的前奏。对弯头角度的操作控制是LSMS的一个新特点，通过允许将吊杆尖端放置在有效载荷上以及对有效载荷位置进行精确控制，从而实现对有效载荷的刚性抓取。此外，通过精确控制弯头角度，提升绳能够自动附着于有效载荷上，这是减少对支持人员需求的关键能力。

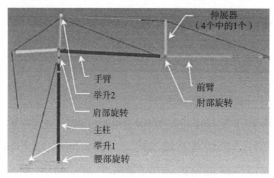

图6-73　LSMS起重结构设计[137]

　　如图6-74所示，获取工具的能力显著提高了LSMS的多功能性，可以在移除有效载荷之前对着陆器进行传感器扫描，在发射前对上升飞行器进行传感器扫描，获取抓手以卸载着陆器，获取拖绳以移动风化层，从而支持护堤建设、ISRU供应、道路建设等。

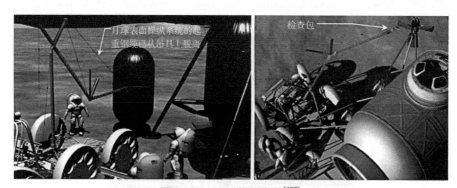

图6-74　LSMS起重作业[137]

　　如图6-73所示，LSMS的大部分组件被设计为桁架，这是最有效的大跨度结构形式之一。在桁架中，结构构件只受拉伸和压缩作用力，没有弯曲作用力。LSMS的模块化设计可以在现场添加额外的结构构件或自由度，以适应不断变化的起重要求。此外，LSMS可以使用特殊用途末端执行器来增强其操作能力。LSMS设计采用许多功能性设计，为在恶劣的月球环境中运输和运行提供了卓越的性能，包括：

　　（1）轻巧的设计与紧凑的结构，便于发射。

　　（2）较大的铰接范围支持直接接触有效载荷和插入或撤回有效载荷水平的能力。

　　（3）没有滑轮（以减少旋转组件），提高了对恶劣的月球尘埃环境的稳健性。

（4）非配置的关节和执行器，如起重机，大大减少了执行器的重量。

（5）单个压缩部件的模块化。构件可以与不同长度的构件快速互换，或添加额外的构件以适应吊装需求的原位变化。

（6）驱动元件的隔离和分布。这使得执行器完全封闭，以防止恶劣的月球环境，便于快速升级或定期更换。

（7）多段铰接式吊杆。

（8）连接处可变数量的吊具，可根据所需的铰接角度进行优化。

（9）吊具可在较大的铰接范围内提升机械优势。

（10）方形压缩管在折叠状态下最大化给定截面的面积惯性矩。

（11）独特的设计直接适用于复合压缩和拉伸构件，以减少系统质量。

（12）最小的电缆长度，其余执行器的行动线由实心杆建立，以提高精度定位。

（13）可快速调整尖端和基础，以适应各种末端执行器（工具）和支撑基座重新定位。

6.4.2　模块化组装装备

PRO-ACT（Planetary Robots Deployed for Assembly and Construction Tasks）是一个旨在使用自主机器人协作在月球上组装原位资源利用设备和支持月面基础设施建设的项目[138]。

如图6-75所示，移动机械手——IBIS是一种设计用于组装作业和漫游的机器人。该平台有一个六轮底盘，每个车轮独立驱动，可以在具有挑战性和多样化的地形中运行。IBIS设计用于快速运动（10km/h），具有越野能力。特殊的移动底座悬挂设计，确保车轮与地面的最佳接触。机械臂可伸缩，可保证每个平面的广泛运动范围（超过3m）。该设备目前是远程操作的，具有有限的自主性，它将被修改为承载多机器人的自主性功能。针对当前项目，计划对硬件和平台驱动进行如下修改：①在机械臂末端增加了两个SIROM接口（一个用于末端执行器，一个用于传感器）；②增加了

图6-75　移动机械手——IBIS[138]

协作RWAs动作所需的全套传感器（机械臂末端的力/扭矩）；③抓手与基础SIROM的集成（进行少量的大规模调整）；④与ESROCOS平台集成所需的低电平S/W驱动器修改；⑤机械臂位置控制软件的集成；⑥ICU接口的准备——电源、数据接口、布线、安装；⑦选择和集成额外的激光雷达和立体摄像机；⑧选择两个COTS末端执行器：适应的钻头和铲子，与SIROM集成。

如图6-76所示，螳螂MANTIS是一个有六条四肢的多足机器人。该机器人高度超过1.7m（直立时），重达110kg。该系统为多足机器人移动操作领域的跨学科研究提供了平台。为了完成各种不同的任务，机器人能够在两种不同的模式下运行：

（1）在运动模式下，机器人用所有六个肢体行走。这在困难地形上是一个巨大的优势，显著提升了其全地形能力。

（2）在操纵模式下，螳螂用四条后腿进行运动，两条前腿进行操纵。这使得螳螂能够在站稳的同时使用双臂操纵。

如图6-76所示，螳螂的灵活性使机器人能够仅用一个系统解决复杂的场景和操作任务。螳螂有61个主动控制自由度。两个手臂各有7个自由度，以及一个配备压力和力—扭矩传感器的三指抓手，可以执行复杂的操作任务。基于反应性行为的运动控制架构使用来自力扭矩和电流传感器以及IMU的本体感觉传感器数据。此外，螳螂还使用立体摄像系统和激光扫描仪来生成三维点云。在项目中，还计划进行额外的硬件和软件修改。OG4需要像高精度IMU、高分辨率3D激光扫描仪或飞行时间相机一样集成。为了处理传感器数据并融合另一个CPU，需要将其与嵌入ESROCOS（OG1）中的CREW多机器人任务和运动规划器（围绕ERGO OG2构建）集成。对于灵巧和灵活的操作任务，现有的两个手臂上的3个手指夹具具有相当复杂的能力。软件调整也计划利用新的以及现有的传感器和执行器模式，实现安全可靠的机器人控制。MANTIS的低级控制将保留在本机操作系统（ROCK）中。因此，ROCK和ESROCOS之间将开发一个合适的接口实现同步通信控制。

图6-76　螳螂MANTIS组装作业[138]

螳螂MANTIS搭载的新式夹持器由铸铝铸造PU支架组成[139]，如图6-77所示，它们的表面是沿着两条轴线弯曲的，因此在运动过程中手臂可以滚动。MANTIS手臂末端的另一种设计为三指抓取器，每个手指都有2个自由度，并安装有力扭矩（FT）传感器，以控制力实现抓取，外侧两个手指最多可旋转180°。

华中科技大学提出了一种基于原位资源利用的月面建造机器人砌筑拼装建造方法。首先，提出了一个名为中国超级泥瓦匠（Chinese Super Mason，CSM）的月面建造

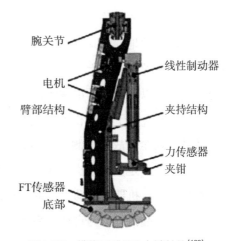

图6-77 螳螂MANTIS末端结构[139]

机器人的概念设计，如图6-78所示，并对超级泥瓦匠机器人系统的组成和功能模块进行了详细阐述。同时，华中科技大学结合月面原位资源利用技术，提出了基于超级泥瓦匠的月面防护掩体砌筑拼装建造工艺流程。

图6-78 超级泥瓦匠概念设计图

中国超级泥瓦匠砌筑拼装月面原位资源建造方法是一种基于月壤基固化建材技术制备月壤模块并进行月面防护掩体建造的创新方法。该方法通过先进的机器人控制系统来管理和指导机器人执行月面建造活动。这个系统包括多个关键功能模块，旨在使月面建造机器人能够高效地执行特定任务和完成具体工作。在这个方法中，机器人砌筑拼装月面原位资源建造的控制系统包括感知模块、控制模块、执行模块、通信模块和能源模块。其中，主要的功能模块包括：①感知模块，这些传感器用于感知和获取机器人周围的极端月面环境信息，这对于执行安全着陆、导航和

月面建造等任务至关重要。感知模块通常包括多种传感器和仪器，以便月面建造机器人可以有效地理解其周围的环境。例如用于分析月球地形、研究月球岩土体分布的可见光摄像头，用于导航和避障的激光雷达，用于监测机器人自身温度和周围环境大气压力以保障设备正常运行的温度和压力传感器等。②控制模块，机器人控制系统的核心，用于管理和执行各种任务的系统，涵盖了机器人导航、动力、姿态控制及系统安全与故障检测等功能，保障机器人在执行任务时的高度可靠性和效率。③执行模块，是机器人执行各种任务的系统，执行来自控制系统的指令，实现月壤砖材料成型、机器人移动等月面建造活动，例如涵盖移动平台、载物平台、机械臂及多功能末端执行器的自动化系统。④通信模块，用于机器人系统内部各功能模块之间的通信，以及与外部系统之间的通信。主要功能是传输月面建造机器人的科学数据、工作状态信息以及其他相关信息，通常包括以下要素：通信天线、射频收发器、通信协议以及遥测与遥控系统。保持与地面控制中心的联系，传递科学数据，接收指令，并确保任务的成功执行。通信模块的可靠性对于探测器在太空中的任务至关重要。⑤能源模块，主要是指携带和提供月面建造机器人所需电力的部分，通常采用太阳能电池板。这些电池板安装在机器人表面，通过吸收太阳光来产生电力。机器人在执行月面建造任务时，利用太阳能电池板将太阳光转换为电能，为执行任务所需的设备提供电力，以满足各个系统的电力需求。同时进行电池管理和能源分配，以确保机器人能够在月球表面正常运行。

在装配式结构的建造过程中，建筑元件（六种类型的模块）预先制造完成，然后通过运输将这些预制构件送到现场进行组装，如图6-79所示。具体地，月面防护

图6-79 超级泥瓦匠的砌筑拼装建造示意图

掩体的原位建造过程包括以下几个步骤：首先，通过榫卯结构体系设计验算确定相关建筑元件的结构形式与部件规格。然后，超级泥瓦匠利用月壤基材料固化工艺制备六种型号的预制模块，这些模块经过质量控制确保符合设计要求。预制构件生产完成后，超级泥瓦匠的多功能执行器末端通过对构件的吊装抓取与砌块之间的结构接缝实现拼装，快速、高效地装配建造成完整的月面防护掩体建筑结构，相关建造过程如图6-80所示。

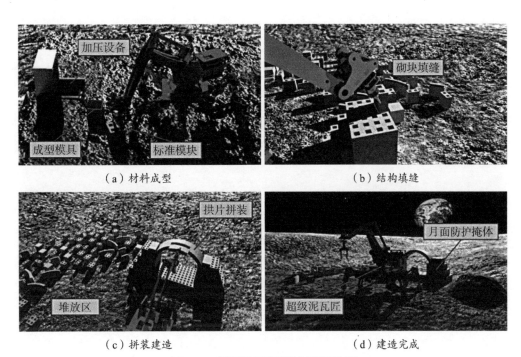

（a）材料成型　　　　　　　　　　　（b）结构填缝

（c）拼装建造　　　　　　　　　　　（d）建造完成

图6-80　超级泥瓦匠建造过程示意图

第 **7** 章

月面原位建造方案案例

7.1 月球前哨站

7.1.1 月球前哨站概念

2013年，ESA与知名的建筑事务所Foster+Partners合作，开展了一系列研究，最后的研究结论是：利用月球土壤进行3D打印在原则上是可行的。Foster+Partners设计了一座可以容纳4个人的月球前哨站，如图7-1所示，该前哨站能够防范陨石、γ射线和高温波动。构想的建筑方式，是从地球发射一个具备存储、密封、防护等功能且包含打包折叠好的可充气扩展仓的柱状舱体。这一舱体在发射阶段作为货仓，装载了后续建造和科考任务的工具，在建设完成后作为前哨站的出入气闸室，保证内部气囊结构的安全与稳定。

图7-1　ESA的3D打印月球前哨站剖视图[140]

为了简化月球前哨站的设计，将防止大气层进入前哨站的功能和对热、机械以及辐射的防护功能分离，内部充气模块为栖息地的透气环境提供加压外壳，前哨站的外部通过D形系统打印月球风化层。外层必须保护栖息地免受微流星体和辐射的侵害，因此外壁必须足够厚，这也能够提供良好的隔热，此外，内部压力会在混凝土结构中产生强烈的拉伸应力，从而减少风化层的重力荷载，进而减少要固结的材料量，最终减少要携带的胶粘剂的重量。

前哨站在月球表面的位置必须考虑到基本的合理环境要求。因此，考虑建造在靠近月球南极的位置，以确保水源的可用性，并且应位于高处（例如陨石坑的边界）。后一种选择允许最佳的阳光照射，因为该位置几乎始终处于阳光下，使前哨站能够充分利用太阳能电池阵列提供的电力。

风化层外部掩体的主要目的是保护机组人员（以及设备）免受辐射（通过将典型的六个月至一年任务的总剂量保持在合理水平）和微流星体（在10年的任务寿命内没有穿透的概率达到99%）的撞击。这些要求可以通过1~2m的壁厚来实现（取决于方向和边距）。

在结构荷载方面，已经确定了三个主要因素：重力、月震和大温差载荷。前两个因素相对于地球上的相同因素的影响要小得多；然而，该结构被设想为一个非常薄的固结材料网络，支撑着2m宽的风化层墙的全部质量。就大温差载荷而言，太阳大约在29天内围绕前哨站缓慢旋转，预计将在阳光照射暴露和阴影部分之间以及墙壁的内部和外部之间产生温度梯度。热膨胀系数与固结风化层的机械强度之间的关系最终影响固体和粉末之间的比率。

对于墙的内部轮廓，选择悬链线。悬链线是恒定厚度的独立式拱的理想形状。悬链线是理想化的悬挂链条或电缆在其末端支撑并仅由其自身重量作用时所假设的曲线。在用于计算最佳结构形式的悬挂链模型的建筑中有许多示例；科洛尼亚奎尔教堂是由高迪利用悬挂链模型开发的。这种模型基于"悬链线回归"理论，链中只能存在拉力。悬链线倒置的形式为石砌体拱形提供了完美的形状，其中只产生反向的张力，即压缩力。由于3D打印的风化层具有非常低的抗拉强度，因此结构的几何形状可确保主要承受压力，为前哨站内部剖面选择了接触网结构，以便跨越内部加压体积，确保大部分压缩力作用在结构本身上。

由于几乎没有大气层和磁场，月球上的空间辐射量远远高于地球，实际上有三种类型的辐射到达月球表面：太阳风、太阳耀斑和银河宇宙射线（GCR）。为了保护前哨站的内核免受辐射，必须在太阳光线的方向上放置1500mm的风化层覆盖物。此外，几何形状和悬链线曲线可以水平偏移1500mm，以确保所需的太阳辐射防护。

最后必须考虑陨石，由于缺乏大气层，陨石一般以接近18km/s的速度撞击月球。虽然大型陨石非常少见，但需要足够的陨石撞击保护层，这是由800mm的保护层提供的。这种保护是通过在径向上将悬链线结构偏移800mm来实现的（因为陨石可以在任何角度撞击表面）。为了创建一个整体结构，在前两层覆盖了最合适的悬链线曲线。这条曲线不需要是精确的悬链线，因为它没有任何结构含义，但这种曲线的任何点仍然落在休止角内。所得线遵循休止角，并具有切线连续性，以便拟合单条曲线。形成接触网的第三个偏移量，连同陨石和辐射防护的偏移量，给出了壳体厚度，计算该厚度以支持必要的风化层和额外载荷的增加。

7.1.2　建造流程

ESA的3D打印月球前哨站建造过程如图7-2所示，将柱状舱体放到指定位置后，从舱体末端释放出预先打包折叠好的气囊结构，从柱子顶部展开形成圆形结构作为屋顶，然后以这个圆顶作为建筑支撑，由可移动的3D打印机使用月球土壤逐层构建，为前哨站打造一个防护壳，以防止宇宙辐射和微流星体的撞击。达到预设气压后，气囊内部形成可供工作人员生活的密封环境，并且包含可内循环的闭环生态系统，以支持航天人员的可持续生存。通过一体化打印建造机器人，对前哨站周边的月壤风化层进行自动铲挖与筛选，并在撑起的气囊结构外部逐层进行打印形成外部防护壳。为了以最低限度的"墨水"用量确保足够的强度，防护壳被设计成类似泡沫的中空封闭的蜂窝结构，该结构的几何形状接近我们的天然生物系统。

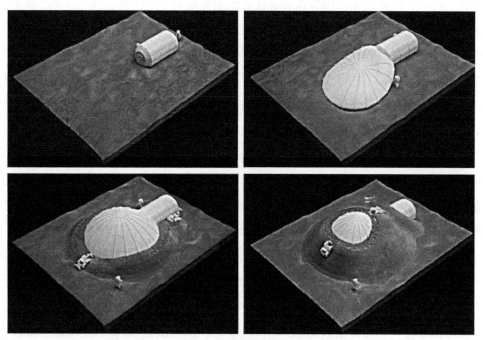

图7-2　ESA的3D打印月球前哨站建造过程[140]

为了实现月球前哨站的建造，ESA提出了D形打印技术。D形打印设备如图7-3所示，其喷头在X-Y轴空间中沿两个框架移动，并选择性地在砂层的预定义区域喷洒黏合液体，即"墨水"。一组四个步进电机在Z轴上移动框架。

　　固体材料打印头安装在6m的铝梁上，该铝梁可以水平跨越打印区域，并根据预先设定的垂直间距移动。打印头由300个喷嘴组成，轴间距离为20mm，从而覆盖了6m的打印推进前沿。为了填充喷嘴内的20mm间隙，并确保液体"墨水"均匀到达要打印的整个区域，打印头沿Y辅助轴移动。这种垂直运动由具有0.5mm定位精度的增量编码器控制的交流电动活塞确保。打印头部固定液压管道和接线，为喷嘴提供进料。固定打印头的龙门架内部是空的，并循环地填充颗粒材料，然后沉积形成下一个"层"。在光束沿其主X轴移动的过程中，"砂子"被剃须刀片拉成薄层。开始在新沉积的层上打印之前，由一组滚动滚筒提供均匀的砂压。减速电机和编码器确保1mm的定位精度。

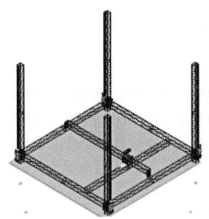

图7-3　D形打印设备[140]

　　与最初为地面应用开发的任何其他技术一样，预计D形打印技术也将重新设计，然后才能在太空中有利可图和安全地应用。需要重新设计部件的架构和配置以满足任务目标，必须从质量效率、真空除气行为和对环境应力的鲁棒性方面重新考虑所有打印机材料。此外，所有电气、机电和电子元件都需要根据空间标准（例如辐射硬度、降额等）进行设计和建造。然而，这种技术空间化的可行性超出了目前的工作范围。因此，这里只研究了一个特定的问题，这对于将D形打印技术应用于使用原位资源在月球上建造建筑至关重要，即"墨水"在月球真空和代表性温度下等环境中生存和再现网状过程的能力。

　　空间任务的成本变化很大，取决于目的地、船上可能有人员产生的费用，显然也取决于空间船上运送的材料的重量和体积。为确保设备和人员安全着陆，可以在月球上交付的材料质量在5～8t范围内。就可以运输的材料体积而言，最大的空间矢量长度为10.3m，直径为4.5m，粗略估计总体积约为160m³；因此，单个太空船可以输送的材料体积在80~100m³的范围内。

综上所述，考虑到上述计算的原材料重量和体积，以及3D打印机、漫游车和其他设备的临时设计的重量和体积，建造第一个月球前哨站（由一个圆顶组成）所需的所有材料都可以在一艘（相当大的）船上发送。运输材料的成本变化很大，为40千~400千欧元/kg，因此可以考虑200千欧元/kg的平均值。在交付8t设备和材料的假设中，建造第一个月球前哨站的任务成本粗略估计为160亿欧元。

7.2 月灯笼

2021年，NASA资助ICON提出了名为"LUNAR LANTERN-月灯笼"的月面固定实验室，这是一个综合性的月球前哨站，可以使用自动化3D打印机器人在月球上建造。这个前哨站的建设利用了许多新兴技术来加强原位资源利用（ISRU），以尽量减少对地球的依赖。月灯笼前哨站由栖息地、棚屋、着陆场、防爆墙和道路组成，其概念图如图7-4所示。

图7-4　NASA月灯笼前哨站[141]

如图7-5所示，月灯笼前哨站采用了三个结构组件：底座隔离器、张力电缆和惠普尔屏蔽。底座隔离器本质上是减震器，它们部署在地基上以吸收由常规"月震"（"浅"或"深"）引起的冲击和应力。浅层地震发生在50~220km的深度，归因于地表温度和陨石撞击的变化。深层地震更为罕见和强大，起源于约700km的深度，由潮汐作用形成。然后是外部安装的张力电缆，它对栖息地的3D打印墙壁施加压应力。最外面的组件——惠普尔屏蔽，是一个双层外壳，由内部格子和外部屏蔽板组成。这提供了防止微陨石和喷射物（由附近的撞击引起）弹道撞击的保护，同时还保护内部结构免受直接暴露在太阳下引起的极端热量的影响。除了防止极端温度、辐射和地震活动外，还可以防止所有锯齿状和带静电的月球风化层（又名"月尘"）造成的危害。月球基地配备了控制这些危险的装备（并从中受益）：着陆垫。它被认为是最早的月球结构之一，需要控制发射和着陆过程中产生的超音速和亚音速尘埃喷射物。

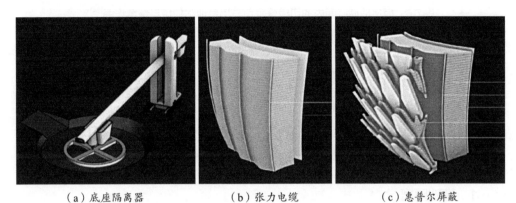

（a）底座隔离器　　　　　　（b）张力电缆　　　　　　（c）惠普尔屏蔽

图7-5　NASA提出的月灯笼前哨站及关键技术[141]

7.2.1　性能目标

在整个月灯笼前哨站的生命周期中，需要证明结构具有对循环和疲劳载荷、长时间地震事件、不对称热载荷和内部加压的适应能力。因此，考虑到这些环境因素，烧结的风化层材料需要保持弹性，同时其作为一种脆性材料，设计目标是尽可能避免在低应力极限状态下产生裂纹。确保结构的适应性是在月球表面建立繁荣、自给自足和永久定居点的最重要概念。由于微陨石撞击可能会破坏结构导致结构快速降压而形成灾难性的危害，因此为了减小微陨石撞击和二次撞击的风险，这些栖息地必须设计坚固耐用的防护层。此外，还需要预测新的破坏模式，以便更好地评估月球结构和基础设施的生命周期；必须考虑智能的结构监测，例如通过整合嵌入式传感器网络来监测结构健康和完整性，以及预测结构内部异常的概率风险。如图7-6所示，只要能够修复和维护，月球栖息地的结构外壳受到一些损害是可以接受的。

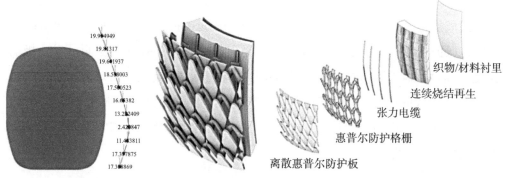

图7-6 栖息地横截面内的切线悬垂角与栖息地防护墙系统爆炸图[141]

7.2.2 结构设计与技术

月球上的极端温度波动和地震活动将导致极端的材料疲劳，因此必须特别注意分配结构设计的安全因素。为了降低导致结构失效的风险，该项目引入以下结构技术：基础隔离、离散的惠普尔防护板和后张拉技术。

1. 基础隔离

为了减轻月震带来的灾害风险，月灯笼前哨站引入了基础隔离作为抗震设计的方法，这在概念上减少了结构对抗震作用的需求，而不是增加了结构的抵抗能力。通过在结构和基础之间插入刚度较低的结构单元，基础隔离结构将建筑响应从月震的破坏作用中分离出来。与固定基础结构相比，基础隔离结构抗震需求降为原来的1/4～1/3。基础隔离还减少了对栖息地的潜在损害，然而集中了对隔离系统的损害。当隔离系统受到损害时，可以在其中更换损坏的元件。

2. 离散的惠普尔（Whipple）防护板

为了减轻微陨石撞击造成的快速降压风险，该项目引入了离散的惠普尔防护板。Whipple防护板在月球表面进行制造，并由机器人放置在栖息地周围的二次晶格结构中。Whipple防护板代表了一种成熟的解决方案，为国际空间站免受微流星体和轨道碎片（Micrometeoroid and Orbital Debris，MMOD）伤害提供了保护。在当前的太空飞行操作中，通过分析发现高风险区域，因此会在宇航员舱外活动（Extra-Vehicular Activities，EVA）的地点中，以及在MMOD撞击命中率最高的地方添加防护板。Whipple防护板也可以作为栖息地的第二热屏障。理论上，Whipple防护板可以在施工过程中为加压的栖息地外壳提供遮阳，但需要更多的研究来验证这一点。将Whipple防护板作为连续3D打印压力外壳的二级结构，代表了一种具有高冗余度的强大且具有战略性的结构组合。Whipple防护板的可修复性和可维护性表明，对加压栖息地的防护可能具有更高的可靠性。

3. 后张拉技术

后张拉混凝土在抗震、振动、挠度以及最重要的裂缝控制方面起到性能增强的作用。后张拉使栖息地外壳保持恒定的压缩状态，这在抗震、振动、挠度以及最重要的裂缝控制方面起到了关键作用。设计团队考虑将玻璃纤维和后张拉相结合，并应用到月灯笼栖息地结构中，以减轻裂纹扩展。

7.2.3　建造流程

如图7-7所示，月灯笼的施工顺序如下：首先，使用无人驾驶探测车挖掘一个直径16m、深2m的圆形区域，以形成月球地形更稳定的基坑。在此过程中，可以设置坡道，以使该区域的挖掘和后期利用更加容易。然后3D打印机器人将打印挖掘区域的地基。接下来，3D打印机器人将把栖息地的预集成核心从着陆器转移到基础上，同时确保地震基础隔离器和基础上的凹槽之间的正确连接。之后，3D打印机开始打印压力容器的外壁结构。当打印达到3D打印外壁穿孔的底部时，将放置气闸室和窗口。墙壁结构打印完成后，顶盖将被升起并锁定在设计的位置上。储存在顶盖卷轴中的张力电缆随后下降，并通过无人驾驶漫游车连接到堆芯底盖上的锚固件。最后是打印外防护层，从晶格结构开始，然后是单独打印的Whipple防护板，这些Whipple防护板将被3D打印机器人打印在晶格结构中。可总结为七个步骤：

第一步：将芯体放置在基础上；

第二步：必要时在3D打印墙壁放置气闸/窗户等；

第三步：完成墙壁的打印，然后升起芯体的顶盖；

第四步：从顶盖部署张力电缆，将其绑在底盖的锚固件上，然后将光收集装置放在顶盖上；

第五步：开始打印外壳晶格结构；

第六步：完成晶格结构的打印；

第七步：分别安装打印的模块化Whipple防护板。

图7-7 月灯笼栖息地设计施工顺序[141]

7.2.4 人居规划与室内布局

月灯笼的室内栖息地促进了一种由人为因素驱动的设计方法，以确保未来宇航员的安全。如图7-8所示，根据预期的Artemis任务和该项目对月灯笼的分析，该栖息地是一个三层楼的结构，可支持4名宇航员生活。通常用于确定栖息地大小和可居住功能的各种任务驱动的因素中，与任务持续时间和活动不同，宇航员的规模数量是项目中的一个已知参数。对一系列地面作业进行了评估，以满足栖息地的规划需求；这些领域包括资源开采、行星和生物科学以及地表勘探。设计团队努力创造功能性的工作和生活空间，不仅可以满足未来六个月或更长时间的任务，而且还引入功能性、建筑和室内设计元素，以提高全体机组人员的凝聚力、表现力、健康以及幸福感。

图7-8 栖息地底层的宇航员宿舍与栖息地顶层的餐厅[141]

月灯笼栖息地划分为不同的模块：宇航员模块（包括4名宇航员的宿舍、厨房、卫生区、餐厅以及具有健康和医疗功能的病房区域）、科学模块、维护模块和后勤模块（用于储存和维护）。设计团队采用了上述月灯笼栖息地模块划分方案，将机组模块功能与科学和研究活动分开，确保机组人员的安全。在栖息地大小和体积估算方面的研究非常重视任务持续时间、乘员规模和优化乘员性能的科学目标。此外，还没有公认的适用于零重力环境的可居住体积标准。就月灯笼项目而言，没有具体限制栖息地内的总占地面积，而是侧重于根据功能进行结构的划分。

如图7-9所示，在月灯笼栖息地的设计方案中，一楼设有私人功能区域：4名宇航员的单独宿舍、休息室、浴室和可转换的健康实验室/医疗站。这一层的舱口与加压探测器相连，同时也是紧急出口。第二层的特点是通信和任务控制室、洗手间/卫生间、环境控制和生命支持系统（Environmental Control and Life Support System，ECLSS）硬件的机架区域和一个训练区。这个主要的公共楼层有两个气闸连接到其他模块，如实验室或物流区。栖息地的第三层和顶层设有厨房和公共娱乐区、储藏室，以及一个连接到栖息地第二层的气耕花园。栖息地的顶层适应性很强，它可以从一个公共聚会空间转变为更私人的观测和思考空间。每层楼都有一扇窗户，以确保对地球的持续能见度。

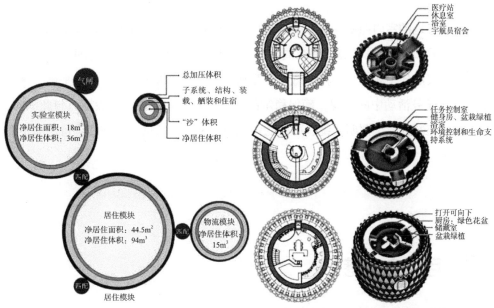

图7-9　栖息地、后勤和实验室模块的规划分解与月灯笼的平面图和轴测图[141]

如图7-10所示，在设计的早期迭代中，可以通过梯子、电梯和封闭走廊来实现栖息地内的循环，以最大限度地提高室内空间的效率。在栖息地的楼层内设置了三个通往下面的空隙或开口，以提供开阔的视野，从而提高机组人员的满意度和心理舒适度。最重要的开口是开放的楼梯，从一楼开始直至顶楼。这种楼梯可以使机组人员逐渐看到整个栖息地，从而降低机组人员患有幽闭恐惧症的风险。另外两个空隙是中层和上层之间的绿色空间。窗户旁边的连续绿色墙壁可以看到地球的景色，空中花园的设计是为生物爱好者提供的通道，并方便工作人员在楼层之间的交流。

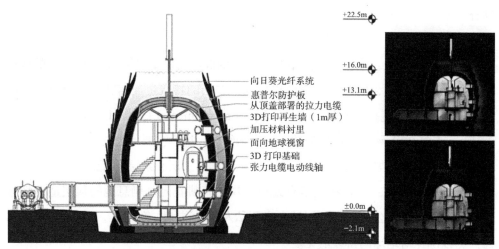

图7-10　月灯笼设计部分与内部的昼夜照明[141]

　　该栖息地的室内照明设计方案基于社会时代理论，任何外部或环境都会提示宇航员的生物节律与地球24h的昼夜周期和12个月的周期同步。私人空间和公共空间的分离不仅能让宇航员与同伴进行社交互动，还有望改善工作与生活的平衡，确保宇航员在任务活动中的表现，确保稳定的饮食模式，并促进定期锻炼。与此同时，人工智能控制的人工照明系统、可控的大气条件和温度有助于管理和维持宇航员的昼夜节律。

7.3　月球安全港

　　宇航员的安全对于持续的行星驻留至关重要，其中环境危害包括辐射和微陨撞。这些危害是令人担忧的问题，在月球表面进行操作时，必须保护宇航员和月表设施免受这些危害。由于质量和体积的限制，当前的居住模块设计不能提供足够的保护，以支持在月球上的长期持续驻留。月球安全港（Lunar Safe Harbor，LSH）研究为期1年，旨在评估概念设计，这些设计可以为宇航员和月表设施提供比居住模块更多的辐射、热和碰撞保护。如图7-11所示，研究团队熟知各领域的专业知识，包括场地准备、挖掘、建筑、原位资源利用（ISRU）、太空组装、先进材料和结构、自主性、机器人维护、太空技术开发以及人类探险任务规划与分析。

图7-11　LSH概念图[142]

7.3.1　设计考虑因素

根据阿尔忒弥斯计划执行的可能性和物理建筑、就位方法等因素的考虑，一个庇护所的不同特征之间有许多相互依赖的关系，并不是所有特征都可以在一个设计中同时实现。以下是月球安全港主要考虑的设计影响因素。

1. 辐射防护

辐射防护是低地球轨道（LEO）以外探索的一个巨大驱动因素，美国宇航局遵循ALARA（尽可能低且合理可行的）辐射暴露原则。月球安全港零级要求状态如下：LSH应对机组人员、电子设备（如提供自主系统指挥和控制的计算机）以及HEOMD定义的其他需要辐射屏蔽的探测和居住系统进行至少10年的屏蔽，且不超过机组人员和电子设备的替代剂量限制。

月面有两种主要的自然辐射源——银河宇宙射线（GCR）和太阳高能粒子（SEP）。其中，GCR很难屏蔽，因为粒子的能量范围从低到极高。大部分归因于GCR的剂量来自相对罕见的重离子，如铁（Fe）。GCR还可以与结构材料相互作用，产生二次中子、伽马射线和离子阵雨。事实上，由于风化层中的GCR相互作用，预计中子在月球表面的总剂量中所占的比例很大。SEP是能量相对较低但通量很高的主要由质子组成的流。在没有足够防护的情况下暴露于SEP，除了会影响宇航员职业生涯的剂量限制外，还会导致急性放射病或死亡。因此，从长期来看，LSH应该能够减少来自GCR的本底剂量，但也确保对在不可预测的时间尺度上发生的SEP提供保护。

在辐射防护方面，并非所有材料都是一样的，一种能很好地屏蔽一种源的材料在屏蔽另一种源时可能会有问题。众所周知，电子密度高的材料对GCR粒子辐射的屏蔽效果更好，因此首选含氢量高的材料。高原子量的材料（如铁或铅等金属）可以有效地阻挡γ射线和X射线，但在GCR环境中会引起二次辐射阵雨。如果没有通过仔细计算深度剂量曲线来优化屏蔽厚度，可能会导致屏蔽后的更高剂量。在LSH背景下，意味着在考虑使用传统建筑材料（如钢材）制作结构支撑时必须谨慎。

空间辐射评估在线工具（OLTARIS）为GCR和SEP提供了合适的设计参考环境，可以解释月球表面的中子反照率，并可以多种格式输出结果［剂量、剂量当量、暴露诱发死亡风险（REID）等］。为了获得最精确的计算，必须向软件提供光线跟踪CAD模型；为了更简单地计算，采用具有材料特性（化学组成和密度）的分层板就足够了。这种材料显然是基础建筑材料的选择，因为最大限度地利用就地资源是LSH的另一个目标。值得注意的是，3m厚的风化层造成的年剂量约为50mSv，这是辐射工作人员的职业剂量限值。7m厚的风化层的年辐射量大约相当于地球的背景水平，约5mSv。因此，大多数概念都是按照3～7m的风化层覆盖层的标准设计的。显然，提供任何显著级别GCR保护的风化层厚度"自动"包括SEP保护。然而，有些设计可能无法从所有方向提供等效的屏蔽（例如，入口/出口隧道可能对空间开放），并且需要仔细设计，以确保在SEP期间，如果有较低或没有屏蔽的可达区域，机组人员可以随时使用风暴遮蔽区域。

2. 撞击防护

月球环境存在着自然和人为的撞击危险。自然灾害包括初级微流星体、次级抛射物和局部流星雨的背景通量。人为的危险包括移动设备（如漫游车）和着陆器的羽流。工程和场地布局控制可能提供最好的保护，免受人为影响的危害。例如，LSH中任何开口的方向都应该远离着陆台的视线；羽状喷射物可以在月球表面接近真空的"大气"中传播很远的距离。月球安全港估计了"最坏情况"的可能性，在这种情况下，撞击物会对LSH造成重大的结构破坏。灾难性损伤的定义将在很大程度上取决于最终的结构，包括材料选择、厚度和能量吸收性能。月球安全港将显著撞击定义为导致风化层覆盖深度10%的陨石坑。一个会造成0.3 ~ 0.7m深陨石坑的撞击物超出了微流星体工程模型（Micrometeoroid Engineering Model 3，MEM3）中所记录的微流星体通量的典型范围，因此有必要重新缩放微流星体通量以确定其出现的频率和概率。撞击物的质量为上百甚至上千千克，直径达几十厘米，而且在所有情况下，在南极地区的某个特定地点发生的频率极低——大约每几万亿年发生一次。应该做进一步的工作来分析流星雨的影响，流星雨在时间和空间上是非常局部的，但可能包括比平均水平更大的撞击物。

3. 形状及大小

由于LSH旨在为栖息地提供补充保护，其设计细节应考虑栖息地的具体设计。然而，目前尚未确定单一的设计方案，仍有多种可能的原型设计，如图7-12所示。在Artemis计划的早期阶段，最可能采用垂直和水平形状，因此选择高度为8 ~ 12m的垂直栖息地作为本研究的参考建筑。

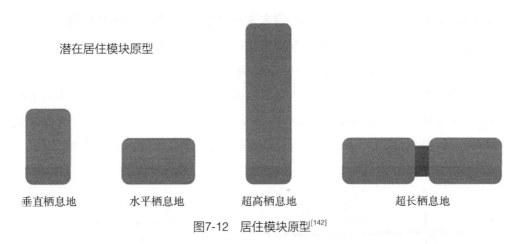

潜在居住模块原型

垂直栖息地　　　水平栖息地　　　超高栖息地　　　超长栖息地

图7-12　居住模块原型[142]

4. 施工技术及设备可行性

远程操作和自主机器人系统将是LSH建设的关键推动因素，因此安全港的设计将受到月球表面设备访问的限制。可供使用的建筑设备包括一个长臂重型起重机械臂，如轻型地面操作系统（LSMS）和几个具有分级、挖掘和推平能力的探测车，风化层先进表面系统操作机器人（RASSOR）以及用于建筑和挖掘的月球附着节点，一种与战车系统相连的推土机（LANCE）。关键施工作业包括但不限于地面处理、开挖、基础/结构构件施工和各种类型的风土运输/操作。

7.3.2 安全港结构设计

1. 概念1.1A：风化层覆盖抛物线形防护

概念1.1A采用压缩的刚性拱形或圆顶作为主要的内部支撑结构，并使用大块的风化层覆盖层提供保护。之所以选择抛物线形状，是因为它可以理想地将所有载荷转换为压缩载荷，并最大限度地减少在重力减小的情况下支撑顶部几米厚的风化层所需的结构材料。圆顶将主要由从地球运来的材料建造，这允许对加工和成型有更多的控制。金属材料和复合材料都是内部结构的潜在候选者，但需要进行更多的分析，以适当地确定各种材料的强度与重量的数值范围，并评估该概念所需的最大质量。由于需要将这些材料压缩成良好的几何形状，因此，可以使用几乎为零拉伸能力的材料（如基于风化层的块），并充分利用ISRU技术来构建，如用风化层和胶粘剂或烧结风化层进行3D打印。这些技术目前处于较低的技术就绪水平（Technology Readiness Level，TRL），一旦可用，将大大减少运输内部结构施工材料的需要。这个概念也可以线性扩展为抛物线拱顶结构，以容纳更长的栖息地，在同一屋檐下建造更多的栖息地，或如图7-13和图7-14所示的额外设备。

两条抛物线剖面的隧道为工作人员和机械提供通道。这种设计在所有方向上都提供了平等的保护，并可以通过考虑弯曲路径等因素来缓解入口和出口的数量减少问题，如图7-15所示。或者，可以建造大型独立的护堤，作为入口的额外视野屏

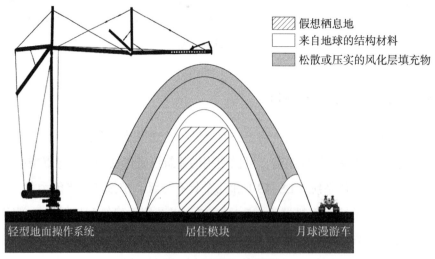

图7-13 概念1.1A[142]

图7-14　概念1.1A的剖视图[142]

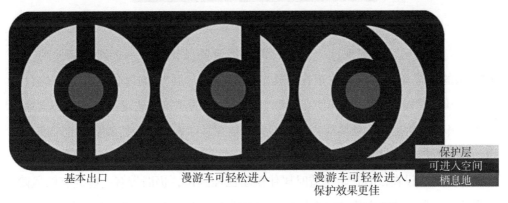

基本出口　　　　　漫游车可轻松进入　　　　漫游车可轻松进入，
　　　　　　　　　　　　　　　　　　　　　　保护效果更佳

保护层
可进入空间
栖息地

图7-15　为概念1.1A规划的入口和出口路径的示意图[142]

蔽。理想情况下，入口隧道应该足够大，可以让月球漫游车（LTV）进入，在常规操作中提供MM保护，在需要时为机组人员提供微流星体保护。

　　外层风化层保护层的作用是防止微流星体和辐射。松散的风化层可以压实到更高的密度，或者用额外的材料稳定，比如地垫（由高密度聚乙烯制成的侵蚀控制网）。这可以减少整体占地面积，允许建造更多的垂直墙，而不是允许风化层呈现自然的休息角度。这个概念的尺寸是根据容纳居住模块所需的尺寸以及人员和机械在栖息地移动和工作所需的访问空间产生的，如图7-16所示。该栖息地假定为12m高，顶部有一些空间用于间隙，因此内部总高度约为15m，相当于一栋5层楼的建筑。整个栖息地周围有一个4m宽的区域，为两名穿着舱外活动服装的宇航员提供了足够的空间，他们可以在旁边行走并执行维护任务。居住模块本身的直径假定为7m，导致最小的基础足迹直径约15m（尽管它可能更大，以保持圆顶的抛物线轮廓）。最理想的情况是，会有额外的遮蔽空间用于存储电子设备和其他硬件。

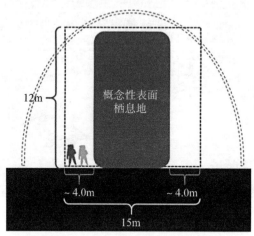

图7-16　一个由LSH保护的高圆柱形表面栖息地的概念估计尺寸[142]

我们注意到，要实现这一概念，需要大量的风化层——必须挖掘大约三个0.5m深的足球场，并将其放置在结构的顶部，以达到7m的风化层覆盖层的目标（另一个约2层楼的高度）。即使在地球上，用传统的建筑方法建造没有内部支撑柱的大型开跨结构也是一项挑战，我们不应低估在月球表面建造类似结构的难度。可用的建筑资产，如LSMS将是必不可少的。

该方案假设在LSH开始建造时居住模块已经到位，仍旧带有一些固有的风险。它需要在栖息地的上方建造。在计算质量要求时，必须考虑容纳建筑碎片的临时脚手架或网，并且必须为任何居住系统损坏时的紧急避难所做好准备。此外，虽然头顶的环境提供了极好的保护，免受影响和辐射，但它需要改变一些栖息地模块系统。目前的基线栖息地设计有从顶部突出的散热器和太阳能电池板；这些设备需要移动到LSH之外，这就带来了额外的挑战。

2. 概念1.1B：聚乙烯豆袋防护

颗粒/产品的豆袋。如果最初的保护层被认为是必要的，它就需要增加质量。但最终，随着阿尔忒弥斯进入持续阶段，越来越多的垃圾将更有规律地产生。食品打包物和其他消耗品含有大量的聚乙烯、铝等材料，这些材料可以提供出色的辐射屏蔽，否则将成为废物。预先建造的屋顶结构有几个额外的好处，比如在LSH庇护所的顶部和内部之间可能很容易直接进入和连接。这对于已经集成到栖息地中的电力或通信设备或其他需要高基座结构（＜10m）以达到视线目的的阿尔忒弥斯大本营元素可能很有用。屋顶的总跨度直径约为14m，需要一个大跨度的结构来支撑，但这仍然是一个合理的跨度。

概念1.1B的建立与概念1.1A的拱形结构在一些方面存在差异，概念1.1B的概念说明如图7-17所示。首先，如果在建造LSH时栖息地已经就位，特别是在架空内部结构层就位期间，概念1.1A的建造风险更大。但由于概念1.1B基本上是一个垂直的圆柱体，它在结构稳定性方面具有天然的几何优势。这使得它的建造变得简单，可能会减少施工步骤，缩短施工时间，并且需要更少的复杂机械，所有这些都有利于降低整个项目的风险。在降低风险方面的一个关键优势是，该方案不涉及在栖息地直接上方使用重型设备和不太了解的材料进行结构就位，因为栖息地直接上方的所有东西都可以在地球上进行很好的测试和验证。这种豆袋概念允许在任何突出的结构周围更灵活地添加面向天顶的辐射防护。

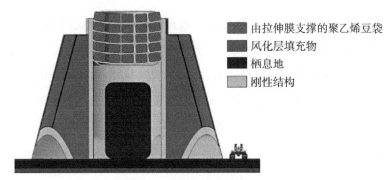

图7-17　概念1.1B的概念说明

就辐射和影响而言，视点因子是确定风险的一个决定性特征。鉴于大多数撞击危险的入射位置与地平线的夹角小于40°，圆柱体将提供保护，使其免受最危险的撞击。然而，GCR和SEP（在充分发展时）是各向同性现象，剂量仍将从上方输送。最后的设计需要考虑机组人员和深空之间的所有栖息地材料，确保防空洞的防护措施足以避免急性辐射病。但随着时间的推移，随着废料的增加，辐射防护将会得到改善，而且不需要太多的材料来阻挡SEP。

7.3.3　建造流程

LSH系统建造的主要流程包括下面几个主要步骤，其中ABC表示阿尔忒弥斯大本营（Artemis Base Camp）：

第一步，将LSH系统从着陆器着陆地点运送到建造地点。

第二步，部署位置确定参考系统，包括卫星系统和地面信标。

第三步，调查安装位置信息，包括：对场地进行图像化和表征（地形、地质），执行资源评估、映射和分析，确定采矿位置和避难所位置。

第四步，为安装LSH避难所准备场地，包括：移除岩石，对场地进行分级（开挖高地、将风化层倾倒在洼地中），粗略压实场地并稳定，压实区域的表面验证压实度和分级，转移散装风化层，堆砌建筑原料。

第五步，放置、组装和/或建造利星行避难所，包括：将利星行避难所组件从着陆点运输到施工现场，部署LSH系统/组件，处理结构材料，建造/组装避难所地基，建造/组装避难所结构元件，建造/组装避难所墙或其他屏蔽材料，在需要的地方部署或放置服务电缆，例如在最终避难所占地面积的"内部"（下方/阴影内）和"外部"都具有长度的穿墙，安装设备并连接（外部）服务（例如，电源、通信等）。

第六步，从ABC地面电源接收分配的电源，或独立发电，包括：连接并接收来自地面的电源，进行给定系统的功率调节，将接收到的功率分配给LSH系统。

第七步，与其他地面系统进行通信并提供足够的命令和数据处理，包括：在月球表面向利星行和其他ABC系统发送和接收数据，管理算法以实现自治，在代理之间分发命令，从ABC元素连接到并接受互联网。

第八步，管理/清除单个利星行系统（非避难所内的ABC系统）的月球尘埃，包括粗除尘和细除尘。

第九步，管理单个LSH系统（而不是避难所内的ABC系统）的热控制。

7.4 月球冰屋

"冰屋"结构主体由镁合金制成，支撑在烧结的风化层基础上，并覆盖装有风化层的月壤袋用于防护，如图7-18所示。

图7-18　冰屋结构的CAD模型[143]

7.4.1　材料选择——镁

考虑到目前向月球运送物资的成本，建造长期居住的结构主要是利用原位资源，并且对地球材料运输的依赖最小。

风化层被定义为覆盖在月球基岩上的破碎和松散的岩石物质层。这种细粒层一般覆盖在月球3~20m的上层。假设材料主要是从风化层中提炼出来的，因为挖掘深层需要重型机械，我们只考虑上层的矿物。图7-19为月球风化层的元素组成，它主要由铁、钙、铝和镁等组成，还有少量的铬、钛和锰。

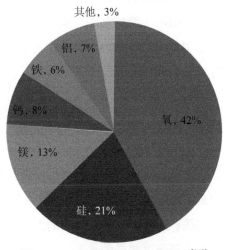

图 7-19　月球风化层的元素组成[143]

使用金属作为建筑材料，必须在铁、铝和镁之间做出选择。作为风化层中最容易获得的金属，镁在月球上的应用并没有像铁和铝那样受到重视。镁作为结构材料，具有以下优点和缺点：

1. 优点

高外星镁合金的高强度重量比是其利用率高的一个重要因素，特别是在AZ91等强合金中，其性能甚至优于钢。虽然铝合金通常被建议使用，但镁合金在最近几十年中取得了很大的进步，并且已被证明具有比铝和钢更高的相对机械性能（性能/密度）和能量吸收。由于这些特性，镁合金最近被用于航空航天和汽车工业：飞机上存在许多镁发动机部件，以减轻重量并保持强度。

镁具有很强的电磁屏蔽作用，其有效性是由其导电性和渗透性决定的。例如，相对于优良导体铜，以下三种金属的相对电导率表明镁是良导体：镁（0.36），铝（0.61）和铁（0.17）。它与铝一起被认为是空间应用的辐射屏蔽物。它的中子吸收截面值为0.0636 ± 0.004barns/atom（1barn=10^{-24}cm^2）。

镁还具有30倍于铝的振动阻尼和高抗冲击性。镁是月球土壤中最普遍的金属之一，它的这些特性在月球上分别对对抗月震和流星体撞击很有用。

镁金属的低熔化温度为650 ± 2℃，完全在自由空间站使用的太阳能聚光器加热炉的范围内，因此在月球上是可以实现的。相比之下，铝的熔点为660℃，铁的熔点为1535℃，钛的熔点为几乎不可能达到的1795℃。再加上熔合潜热是铝的2/3，比热是铝的3/4，与其他金属相比，这些特性使得镁的生产和回收速度快，能耗小。

镁是工程设计中最容易加工的金属，并具有优异的浇注性。因此，镁替代部件可以由风化层和计算机数控（CNC）铣床制造，从而减少对地面制造的依赖。

镁是一种抗磁性材料，其磁化率为1.2×10^{-5}，接近于铝的磁化率2.2×10^{-5}，如果材料对任何磁化都没有响应，其磁化率等于零。因此，具有轻微的磁化在精炼或加工中是有用的。

2. 缺点

镁广泛应用的主要障碍之一是它对水和氧的高反应性。然而，由于月球表面的压力为$10\sim12$torr（1.0325×10^{-7}Pa），月球上基本没有大气，如果镁只用于外部结构，这应该不是一个重大问题。此外，据报道，新的无镍和无铁合金的环境腐蚀比钢低。这些合金可将环境腐蚀降至可接受的水平。

虽然它的相对性能是有利的，但镁的极限抗拉强度和疲劳强度低于铝和大多数结构金属。由于月球的引力只有地球引力的1/6，这一点最终变得不那么重要了。

此外，这些轻微的强度缺陷可以通过使用高强度合金和精心设计的具有表面特征、横截面和棱纹的铸件来有效缓解。

镁的点燃安全风险被月球几乎无氧的硬真空所消除，但在风化层精炼的某些阶段，由于氧气的存在，一些风险可能会持续存在。也许可以利用镁的导热性来扑灭局部火灾。此外，日本国家先进工业科学技术研究所表明，加入钙可以提高镁合金的燃点200～300℃。铜导体棒可以封装在氧化镁中，作为密封和防火绝缘体。

由于从风化层中分离氧化镁存在困难，精炼镁的过程能量消耗很大。一些建议的方法是存在的，但研究人员和实践者可能倾向于从月球土壤中生产多种所需产品，以提高效率。与此同时，没有研究直接关注在月球上提炼镁，因为它被认为是难熔的。

尽管压铸镁需要更昂贵的材料和更复杂的机械，具有更高的夹紧压力和滑块速度，但镁模具的平均寿命是铝模具的两倍（或更多）。由于目前使用现有火箭燃料到月球的运输成本约为每千克10000美元，使用镁模具的额外成本和更高的功率要求可能低于从地球运输建筑材料的长期成本。当然，目标是放弃尽可能多的来自地球的运输。

当然，使用镁需要有足够的数量，并且月球上有足够的基础设施来提取和加工镁。

3. 可用性

总的来说，镁是月球风化层中含量丰富的金属。在月球上最大比例的镁被观测到存在于高地橄榄石样品76535中的橄榄石中，其中含有高达47.1%的氧化镁，这是月球土壤和岩石中天然存在的含有金属的化合物。虽然橄榄石整体上是氧化镁的极好矿物来源，平均含量为32%，但这种化合物也很容易在几种月球风化层中以高比例获得。在高地，镁被发现在上述橄榄石中浓度很高，在黑石中也存在。在较小程度上，它也存在于沿海地区，特别是在高钛和低钛的风化层中。就镁浓度而言，JSC-1、JSC-1A、CAS、FJS-2、FJS-3和NU-NHT-1等风化模拟物很好地代表了这样的月海月壤。

尽管勘探含镁量高于平均水平的岩石是最有效的方法，但当科学家决定月球基地位置时，镁的浓度可能不是主要考虑的问题。此外，尽管橄榄石含有高浓度的镁，但由于其有限的反应性和释放氧气的高温，它也是一种难降解矿物，几乎无法提炼。然而，幸运的是，氧化镁通常在活性矿物中占大块高地土壤的5%～6%，占大块沼泽土壤的8%～10%，因此它通常以可精炼的数量存在。

南极附近的地区在月球基地的潜在地点名单上名列前茅，除了极点接近地球、太阳风通量屏蔽和具有最小的温度变化外，水的发现是额外的优势。

不幸的是，在40.86°S以南，也就是勘测者7号着陆的地方，还没有采集到土壤样本。然而，研究人员利用伽马射线光谱学（GRS）对月球南极进行了调查，提供了不同地区镁产量的近似值。GRS图像显示，在艾特金盆地南部地区，在月球背面距离南极170°～175°W10英里的地方，镁的浓度很高（高达16wt%）。这个位置与沙克尔顿陨石坑一致，后者被证明具有高浓度的月球冰。

7.4.2 栖息地尺寸选定

压力容器方程可用作壁厚的初始估计。由于结构几何上的不连续和尖锐曲线，以及开口周围的区域，需要考虑应力集中。为了减少这些影响，通常会在容器设计中引入"鱼片"结构。稍厚的壁可以补偿在简化的压力容器方程中没有考虑到的弯曲应力。

将结构截面自由体图的静力平衡方程写为：

$$pA=A_t\sigma_{allow} \tag{7-1}$$

其中，A为空气压力下的截面积；A_t为等厚壁t的面积；p为规压；σ_{allow}为许用应力，定义为材料的极限抗拉强度（σ_u）除以适当的安全系数（FS）：

$$\sigma_{allow}=\sigma_u/FS \tag{7-2}$$

为了考虑应力集中，允许应力必须通过应力集中系数（K）进行修正，该系数定义为在不连续截面上计算的最大应力与平均应力之比：

$$K=\frac{\sigma_{max}}{\sigma_{allow}} \tag{7-3}$$

另外：

$$pA=A_t\frac{1}{K}\frac{\sigma_u}{FS} \tag{7-4}$$

使用现成的应力集中曲线，K估计为2.65。月球的重力加速度很低，我们可以忽略砂袋的重量，只考虑表压p，它等于1atm（1.01325×10^5Pa）的内部压力。根据所选择的结构几何形状，$A=150m^2$，$A_t=50m^2$。安全系数可以选得很高，比如5，即使这样的结构可以用小得多的安全系数来设计。将这些值代入式（7-4），其中纯镁的极限抗拉强度为21MPa，得到壳体所需厚度为0.192m。这可能低估了所需的厚度，因为弯曲应力也是由风化层横向载荷引起的。此外，应力集中系数假设开口远离任何几何不连续。因此，作为初步猜测，本研究假设壁厚$t=0.229m$。应力分析的结果将显示所选择的厚度是否足够。高安全系数保证我们是安全的。

从图7-20和图7-21中可以看出，尖锐的边缘已经变得平滑了。

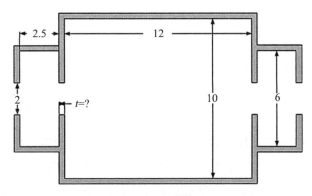

图7-20　结构平面图[143]（单位：m）

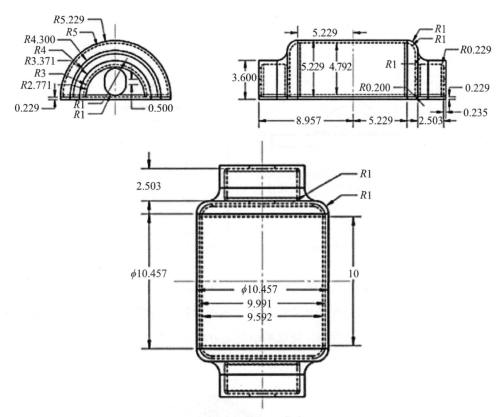

图7-21　月球冰屋结构工程图[143]（单位：m）

　　这种结构一般是固定在地基上的。1atm的均匀压力作用于所有内部表面。为了考虑风化层屏蔽所施加的力，风化层的体积密度估计为1650kg/m³。在月面下的1m月层内，风化层的体积密度为1500～1740kg/m³。重量导致均匀的向下压力为8096Pa（密度×厚度）。镁结构的物理性质被认为与砂铸镁相同；即杨氏模量为40GPa，抗拉（抗压）屈服强度为21MPa，泊松比为0.35，密度为1738kg/m³。此外，月球的重力加速度是地球的1/6，为1.64m/s²。

7.4.3　保温设计

考虑到月球温度的缓慢变化，以确定热控系统的能力为目的，对月球夜间和月球正午的极端条件进行了评估。这些情况下的地表温度分别为120K和161.61K，地点在南极地区纬度为88°的位置。

对于数值模拟，需要月球表面和深度的有限部分。图7-22是附近区域（纵向10.5m，径向11m）和下方风化层深度（3m）的示意图。假设镁结构处于热平衡状态，即没有热流通过切割截面。该表面被建模为各向同性，热导率为0.009W/（m·K），假设吸收率和发射率的辐射特性均为0.93。

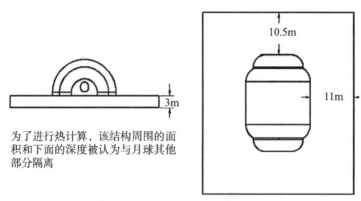

图7-22　附近区域和下方风化层深度示意图[143]

图7-23和图7-24描绘了月球结构各部分的环境温度。计算基于式（7-5），由此可知，在月球日，环境温度受到太阳相对于表面位置的影响，其值为θ_s。基地在月球表面的方向对热分析很重要，极端的情况是方向从东到西；也就是说，建筑的大

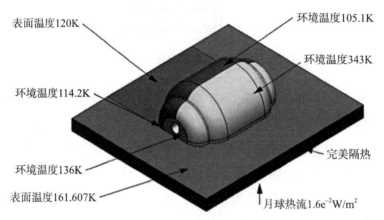

图7-23　月球南极午时的环境温度，大气的缺乏导致了温度的急剧变化[143]

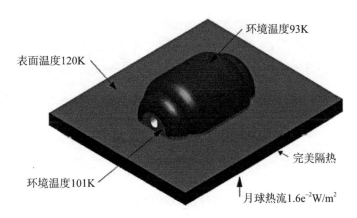

图7-24 月球南极夜晚的环境温度[143]

部分面向东方,其余面向西方。这种结构允许基地在月球正午时从太阳获得最大的热量。

$$T_a=(F_{bm}T_m^4+\frac{\alpha_s}{\varepsilon_b\sigma}S_c\cos\theta_s)^{1/4} \tag{7-5}$$

其中,T_a是环境温度(Ambient Temperature);F_{bm}是环境配置因子;ε_b是无量纲发射率因子;σ是Stefan-Boltzmann常数;T_m是月球表面温度;S_c是太阳常数(来自太阳的热量);α_s是防护层外表面的吸收率;θ_s是入射太阳光线与月表之间的夹角。

考虑地基热导率为0.009W/(m·K)的情况,热损失率在月球正午估计为142W,在月球夜晚估计为331W。图7-25和图7-26分别显示了月球南极的一个结构截面在月球中午和月球夜晚的温度分布。

在此基础上,利用栖息地、实验室、节点和气闸室上的热负荷来估计所设计散热器的散热能力。3m的风化层厚度似乎足以稳定月球昼夜的热变化。诸如此类的研究可以用于贸易研究,以改变安全因素、结构材料和现场准备工作,例如在结构周围融合风化层、部分掩埋结构或将其放置在合适的火山口中。

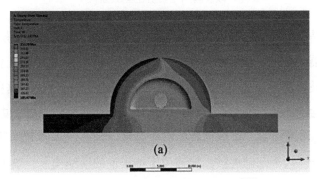

图7-25 月球南极中午的温度分布[143]

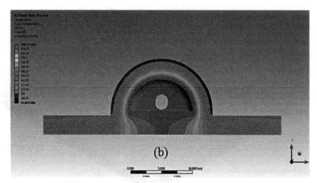

图7-26　月球南极夜晚的温度分布[143]

7.4.4　抗震设计

尽管我们对地球有很多了解，但我们在预测地震及其影响方面仍然面临许多挑战。由于数据很少，对月球内部的了解也有限，我们对月震及其影响的了解是非常粗略的。这个地震模型是基于最好的可用数据开发的，然后应用于图7-27所示的月球结构。

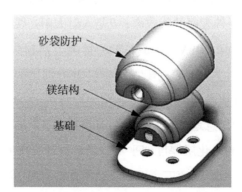

图7-27　镁结构的分解图，它的风化层屏蔽外
壳，以及有六个桩孔的垫式基础[143]

月球结构是一个镁结构，覆盖着砂袋风化层屏蔽，在烧结风化层基础上，设想由自主微型机器人使用分层制造技术建造。虽然选择了烧结风化土作为地基材料，但烧结风化土技术尚不成熟，无法应用于所提出的施工方法。当这些技术进步时，烧结风化层的性能即使不能与铸造风化层相比，也会比月球混凝土更好。浇铸的风化层具有比月球混凝土高一个数量级的极限强度。因此，本研究以月球混凝土基础作为保守的选择。六个基础桩被添加到位于垫子上的镁结构上，垫子延伸到结构之外，并支持风化层屏蔽的砂袋。

采用有限元方法对结构进行了数值模拟，并考虑了随机地震作用对结构的影响。

图7-28显示了月球栖息地的前六种振动模式，包括风化层屏蔽，它们都与地基耦合。每个模态都可以解释为结构在每个固有频率下的位移模式。振动系统的固有频率是其质量和刚度特性的函数。一般来说，像栖息地这样的复杂结构的振动特性是非常复杂的，这就是为什么它被分解成振动模态的原因。原则上，像这个栖息地这样的连续结构具有无限多的模态。为了便于计算，我们只需要少量的模态（6个）来准确地表示振动的大部分能量。

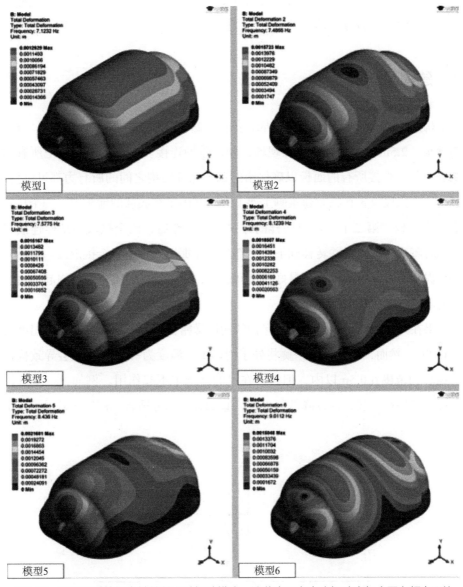

图7-28　提出的月球栖息地的前六种振动模式，这些表示在自由振动中每个固有频率下的位移模式[143]

结构对月球地震事件的反应表明，由于设计使用了相对较高的安全系数，忽略地震效应的设计风险较低。这种低风险似乎是合理的，特别是因为月球表面覆盖着一层风化层，粒状土壤被证明具有极好的阻尼特性。此外，这种震级的月震不太可能发生在25km或更短的距离，因为这些事件的估计深度为60～100km。

据估计，在一个随机选择的地点，一个月球结构可能在100km范围内经历一次体波大于4.5级的浅层月震，大约400年一次。由于镁材料的特性，这种结构具有很高的阻尼性，并且它覆盖在风化层中，从而减少了地震事件造成的破坏。此外，在设计需要空气密封的不同结构的气闸和节点时，必须考虑地震效应，因为这些结构可能对这种激励和微分运动更敏感。

7.4.5   建造及外观

结构的安装可以一步一步地完成，如图7-29所示。这是一个线性过程。首先，建造地板。2.5m长的面板布置在现场，使用舌槽连接。电缆可以帮助把所有的面板拉到一起。焊接所有的面板以确保密封，并保证结构之间的所有力都可以传递。通过将一个拱段放置在临时建筑脚手架上并将其固定在底部的地板上，一个接一个地竖起拱形板。第二个拱段以同样的方式放置。然后，两个拱段用螺栓连接在一起。临时脚手架被降低并转移到下一个部分，在那里放置下一个拱形段。最后，面板必须焊接在一起。所有焊接最好在夜间进行，以尽量减少由于温度引起的变形而产生的固有挠度。

如果在月球的白天施工，未受保护的构件暴露在阳光下，构件表面的温度会上升到150℃。然而，构件的另一侧将处于阴影中，温度为-100℃，这会导致构件偏转，偏转的范围在0.5m以内，但它们在拱的建造中不起作用。例如，一个三铰拱总是可以连接在一起，通过降低脚手架，直到各个部分适合。图7-29显示了一个拱

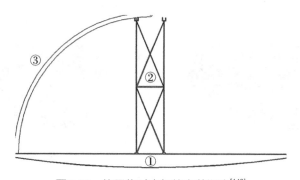

图7-29   使用临时支架的安装顺序[143]

就位后的结构。

临时支架的安装顺序为：先将绑带和构件①放置在光滑的月球表面，然后在领带上方放置临时脚手架。一个半拱接在领带的左端，由脚手架支撑。最后是连接右半拱，连接到领带和左半拱。

当达到所需的结构长度时，可以在拱端滑动端墙。接下来必须建立拱门与墙壁之间的连接。然后用薄膜织物条沿着结构连接处黏合到结构上，密封结构。在完成所有必要的密封后，可以对栖息地进行初步加压以测试密封，最后可以将风化层盖放到位。

安全系数为5时，楼板段质量为2945kg，重量约为5kN，拱段质量为605kg，重量约为1kN。将部件从着陆点移动到施工现场并在那里就位，只需要一个轻型起重机就足够了。

图7-30展示了一个可供三名乘员使用的居住舱的实体效果图，表面上的线条增强了曲率和立体感。

图7-31是结构的外观草图，顶部有3m的袋装风化层用于屏蔽，图7-32是基于该设计结构的扩展沉降图，背景中有太阳能板。

图7-30　结构的渲染图[143]

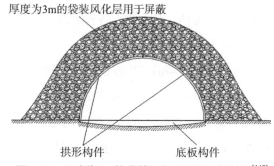

厚度为3m的袋装风化层用于屏蔽

拱形构件　　　底板构件

图7-31　厚度为3m的袋装风化层覆盖下的结构[143]

拟建的栖息地模块有利于线性扩张而不是分支。因此，线性和径向布局比庭院、分支或集群布局更适合。径向布局在紧急出口、设施和月球表面的可及性方面最有希望。这种方案包括一个易于接近的安全避难所，以应对太阳耀斑。中央功能区可以不同的方式进行设计，图7-33显示了在三种可能的扩展配置中实现冰屋结构概念。

图7-32　全基地概念，包括风化层屏蔽，接入端口和太阳能电池板[143]

图7-33   在三种可能的扩展配置中实现冰屋结构概念[143]

7.5   月壤袋建筑

7.5.1   背景

几个世纪以来，堆砂袋一直是地球上的一种常用技术，近年来，月壤袋的概念也受到了关注（图7-34）。毕竟，如果移居月球和探索宇宙，使用居住行星的原生材料将是必要的。月壤袋由各种高性能纤维织物制成，其内部填充物为月壤（实验测试时为类似月壤的水泥粉）。

这一领域前期的工作包括：1990年题为"月球风化层袋系统"的报告（佐治亚理工学院与美国宇航局和大学空间研究协会合作的一项研究），2005年8月由Regina Pope（MSFC，Qualis公司）撰写的题为"风化层袋报告"的报告；2005年10月由Mark Kearney和Charles Meyers（NASA MSFC动力学，载荷和强度分部）撰写的"风化层袋结构分析"报告；2005年11月Greg Schunk（NASA MSFC航天器热组）撰写的"初步风化层袋月球栖息地热研究和交付"报告。

一项名为"一体式月壤袋车库原型"的提案提出了一个使用连接的月壤袋（月球上的风化层袋相当于地球上的砂袋）建造月球栖息地的计划。该项目办公室已经考虑过用单个月壤袋或长而连续的管袋建造栖息地。然而，这些早期的概念在结构上可能不

图7-34   NASA月壤袋结构[144]

稳定，在单个月壤袋的情况下，连续的月壤袋在层与层之间需要带刺铁丝网，并且可能导致在月球上组装时出现问题，这是不可接受的。因此，提出了一种轻质的织物袋，从地球发射并降落在月球上，在那里将它们装满原始的月壤，并堆叠成一种类似木屋的结构。预计这种结构将比单独堆放的月壤袋具有更高的稳定性。

该任务的目标是：

第一，通过材料测试，了解哪些材料适合从地球发射、降落在月球上、填充月球风化层并用作功能结构。

第二，成功地设计和建造一个大型的一体式月壤袋结构，并将其填满砂子（或者在某些部分填满模拟月壤）。

第三，评估首个一体式月壤袋原型结构的结构完整性和可建造性。

7.5.2　材料测试

选择了以下六种候选织物材料进行测试：

（1）Vectran：一种聚酯基液晶聚合物（LCP）纤维。

（2）Nextel：一种耐火铝硼硅酸盐（陶瓷）纤维。

（3）Gore PTFE：一种膨胀聚四氟乙烯（PTFE）纤维。

（4）Nomex：一种间芳纶或聚（间苯二苯甲酰胺）纤维。

（5）Twaron：一种聚对苯二苯甲酰胺（PPTA）纤维，用于替代Kevlar。

（6）Zylon：一种由对苯基苯并二噁唑（PBO）的刚性棒链分子组成的纤维。

主要进行的测试有：

（1）拉伸测试：纱线拉伸试验、织物拉伸试验。

（2）折叠测试：普通折叠、低温折叠、低温循环折叠。

（3）辐射暴露：带电粒子暴露、γ辐照、真空紫外线测试。

（4）耐磨测试：标准磨损、模拟风化层翻滚磨损试验。

（5）超高速影响：超高速冲击试验、高速碰撞模拟。

测试结果表明：

（1）Vectran（总体测试性能最好）应该进入下一阶段的研究。Kevlar或Twaron也可以考虑进行额外的研究，而Gore PTFE，Zylon和Nomex应该放弃作为基础材料的候选。如果可以为Nextel开发某种类型的涂层，使其更具柔韧性和耐磨性，则可以利用其耐辐射性。

（2）Vectran和Twaron在标准磨损试验中表现最好，应进行失效试验。它们在

JSC模拟风化层翻滚磨损试验中表现很好，但持续时间不够长，无法得出最终结论，因此建议进行另一次更长的翻滚磨损试验。

（3）虽然Zylon的抗拉强度总体上较好，但由于其耐磨性测试性能较差，不建议进一步考虑。

（4）Vectran具有较高的折叠耐久性，但低温折叠试验建议采用更高的循环次数。

（5）建议对整体性能最高的Vectran进行更广泛的超高速冲击测试。

7.5.3　结构设计

月壤袋拱结构可以像砖石拱一样建造，如图7-35和图7-36所示。砌体拱在历史文献中一直是一个重要的研究问题，从砌体拱的设计、分析和建造方法的回顾中可以学到很多东西。在这个设计中，每个连接的月壤袋都充满了类似月壤的材料，并封装成一个类似"拱石"的物体。

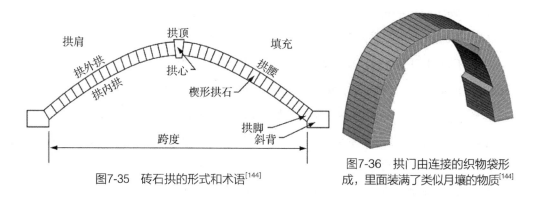

图7-35　砖石拱的形式和术语[144]

图7-36　拱门由连接的织物袋形成，里面装满了类似月壤的物质[144]

如图7-36所示，对于任何一个稳定的砌体拱，压缩荷载或推力线（也称为索多边形）应该位于拱的厚度范围内。如果推力线位于拱外，那么一个关节将倾向于在另一侧打开或形成铰链，并且砖块之间的接触面积将减少。砌体拱的破坏原因是铰链的形成。根据基本平衡分析，可以计算铰链的数量（如果有的话）和铰链的位置，以及压缩推力载荷。如果一个结构有三个铰链，它就成为静定结构。如果有四个铰链，拱结构就会失效。需要注意的是，砌体拱需要有坚固的基础来支撑基础处的水平和垂直荷载。

在计算强度或设计砌体拱进行简单分析时，要做几个重要的假设：

（1）假定砖之间不会发生滑动破坏；

（2）只有压缩力通过砖的边界传递（砖不能传递拉伸载荷）；

（3）砖具有无限的抗压强度。

当将这些假设扩展到像砖石拱一样的月壤袋结构时，第三个假设是最关键的。众所周知，对于月壤，强度取决于使颗粒互锁的压力。如果没有达到足够的土壤压力，那么第一个假设也可能无效。即使袋装得很紧，填塞的土"砖"也可能有"海绵状"的特征，可能导致拱在荷载下收缩。本研究的方法是简单地使用基于这些假设的分析技术，仅作为设计工具，并以相对较高的安全系数进行补偿。

7.5.4　概念验证初步结构

1.　初步考虑

一系列的初步结构是在奥本大学设计和建造的。最初，考虑用砂子来填充月壤袋，因为它的体积密度与风化层相似。堆积密度是每单位体积内干燥物料的质量。对于砂子、土壤和月球风化层，体积密度可以随着压力的增加而增加，从而减少颗粒之间的空隙。砂的体积密度与月球风化层相似（约1.5g/cm³）。奥本实验室JSC-1模拟风化层的实际测量密度为1.59g/cm³，压缩率约为1%（压缩后密度为1.61g/cm³）。

在月球上，由质量引起的重力载荷是在地球上建造同样结构的预期载荷的1/6。而对于在地球上建造的实验性月球结构的基础研究来说，砂子太重，难以搬运。因此，人们寻找了其他类似月壤的材料，确保它们的体积密度接近月球风化层的1/6。

蛭石（Vermiculite，一种由格雷斯公司开采和制造的膨化黏土矿物）似乎是为数不多的可用材料的最佳替代品。蛭石的比重为0.205，在模拟月球风化层密度的1/6的基础上，该比重相当接近于0.27的期望值。蛭石还有一个额外的优点，那就是戴上有效的防尘口罩时，不会对健康造成危害，而且相对便宜。在奥本大学的实验室里，蛭石的密度测量值为0.168g/cm³，当它被压缩时，密度增加到0.205g/cm³。

填充月壤袋是一个问题，将在下面讨论。考虑了许多填充方法，其中大多数是不推荐的。尝试了使用铁锹、漏斗和管道、喷砂机、吹叶机等方法，但收效甚微。最好的方法（选择并仅用于最终原型）是将料斗连接到柔性螺旋输送机系统上，该系统如图7-37所示，由一个12英尺长的输送机组成，包含以下主要组件：

（1）一根不锈钢扁线螺杆，如图7-38所示。

（2）超高分子量聚乙烯输送套管，直径3英寸，配有不锈钢联轴器。

（3）由不锈钢制成的推杆驱动/进气口组件，如图7-38所示。

图7-37　柔性螺旋输送机系统[144]　　　　图7-38　打开的接收入口，显示螺旋[144]

（4）一个不锈钢接收入口和一个快速释放清理帽。

所选择的聚氯乙烯输送管长12英尺，具有一定的灵活性。它被插入一个没有拉链的月壤袋的一端，一直推入月壤袋的末端，当月壤袋里装满蛭石时，再将它取出来。

在选择最终设计之前，对几个结构进行了评估，最终设计由分包商缝制，并在马歇尔太空飞行中心（Marshall Space Flight Center，MSFC）建立起来。第一个初步结构是中间连接的小月壤袋拱，它是用废织物切割和缝制的；第二个是中间连接的大月壤袋拱；第三个是顶部连接月壤袋梁。

2. 小型中心连接袋拱（图7-39）

这个简单的结构由8个月壤袋组成，每个月壤袋由两层织物缝合而成。在最初的尝试中，月壤袋里装满了砂子，但砂子太笨重，无法代表月球的重力载荷，因此后续研究的所有月壤袋都装满了蛭石。月壤袋拱的理想几何形状是通过堆叠在一个悬链状的铝拱上实现的（图7-40）。月壤袋拱的"腿"放在两张桌子上，砂袋作为侧面

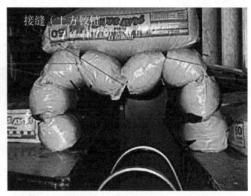

图7-39　小型中心连接袋拱[144]　　　　图7-40　小型中心连接袋拱的"M形配置"[144]

的基础，限制水平运动。铝拱被撤走后，月壤袋拱仍然会保持原来的形状。

拱底长18英寸，高16英寸。如图7-41所示，在结构的顶部总共加载了150磅的砂子（图中只有一个砂袋在顶部可见），尽管结构被压缩，但它没有倒塌。人们注意到，月壤袋在负载下膨胀并拉伸织物，相邻月壤袋的接触宽度随着负载的增加而增加，这可能有助于提高负载增加的稳定性。索多边形显示，基于未变形的几何形状和顶部铺设的三个砂袋产生的150磅载荷，该结构是稳定的。

图7-41　搭建大中心连接袋拱[144]

在图7-40中，将基础加宽至20英寸，然后施加相同的150磅负载。这种几何形状被称为"M形结构"，它是稳定的，但不如图7-39的结构稳定。这种设计可以放大，来建造更大的结构。

3. 更大的中心连接月壤袋拱

目标是建造一个比图7-39所示的更大的结构，尺寸和示意如图7-41所示。除了前5个月壤袋外，所有月壤袋都装了3/4的填充物，并靠在框架上充当"弓腿"。其余的月壤袋都是手工封装的，由于拼装时的封装方法不够先进，所以在地面平铺的时候就装上了月壤袋，然后整个结构用人工吊装到铝框架上。该实验表明，大型结构的月壤袋填充应该在月壤袋拱建造时进行，并且需要进一步研究比手工填充更好的月壤袋填充方法，以便更紧密地封装月壤袋。即使这些障碍已经被克服，分析表明，由于月壤袋拱的底部太宽，该结构在自身重量的作用下也十分不稳定。

4. 顶部连接的月壤袋梁

顶部连接结构的独特之处在于，它是一层连续的织物，可以抵抗拉伸载荷。在横截面上，所有的月壤袋尺寸都是6英寸×12英寸。将一块板加工成悬臂梁，以确定它是否能支撑其自身的重量，如图7-42所示。虽然这里还需要进行更多的分析和测试，但这种结构证明了顶部连接的结构能够潜在地支持拉伸载荷，并在没有框架的情况下保持袋拱几何形状，而中心连接的结构可能无法做到这一点。

图7-42 悬臂式顶部连接的袋梁，一端固定，支
撑自身重量[144]

7.5.5 全尺寸原型安装

该结构是MSFC用了几天时间建造起来的，每次都需要多达5名人员的协助。这项工作的目的有两个：一是研究织物结构和安装月壤袋拱的方法；二是在MSFC提供一个站立的结构，可以作为一个概念验证进行测试和观察。

这个原型由装满的月壤袋拼装而成，被设计成在没有外部支撑的情况下自己站立（即稳定）。一个由两块2英寸×4英寸的板组成的结构用来保证基础的支撑。原型包括60个顶部连接的月壤袋，其中：20个月壤袋在底部，横截面尺寸为6英寸×2英尺；20个月壤袋在底部月壤袋上方，横截面尺寸为6英寸×1.5英尺；20个月壤袋组成拱门的顶部，横截面尺寸为6英寸×1英尺。

MSFC只需要60个月壤袋中的46个。这个尺寸符合现有的建筑空间，实现了足够大的结构展示，缩短了竖立的时间，也展示了额外的14个月壤袋如何被用作补充支撑。图7-43展示了一个稳定的结构，只有3个大月壤袋被用作底袋。

充气后，从月壤袋底向上填充蛭石。使柔性螺旋输送机系统填充月壤袋，该操作是劳动密集型的，需要人工协助将蛭石从管中放入袋中（图7-44）。

较低的20个月壤袋被填充并形成一个大致的矩形（图7-45）。

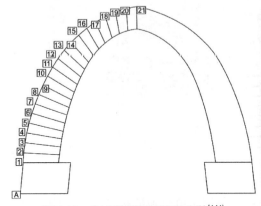

图7-43　CAD模型模板指导安装[144]

图7-44　装袋过程[144]

图7-45　装填后的矩形月壤袋[144]

填充顶部的20个月壤袋需要一种不同的技术。未填充的月壤袋从织物顶部垂下来，由于月壤袋松散，不能填充成矩形并保持土壤强度。因此，最上面的20个月壤袋必须填满蛭石，这导致它们变圆。

最上面的3个月壤袋没有装满。由于螺旋结构的刚度和强度限制，螺旋结构的压缩压力相对较低，因此可以放置在月壤袋中的最大材料量受到螺旋系统的限制。这种低压实压力导致最上面的月壤袋没有填充到所需的压力。最终建立的原型如图7-46（前视图）和图7-47（后视图）所示。在两种视图中，管道都已从支架上移除，结构在没有外部支撑的情况下站立。移除顶部的三个管道支架后，结构沉降了约2英寸。

综上所述，采用砌体拱结构设计原则，在月壤袋内填充足够的填充物的情况下，布袋结构是稳定的。对未来工作的建议和意见如下：

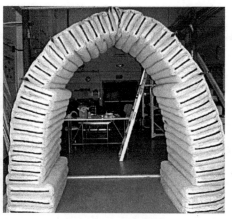

图7-46　前视图[144]　　　　　　　　　　图7-47　后视图[144]

　　第一，本研究中使用的螺旋钻系统没有将月壤袋填充到足够的压力，有中心轴的螺旋钻可以提供更高的压力和更稳定的结构。

　　第二，传感器可以用来测量月壤袋在安装过程中的压力和形状偏差，月壤袋封装和之后的堆叠成型是一项具有挑战性的手工任务。

　　第三，通过将织物和风化层材料及其特性结合在分析中，可以使用非线性有限元进行优化设计。月球风化层和蛭石强度参数应与织物强度参数一起纳入建模。

7.5.6　护堤和覆盖物

　　覆盖是在现有结构的顶部或在周围放置部分填充或未填充的月壤袋，可以防止辐射或撞击碎片。

　　中心连接的月壤袋的建造流程十分简单，可以用来建造各种形状的护堤。当然，从技术上来说，用连接的月壤袋设计和建造一条护堤并不像车库或生活空间那样具有挑战性。19个中间相连的月壤袋都是部分松散填充的（就像砂袋一样），在地面上端对端排列，然后通过拉动和提起连接的月壤袋堆叠形成各种形状的护堤。

　　通过部分填充月壤袋，可以构建成许多不同配置的护堤，其中一些是：①形状像墙的护堤；②具有三角形横截面的护堤；③月壤袋沿着像锥形弹簧线般的路径堆叠的锥形护堤。

　　通过裁剪织物的几何形状，设想可以建造如图7-48所示的圆柱形护堤。两层织物可以用不同的内外半径切割，堆叠在一起，然后缝合，月壤袋之间的缝线呈放射状向中心延伸。一次填充一个月壤袋，沿圆周进行，一次制作一层。图7-49展示了一个使用19个中心连接的月壤袋建造的圆柱形护堤。

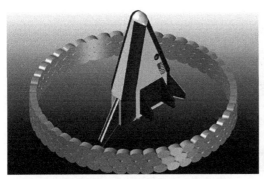

图7-48　圆柱形护堤的CAD概念图[144]

图7-49　使用19个中心连接的月壤袋建造的圆柱形护堤[144]

7.6　仿生贝壳基地

　　贝壳处于类似于月球表面低重力环境的浮力海水环境中，其形态包含许多适应这种环境的几何特征。同时，壳结构可以保护内部结构免受捕食者和其他潜在危险的侵害。贝壳形式也已成为现代建筑设计（尤其是薄壳建筑）模仿的重要焦点，例如著名的悉尼歌剧院。壳内独特的珍珠母结构可以为轻质和高强度结构的设计提供原型。基于此，提出了基于软体动物壳结构的月球建筑概念（图7-50）。

图7-50　仿生贝壳月球基地鸟瞰图[145]

7.6.1 结构设计原型

如图7-51所示，月球重力适应仿生结构的设计过程主要有三个步骤：首先，需要确定月球的基本环境参数；其次，需要构建仿生建筑几何原型；最后，需要构建绩效评估体系。

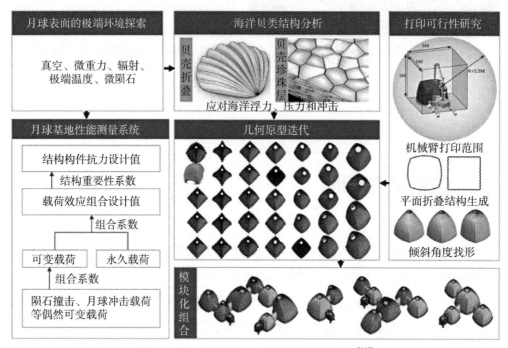

图7-51 月球重力适应仿生结构的设计原型[145]

1. 月球表面特征分析

分析月球表面独特的环境特性对于月球基地和3D打印工艺的设计至关重要。月球环境具有极端特征，例如真空大气、微重力、极端高温和低温以及强烈的辐射。月球表面的重力加速度约为地球的1/6，即$1.62\text{m}\cdot\text{s}^{-2}$；月球表面的辐射由宇宙辐射、月球辐射和二次辐射组成，月球表面的银河宇宙辐射平均剂量相当于1369μSv/d；月球表面昼夜温差变化，赤道为95～387K，最大变化率为每小时150K；微陨石的平均速度为20km/s；月震的最大震级为5级。

2. 自适应仿生结构的几何样机设计

在对海洋壳体结构进行微重力状态研究的基础上，定义并模拟了其抗压、拉伸和弯曲特性，并提供了仿生结构的参数分析框架。此外，还分析了壳层的无机桥接功能及其硬化机理，设计了月球建筑仿生折叠表皮的几何原型，同时考虑了打印末端执行器的可打印性。此外，还研究了仿生空间原型的群组合模式，探索了单空间几何原型的可重构组合模式。

3. 开发月球基地性能指标

对于建筑物在月球表面承受的复杂月表环境荷载，按照承载力和正常使用的极限状态进行荷载组合。对于承载力的极限状态，利用荷载效应的基本组合或偶然组合来计算荷载组合的效应设计值。公式如下：

$$\gamma_0 S_d \leq R_d \tag{7-6}$$

其中：γ_0 为月球建筑的结构重要性系数，参考普通建筑，选择较大的值；S_d 为荷载效应组合的设计值；R_d 为结构元件电阻的设计值。

针对月球表面微重力环境和温度效应，采用变载荷控制效应设计值。对于陨石撞击、月震载荷等偶发性变载荷，采用意外载荷和变载荷相结合，以及最不利效应设计值。

7.6.2　轻量化高性能设计

如图7-52所示，轻量化和高性能月球底座结构的设计方法主要有三个方面：第

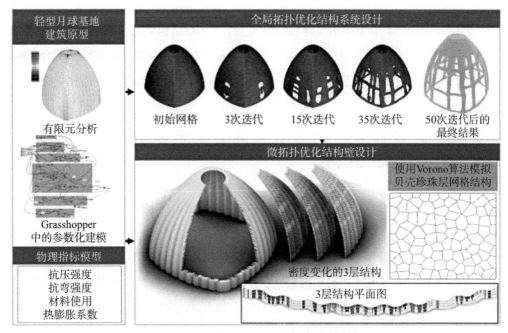

图7-52　轻量化和高性能月球基地的设计方法[145]

一个方面是建立轻量化月球基地建筑示样；第二个方面是全局拓扑优化结构体系设计；最后一个方面是防撞结构墙开发的微拓扑优化。

1. 轻量化月球基地建筑示样

为了降低运输成本，如果达到风化层的最大使用率，月球基地应采用轻量化结构设计，在保证结构效率的同时减少材料用量。为实现高性能轻质壳结构，采用有限元法进行结构分析，采用参数化建模技术实现设计的快速修改和迭代，采用拓扑优化算法优化材料分布。应构建一个理论分析框架，包括具有物理参数的月球底部虚拟模型，以测试使用的材料数量、抗压强度、抗弯强度、热膨胀系数等。

2. 全局拓扑优化结构体系设计

在这项研究中，提出了一套月球基地构建块设计方法。这些方法包括平面几何计算、整体形状控制和基于数学几何原理的结构性能优化、推力线网格分析方法和动态模拟分析，以及基于双向进化结构优化算法（BESO）。为了确定壳体的最佳几何结构，还考虑了壳体坡度、平面曲线曲率、3D打印头形状以及路径规划和设计等其他因素。

3. 防撞结构墙开发的微拓扑优化

通过对壳层珍珠层结构层的模拟分析，利用空心结构优化月球基地的壁结构，实现尽可能低的重量。采用多层结构的设计方法，增强结构的抗冲击性。结合末端执行器，对优化后的月球基地壁进行可打印性分析，制定月球基地微拓扑优化结构的分析框架。

7.6.3 激光打印建造技术

为了实现上述愿景，如图7-53所示，需要对月球基地的3D激光打印建筑材料和技术进行研究。研究步骤如下：

第一步：研究月壤-PAEK杂化粉体与激光束在月球表面环境中的相互作用规律，分析其界面键合机理和影响因素，提出混合粉体激光打印技术的原理。研究不同激光波长作用下混合粉末的能量扩散行为，评估PAEK质量比和粒径的影响，确定混合粉末与激光波长的最佳匹配方案。

图7-53　激光打印工艺策略及自适应控制技术[145]

第二步：开发双光场耦合激光打印技术，建立工艺参数、温场特性和结构特性的映射关系，提高混合粉末成型工艺的效率，开发质量和形状监控系统，建立粉末厚度、运动速度和激光功率取值标准。

第三步：优化整个过程的策略，包括粉末输送、粉末铺设、粉末打印和压实，设计和制造优化的波长激光器、光束整形组件和集成执行器。

1. 月球风化层混合粉体的制备及成型机理

本小节重点介绍月球风化层混合粉体的制备及成型机理，如图7-54所示，该方法分为三个部分。

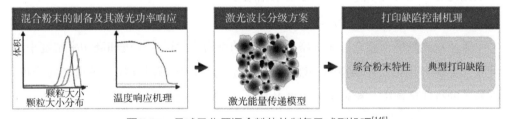

图7-54　月球风化层混合粉体的制备及成型机理[145]

第一，月壤与聚芳醚酮杂化粉的制备及其激光反应性。

基于实际的月球风化层样品，应创建具有相同成分比例和粒度分布的模拟月球风化层的混合粉末。PAEK因其材料强度、附着力和极强的环境适应性被选为打印胶粘剂。PAEK的熔融温度、玻璃化转变温度、黏度等性能应根据月球表面的实际打印环境进行优化。在多种激光波长影响下，应分析杂化粉体的加热规律和理化性质的演变。

第二，混合粉体与激光波长的结合机理及其级配方案。

应开发热力学模型来检查混合粉末内能量传递的方向和速率。该模型揭示了月壤与PAEK的界面键合机理以及温度场分布对界面键合状态的影响。此外，在不同波长的激光作用下，沿粉末的厚度方向表征了能量扩散速率。优化PAEK的粒径和重量比，帮助混合粉体实现稳定、温和、高穿透的激光能量吸收，揭示了激光热聚变后月土和PAEK的分布特征。

第三，混合粉末激光打印中缺陷形成的控制。

当混合粉末被激光加热达到PAEK的熔化温度时，它形成有机和无机界面键。为了控制这种混合粉末打印中的缺陷形成，应研究界面粘结强度、打印体的孔隙率、PAEK的燃烧行为、内应力和变形、时间和打印区域的温度场之间的映射关系。通过调整激光束能量的强度，可以实现混合粉末的最佳界面键合。

2. 激光打印工艺策略与自适应控制技术

在本小节中，介绍了激光打印的工艺和策略，可以分为三个主要部分。

第一，混合粉体的输送、放置和压缩。

由于月球表面低重力和真空大气条件的环境特点，采用机械挤压运输策略，将杂化粉料经过筛选和制备后输送和铺设。移动式刮粉装置设计为适合月球基壁的形状，以确保打印粉末的每一层厚度都均匀。激光热熔打印发生后，使用随形冷却辊进行压实。应揭示粉末厚度与压实程度和打印质量之间的定量关系，通过调节冷却辊的结构和下压力可以进一步加强粉末粘结。

第二，双光场耦合激光打印技术研究与优化。

采用双光场耦合激光打印策略，结合低功率密度大尺寸光斑和高功率密度小尺寸聚焦光斑，优化双光场空间和能量分布，获得打印区域温度场近乎均匀的分布。在较大的打印区域中，粉末基体温度升高，然后通过聚焦光斑进一步加热到预设的打印温度。大光斑沿粉末铺设方向以相同的速度移动，而聚焦的光斑在大光斑区域快速扫描。这种复合运动可实现高效的打印和成型。此外，研究了激光功率和扫描速度等扫描参数对温度场的影响，并建立了变截面墙体结构的工艺数据库。

第三，多信号监测调节系统。

在高度复杂的激光打印过程中，需要多信号监测和调节系统。为保证打印质量，采用实时激光功率控制系统，确保打印区域的温度场在优化的工艺窗口内相对稳定，建立了基于结构光技术的结构和形貌监测系统，对打印参数与打印精度的关系进行监测和调控。

3. 轻量级3D激光打印工具

如图7-55所示，在本小节中描述了轻量级3D激光打印设备的设计过程，该过程分为三个主要部分。

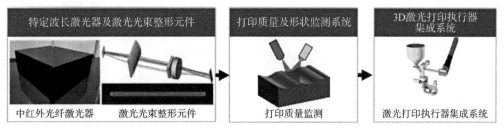

图7-55　轻量级3D激光打印设备的设计过程[145]

第一，特定波长激光器和激光光束整形元件。

采用MOPA结构掺铥光纤激光器技术，开发中红外波段特定波长的光纤激光器，获得与混合粉末配方相对应的激光波长，确保达到混合粉末的最佳键合状态。期间激光输出光束被分割。用DOE波束整形元件制备一个梁，以创建一个与建筑墙体尺寸相匹配的矩形平顶点，而另一个梁则被准直、扩展和聚焦。

第二，打印质量和形状监测系统。

采用红外测温系统，实时监测打印区域的温度场。来自系统的反馈信号被传输到激光控制系统，以帮助调节激光束能量的强度。基于激光结构光轮廓仪的传感器用于快速检测和获得打印结构的质量和形状特征。研究了局部地形快速剪接和成像技术。最后，提出了一种针对打印过程整体精度关键变量的表征方法。

第三，3D激光打印执行器集成系统。

基于混合粉末输送、铺设、打印、压实的优化工艺策略，研制出一种具有体积紧凑、加工面积大、重量轻等特点的激光打印执行机构。为打印执行机构的高度补偿设置了Z方向的附加轴，以保证恒定的刮刀厚度和激光聚焦位置，优化各工序空间位置的相对关系，保证打印质量和拓扑精度，并匹配各工序的打印节奏，提高打印效率。

7.6.4　月球地形上的3D打印

如图7-56所示，月球复杂地形环境中的3D打印方法分为三个主要步骤。第一步是生成打印路径；第二步是实时优化打印路径；最后一步是将这种方法集成到打

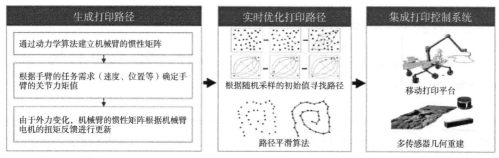

图7-56　月球地形上的3D打印和制造[145]

印控制系统中。

第一，生成3D打印路径。

通过结合势场方法和基于采样方法的运动规划，结合三维重建算法的框架，可以生成一条穿越月球表面复杂环境的路径，实时避开障碍物，将移动载体安全地移动到月球基地施工现场。确定建筑物的全球原点坐标，并利用最短路径算法和实时月球场景采样生成移动载体的建造路径。移动载体到达目标原点坐标后，利用几何算法生成与每个移动载体姿态相对应的机械臂的打印路径。

第二，实时优化3D打印路径。

基于现有的打印路径轨迹及机器人动力学和速度运动学的约束，对路径进行优化，以提高打印效率；选择适当的路径平滑算法，例如样条曲线、多项式插值、贝塞尔曲线和傅里叶级数。基于机械臂关节传感器、结构光、视觉摄像头的实时反馈，准确识别打印对象几何边界与打印执行端TCP标定的相对关系，在不同的任务约束下优化打印路径，以找到精度、速度、姿态角度和距离的最佳参数。

第三，综合施工过程。

实现月球表面一体化施工流程，涉及开发大型月球风化层3D打印系统、跨尺度环境感知与反馈系统、月壤3D激光打印轻量化工具端。实时推导机械臂的姿态和打印路径，每个阶段自动划分打印任务；对建筑几何信息、月场信息、施工信息等多尺度信息进行研究和整合，得到一种多级耦合施工方法。

7.7　模块化圆顶基地

用于月球栖息地设计和建造的模块化砌块的实施有着巨大的潜力，因为该技术的目标是原位资源利用，并且不需要重大技术开发来制造砌块。此外，这种方法在组件发生故障时更易于检查和维护，从而更容易更换。除了居住模块外，这种方法还可用于在月球表面建造任何类型的基础设施，从墙壁、护堤和着陆垫到设备和漫游车掩体。模块化砌块的制造将需要最少的材料从地球运输。尽管太阳能/热/激光烧结技术将消除对额外胶粘剂的需求（因为风化层颗粒将被熔化并相互融合），但这项技术仍然需要改进才能在月球表面实现实际和可持续的应用。此外，与太阳能/热/激光烧结不同，在构建模块化积木时加入胶粘剂材料，这些材料将被加热以加快固化过程，将显著降低功率要求。

本节描述了一种新的月球基础设施建设思路，主要关注居住模块，重点对月球栖息地的各种概念进行了初步研究。

7.7.1　总体思路

佛罗里达国际大学提出了新的月球基地设计理念，其中3D打印的模块化砌块被实施到月球基础设施的设计中，重点是月球栖息地。这些砌块旨在使用当地可用的月球风化层建造，胶粘剂材料（如热固性塑料或热塑性塑料）的比例较低。预期的砌块将被设计成一个空心的核心，作为一个外壳，可以容纳原始的月球风化层。这导致了更可持续的设计，最大限度减少了需要从地球带来的制造过程和胶粘剂。这种月球建造方法的优点是它与任何类型的月球基础设施兼容，其中砌块将被设计为组合在一起，形成一个保护屏障，免受恶劣的月球环境的影响，包括辐射、陨石撞击、极端温度波动和真空条件。互锁的模块化砌块的另一个优点是自动化结构，这意味着现场工作人员的协助最少，并且可能实施加热过程以加快砌块元件的固化速度。

在图7-57中可以看到几种不同的初始设计，它们尚未包含任何入口或窗户，仅关注全局形状。

1. 垂直拼装

实现模块化砌块的垂直堆叠方法是确定全局设计的选项之一。这种方法的优点

（a）两个不同元件的垂直堆叠　　　（b）不同小、大、转角模块化
　　　　　　　　　　　　　　　　　　　　砌块的垂直堆叠

（c）两种不同类型砌块的倾斜堆叠　　　（d）倾斜松弛

图7-57　模块的初始设计[146]

意味着建筑砌块之间的差异最小，因为结构的宽度和深度在整个高度上保持不变。缺点在于屋顶系统的设计和建造，这意味着需要内部支撑构件，或者需要与结构内的支撑风化层以及后张拉索进行组合。内部支撑的风化层可以将砌块固定在适当的位置，当从内部结构中移除支撑的风化层后，后张拉索就起到了承载砌块的作用。使用全局形状作为矩形截面会带来问题，由于外部月球环境压力与旨在维持人类生命的内部大气压力之间存在的主要差异，将存在高应力集中点。因此，本方案研究的重点是弯曲的全局部分。

2. 倾斜拼装

模块化砌块的倾斜松弛方法意味着具有抛物线形状的基础设施，导致拱形和圆顶状结构。这种方法的优点是具有可施工性和易于屋顶设计，因为砌块将在顶部相遇。倾斜堆叠的另一个优点是全局形状和力分布导致没有拐角，也没有高应力集中。这种方法的缺点是它需要各种不同的块尺寸，其中每一行将具有相同尺寸的元素，但是，随着高度的增加，这些尺寸需要改变。如果开发出高精度的先进3D打印技术，并在打印过程中考虑低公差和高公差，则可以克服这一缺点。

3. 混合拼装

混合方法表示垂直和倾斜堆叠的组合，其中结构设计为垂直组装的砌块直到一定高度，并结合倾斜堆叠方法求解屋顶元素。然而，在两种不同方法之间的过渡过程中，这种结构仍将具有高应力集中和额外的复杂性。一种可能的混合方法是将砌块以圆柱形的方式安装到某个高度，然后安装预制的、具有观星和观地功能的屋顶，为居民提供更舒适的环境。屋顶系统可以由基于地球和ISRU衍生的组件组合制造。

7.7.2　净可居住体积

在对月球栖息地进行任何初步分析之前，重要的是了解可居住的空间要求，这些要求将为宇航员提供舒适的生活、睡眠、卫生住宿和锻炼空间。此外，栖息地还将成为工作环境的基础，包括科学实验、实验室、医疗保健、与地球的通信、任务操作、维护以及进入舱外活动（EVA）的气闸室。所有这些功能都需要容纳在加压栖息地的总容积内，同时进行气候控制和辐射保护。此外，总容积还考虑环境控制和生命支持、航空电子设备及电源管理的分配。

美国宇航局在其《人类集成设计手册》中将净可居住体积（Net Habitable Volume，NHV）定义为"在考虑了由于部署的设备、装载、垃圾以及任何其他结构效率低下和间隙（角落和缝隙）而导致的体积损失后，留给机组人员的功能体积"。

美国宇航局还将最小可接受的净可居住体积定义为行为健康和性能要素的一部分。该定义指出，"在执行探索型太空任务期间，在恶劣环境中长时间禁闭和隔离（人为因素和行为健康标准可以接受，因此不太可能产生），对机组人员的心理健康和表现产生负面影响，以确保任务成功所需的最小栖息地体积。"

还有一些研究人员提到，净可居住体积应包括任务的操作要求，如机组人员规模、任务持续时间和任务目标。如果任何要求没有得到妥善解决，则名义操作将受到影响。此外，太小或形状不佳的区域不应计入NHV，因为它们在居住和操作期间无法有效地容纳人体。例如，如果一个人在名义任务执行期间无法适应自己的身体，则仓库和设备之间的空腔不应被视为可居住。

本方案研究月球栖息地设计概念的参数包括4名宇航员、1个月球南极位置和2个月（60天）的任务持续时间。根据发表在月球基础设施上的会议论文，净可居住体积可以取为总压力体积的60%。本方案还提出了加压容积不同部位之间的关系，如图7-58所示。

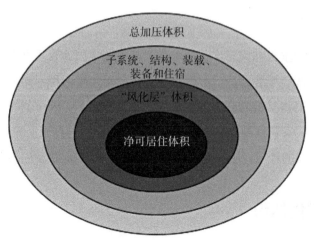

图7-58   加压容积不同部位之间的关系[146]

了解NHV的要求非常重要，因为它推动了栖息地的概念设计及其全局形状。此外，足够的可居住体积将防止长期任务中出现重大心理问题，为宇航员提供隐私空间，减少噪声和大气污染，确保工作效率和功能。目前还没有关于净可居住体积的标准，而只是来自各种研究的建议。空间建筑师克里斯·肯尼迪的建议之一是，长期居住和密闭空间的居住设计体积为12.0m³/人。Meyers[149]最初分析了一个简单的半球形栖息地，直径为34.6英尺，人员为6人，任务持续时间为3个月，可居住空间要求的假设是每个宇航员57m³。

确定了5种方法来评估月球栖息地加压体积需求的分析：

（1）基于历史飞行的航天器体积。图7-59表示总加压体积随任务持续时间的近似值。根据历史飞行以及4名宇航员的估计总压力，发现这些值在120m³（礼炮号，俄罗斯空间站）与568m³（国际空间站）之间。

（2）人类和航天器的标准和设计指南。目前已经发布了一些关于载人/航天器集成和设计指南的标准，这些标准可用于估计所需的加压量。本方案的研究在有限的模拟条件下，仅持续了7天，对极少量的测试对象进行了研究。

（3）基于地球类似物的信息。考虑了几种基于地球的类似物来评估宇航员在月球表面舒适生活所需的加压量，包括Sealb、Tektite、Aquarius、Conshelf、La Chalupa、美国国家科学基金会的南极研究站、研究船等[150]。位于水下的栖息地有最小23m³至最大255m³的宜居空间。随着地球模拟系统的实施，正在开展进一步的研究计划，这些系统可以帮助研究人类在长时间太空飞行和外星栖息地中的舒适度和健康。

（4）参数化尺寸调整工具。没有足够的信息来证明参数化工具的存在，这些工具将有助于确定月球基地的可居住体积。

（5）概念点设计。关于概念体积这一主题的信息还不够，但Rudisill等列出了子系统组件的一些初始质量和体积[151]。

基于上述5种方法，发现4名宇航员在180次停留期间的范围如下：

（1）总加压体积为160～280m³。

（2）每个人员的总可居住体积为40～70m³。

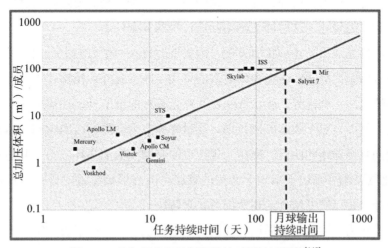

图7-59　总加压体积随任务持续时间的近似值[146]

7.7.3　初步设计

一旦设定了可居住体积要求，就可以启动安全和可持续的月球栖息地的初步设计，提出初始要求、约束和边界条件，这些条件将在分析和发现新数据的过程中进行优化和调整。初步设计是通过定义月球结构的整体形状，提出每种情况的优缺点，然后提出最终决定。考虑了5种不同的全局形状，包括球形、环形、穹顶形、圆柱形和混合形状。

球形栖息地的体积效率最高，同时在给定体积下具有最小的表面积和质量。对于内部充气装置，应力将均匀分布。然而，这一概念的主要缺点是其双曲面墙的建筑效率低下，并且从风化层中详细构造了外部保护壳，特别是将模块化砌块部分作为建筑构件的实施。

环形栖息地具有安全优势，可以在宜居体量内提供分隔空间，但由于其复合曲率，建筑效率低下。增加直径将导致需要在结构中间放置一个支撑的柱子，而减小直径将导致更小的开放体积。这种方案在不同建筑高度上需要不同的模块化砌块，这给施工过程带来了更多的复杂性。

穹顶形栖息地的压缩力主要沿经络分布，而张力则由平行线或环形承载。这些类型的结构形状主要受压应力和材料强度的控制，但在承受拉伸载荷时表现不佳。由于重力降低和大气压力不足，穹顶栖息地存在缺乏抗拉强度等潜在问题，这表明如果加压环境不与由模块化砌块制成的保护性风化层护罩分离，则结构在承受大的内部压力时可能会隆起。如果是这种情况，可以加入后张拉电缆来抵消隆起力并防止穹顶形栖息地扩大。此外，这种形状的另一个复杂性是需要随着高度的变化而改变模块化砌块的尺寸，这增加了砌块制造过程的复杂性。

圆柱形栖息地比上述形状更方便，因为墙壁仅在一个方向上弯曲。由于其垂直方向，垂直墙壁比双曲面墙壁提供更多的可用空间。此外，模块化砌块尺寸的通用性是这种情况的一个优势，除了气闸室和其他连接的细节外，还需要更少的不同尺寸的砌块。然而，对于圆柱形栖息地，质量和膜应力会更高，因为圆柱体桶中的环应力是相同直径球体的两倍。使用后张拉电缆有助于抵消高环应力，并防止在内部压力/风化层壳耦合系统下出现不希望的膨胀。圆柱形栖息地的另一个缺点是屋顶系统的设计，可以通过组合上述全局形状来解决。

混合形状为上述每个全局形状提到的问题提供了可行的解决方案。方案制定者决定继续将圆柱形栖息地与穹顶形状相结合。这个想法是使用模块化砌块来塑造一个圆柱形的底层，其中包括一个工作区、急诊室、食品和用品仓库、与两个气闸室的连接以及休闲区。屋顶系统将通过实施穹顶形外壳来解决，通过使用模块化砌块或安装带有星空和地球的预制组件作为基地的二楼，这将提供更舒适的生活。图7-60显示了混合形状的概念构想，其中的细节是使用一个中空内部的模块化砌块，用于放置松散的碎石，这样就不需要很重的模块，但仍能提供足够的保护，使其免受恶劣的月球环境的影响。

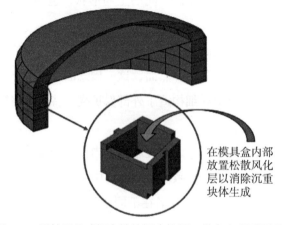

在模具盒内部放置松散风化层以消除沉重块体生成

图7-60 圆柱形月球栖息地的概念构想，带有穹顶形屋顶[146]

已经确定了五种不同的方法，用于叠加由模块化砌块制成的内部大气压和保护性风化层，以实现安全的环境和机组人员操作，五种方法具体介绍如下：

第一种：一种充气机制，将为机组人员提供宜居的内部压力，并将与外部风化层保护层分离，该保护层旨在保护宇航员免受辐射，同时还能够隔热。这种方法需要充气系统的低包装体积，但在意外减压的情况下还需要额外的内部支撑。

第二种：由某种金属制成的解耦硬壳加压环境，并运输到月球表面，围绕月球组装模块化砌块以免受月球极端环境的影响。该系统需要大批量和大规模运输，但装配过程将简单化。

第三种：一种充气机构，可提供安全和加压的环境，同时与保护壳的内侧黏合。这种连接可以通过刚性连接实现。与金属硬壳模块相比，分层充气模块可能具有增强保护的某些优势。

第四种：依靠模块化砌块的联锁机构，为机组人员提供稳定恒定的内部压力。这种方法成本最低，且安全系数最低，完全依赖于模块之间的互锁连接。

第五种：在防护罩的内侧将喷涂/抹灰类似胶粘剂的材料，以密封任何可能的开口，并为模块化砌块提供更好的黏合。从物料运输的角度来看，这种方法提供了一种具有成本效益的解决方案；然而，它可能需要往月球表面带去额外的机器人设备，以完成黏合材料的任务。

7.7.4 初始权值优化

基于月球资料手册，假设月球风化层的相对密度可以达到74%，密度值为1.72g/cm³。胶粘剂密度为1.13g/cm³，最初假设的砌块将含有15%～30%质量分数的胶粘剂。基于这些信息，这些块已经过优化，具有合理的质量，可以由一个带有集成机械臂的小型RASSOR状漫游车在月球环境中搬运，并带有一个集成臂。

较大的块将控制杠杆臂和肩部扭矩的选择。基于该块将包含15%～30%的胶粘剂材料的假设，质量为257.5～269.7kg。当月球重力为1.62m/s²时，月球上块体的重量将为417.2～436.8N，分别对应于15%和30%的胶粘剂含量范围。根据图7-61，这些砌块需要大约450N·m的肩部扭矩来提升，假设杠杆臂为1m。FHA-40C旋转执行器是可以提供足够扭矩的电机的一个例子。该电机的最大扭矩为500N·m，质量为12kg，表明优化块的提升具有合理的尺寸和扭矩潜力。

图7-62显示了用于圆柱形月球栖息地的两种模块化砌块的初始设计。目前设计的第一层砌块的体积为0.150m³，第二层和上层砌块的体积为0.173m³。屋顶系统将

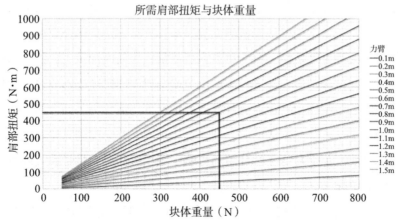

图 7-61　基于月球环境中肩部扭矩估计的块体重量优化 [146]

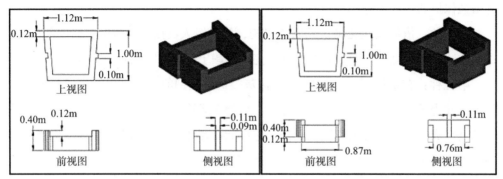

图7-62　一层块（左）和上层块（右）在月球环境中进行重量优化后的初始设计[146]

由模块化组件组成，其方式与圆柱形墙类似，目前正在进行设计和分析。

7.7.5　拼装建造方法

场地的偏远和太空运输的高成本将在确定月球基地的建造方法中发挥至关重要的作用。其目的是拥有一个简单的施工过程，风险最小，并得到工作人员的现场支持，拥有实用、可靠、耐用和多用途的建筑组件。如图7-63所示，考虑了三种不同的可建造性方法，其中第三种是最可行的选择，因为它简单且当前该技术较成熟。

1. 龙门系统

龙门系统将逐块拾取一块，并根据结构的形状和路径将其并排或叠放在一起。采用风化层填充块将是一个挑战，需要一个单独的机械臂来运输风化层材料。除了材料处理的复杂性外，其太空运输和组装也将带来重大挑战。

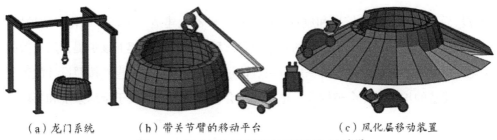

（a）龙门系统　　　　（b）带关节臂的移动平台　　　　（c）风化层移动装置

图7-63　月球栖息地不同的可建造性方法[146]

2. 带关节臂的移动平台

与龙门系统相比，使用具有铰接臂的移动平台来移动模块化砌块及其风化层填料，是一种更实用的解决方案，具有更低的运输要求和移动能力。然而，这种选择将需要高精度和铰接臂操作，以及重要的太空运输和技术发展。

3. 风化层移动装置

第三种方法是采用更小的风化层移动装置，其尺寸和要求与最近开发的风化层先进地面系统操作机器人（RASSOR）相似，该机器人已经开发了移动风化层技术，计划于2026年左右在月球表面部署和测试。修改这个已经开发的风化层移动装置概念，并实施一个可以将砌块从其制造现场运送到栖息地建筑工地的手臂，已被证明是一个可行的方法。图7-64显示了这个想法的更生动的初步概念。

图7-64　改进RASSOR漫游车的一个初步概念，用于运输模块化块及其与风化层的包装，以实现月球栖息地的建设[146]

第三种方法在可施工性方面显示了最佳的潜在用途和技术，其中将使用类似RASSOR的移动机器人，将模块化块从其制造现场运送到栖息地施工现场。放置每个方块后，将使用能够挖掘和放置土壤的移动机器人建造一个基于风化层的护堤，以便于机器人建造能达到下一层的建造位置。移动漫游车将爬上该护堤，用松散的风化层填充方块，然后放置另一层方块。该过程应连续进行，直到按照设计放置所有块。建造的护堤可能会被拆除，也可能不会被拆除，这取决于全球系统和环境危害的要求。

7.7.6 建筑材料

这种栖息地设计概念的主要目标之一是原位资源利用（ISRU），以最大限度地减少地球到月球的运输成本。100%实施ISRU将需要大量的技术进步，并且被认为在近期的月球基础设施建设中不可行。因此，将使用最少量的树脂材料把月球风化层颗粒结合成所需的模块化砌块的形状。研究了不同类型的树脂，包括热塑性塑料和热固性塑料。这两种方法主要区别在于它们在加热时的加工变化。热塑性塑料的加热导致熔化，而热固性塑料的加热会引起凝固和固化。在这个研究项目中，选择了热固性塑料作为胶粘剂材料，并将进行材料测试，以确定最可行的热固性塑料类型，以及其材料特性和用于建造建筑砌块的百分比。

图7-65显示了混合和加热月球风化层模拟物和胶粘剂（在本例中为液态硅橡胶）进行的初始测试，该混合物含有80%的月球风化层模拟物和20%的液态硅橡胶作为胶粘剂。FIU目前正在测试一种类似的热固化工艺技术，用于称为超高性能混凝土（Ultra High Performance Concrete，UHPC）的新型建筑材料。

图7-65 材料与热应用相容性的初步测试[146]

7.8　月球加压熔岩管道

在月球表面，除非对栖息地进行严格的屏蔽，否则持续的辐射负荷可能会超过宇航员保持健康的辐射负荷。月球的昼夜温度循环将使所有工程材料承受反复和极端的热负荷。月球尘埃将无处不在地堆积，影响仪器的性能，对宇航员构成致癌威胁。

月球熔岩管道是月球天然的潜在居住地，可以最大限度地减少上述环境问题。然而，熔岩管道居住并非没有挑战。为了将熔岩管道从地下洞穴系统转变为宜居空间，需要大量的基础设施和技术能力。

在月球上建造一个大的、加压的可用空间，保护宇航员不受月面极端环境的影响，其意义是巨大的。生活在这样一个体积中的宇航员将获得良性的环境。一个由加压熔岩管道系统组成的栖息地将使居民能够将精力集中在扩张和实验上，而不是维护和生存上。加压熔岩管道对于人类在月球上的长期居住是一项非常好的解决方案。

图7-66是月球熔岩管道基地的概念图，这个熔岩管道基地包含以下设施：防护模块、材料加工模块、生活模块、工作模块、种植模块以及月面上的一些科学设备。

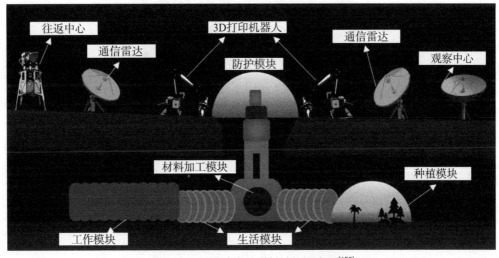

图7-66　月球熔岩管道基地的概念图[152]

7.8.1　月球熔岩管道的发现历程

1. 阿波罗时代的熔岩管道发现

关于月球熔岩管道的最早报道是在阿波罗计划期间出现的，这要归功于罗纳德·格里利（Ronald Greeley）等地质学家的工作。在阿波罗计划期间发表的一系列论文中，格里利是最早推测月球上的熔岩流可能形成了长而有盖的隧道或管道的人之一，这些隧道或管道在月球表面下蜿蜒数千米。

格里利被Oceanus Procellarum的Marius Hills地区的地质复杂性所吸引，宣称由于该地区提供了各种推断的火山结构，因此Marius Hills被认为是主要的阿波罗着陆点。在月球轨道飞行器5号提供的月球表面图像中，可以看到沿着月球表面的地形高地延伸着长长的未覆盖裂缝或沟壑。陆军地形司令部（TOPOCOM）使用摄影测量法与轨道飞行器的图像重叠，再现了一些被发现的斜线的横截面，如图7-67所示。

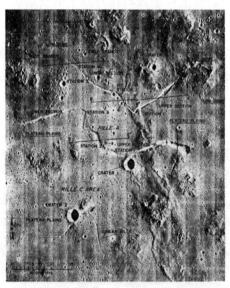

图7-67　马里乌斯山地区的鸟瞰图[147]

格里利认为，一些熔岩实际上是屋顶坍塌并暴露在地表的地下熔岩管道之一。在他论文分析的图像中，格里利指出了一些似乎间歇性消失的沟壑，大概是在地下，在一段距离后会恢复。

格里利和他的同事在这些早期的论文中描述了地球和月球上熔岩管道形成的普遍理解和共享过程，并在后来的论文中被认为是对现实的良好近似。在这种解释中，熔岩在月球表面流动，在较慢移动的部分，流体的上层能够形成一个固体地壳，跨越顶部的通道，并允许流体在下面继续流动。一旦熔岩从通道中排出，就只剩下硬化的上地壳或屋顶，留下一个地下管。

通过对阿波罗计划期间收集的月球土壤样本的分析，提出了更详细的月球熔岩管道形成理论。一项分析发现月球熔岩的黏度相对较低，表明地下通道形成的趋势增加。月球熔岩的黏度至少比地球低一个数量级，预计月球熔岩流速大约是地球上的两倍。此外，与地球上的重力相比，较低的月球重力有助于更高的流速，从而有助于在月球上形成更大的熔岩管道。

格里利利用这些地球和月球熔岩管道之间的比较，进一步证明了月球熔岩管道的存在。在缺乏月球熔岩管道的高分辨率图像的地方，他用在地球上拍摄的图像填补了空白，例如夏威夷莫纳罗亚的一个有顶的熔岩管道。

格里利认为，更有利于月球熔岩管道形成的条件，以及它们在地球上的存在，为月球熔岩管道的存在提供了几乎明确的证据。在回应那些以没有明确的摄影证据为由质疑其存在的人时，格里利指出，除非图像是在非常低的高度拍摄的，否则许多地面管道很难，甚至不可能通过图像检测到。在他进行研究时，这种月球的低空图像无法提供证据。

包括格里利在内的许多地质学家都主张将阿波罗的着陆点设在马里乌斯山地区。这个地区提供了亲自探索月球熔岩管道的可能性，最终获得了它们存在的明确证据。尽管没有一个阿波罗宇航员看到熔岩管道，但地质学家在哈德利·亚平宁地区选择了阿波罗15号着陆点，取得了小小的胜利。这个地区是格里利的关注重点之一，也是哈德利·里尔的位置。在月球车的帮助下，宇航员戴夫·斯科特（Dave Scott）和詹姆斯·欧文（James Irwin）得以冒险到达月球的边界，在那里他们捕捉到了图7-68中的图像。

50多年后，这张照片仍然是人类探索月球熔岩管道最接近的图像。

图7-68　戴夫·斯科特（Dave Scott）接近哈德利·里尔
（Hadley Rille）附近的月球车[147]

2. 熔岩管道候选名单

在格里利和他的同时代人对熔岩管道进行初步描述之后，该地区的研究激增。下一轮的大部分研究都集中在开发更强大的检测方法和收集已知熔岩管道的数据上。

已经编制的熔岩管道候选表[148]，详细说明了各种疑似熔岩管道的位置、大小和顶部厚度。这项研究中的熔岩管道探测是由来自月球轨道器和阿波罗图像的新数据库实现的。熔岩管道候选者主要是通过对这些图像的定性观察来选择的。根据格里利的推理，熔岩管道被确定为似乎已经坍塌的连续部分之间的完整间隙。这些发现为其他人确定月球熔岩管道的具体位置和尺寸提供了起点。从数据中确定了67个熔岩管道候选。初步确定的少数管道长度大于10km，宽度可达1km。

3. 现代熔岩管道检测方法

经过上述几十年努力后，月球表面成像工作和能力的爆炸式增长导致了新的研究，以了解和表征月球熔岩管道。新的轨道飞行器，包括月球勘测轨道飞行器（Lunar Reconnaissance Orbiter，LRO），配备了高清相机和一系列其他探测仪器。LRO于2009年推出，配备了窄角相机（Narrow Angle Camera，NAC），当轨道飞行器经过时，它以各种角度探测月球表面特征。

2009年，日本月球轨道飞行器SELENE探测到三个巨大的月球洞。这些洞与正常的撞击坑不同，可能是地下熔岩管道的入口，如图7-69所示。

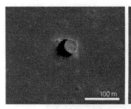 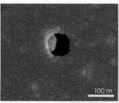 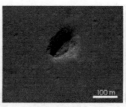 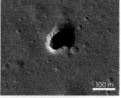

（a）Marius Hills Hole（MHH）59m×50m，48m深　　（b）Mare Tranquilitatis Hole（MTH）98m×84m，107m深　　（c）Mare Igenii Hole（MIH）118m×68m，45m深（一）　　（d）Mare Igenii Hole（MIH）118m×68m，45m深（二）

图7-69　MHH、MTH和MIH的LRO成像[147]

7.8.2　熔岩管道的内部环境

除了其固有的地质兴趣之外，月球熔岩管道应该被探索并最终有人居住的令人信服和实际的原因与管道中存在的更温和的环境有关。事实上，在月球表面占主导地位的一些环境问题在熔岩管道中得到了缓解。

当从环境的角度比较和对比月球表面和月球熔岩管道时，熔岩管道似乎更适合居住。它们已被证明可以减少辐射和微流星体撞击产生的危害，同时为更温和的温度和减少有害灰尘提供有希望的前景。

1. 辐射

月球风化层已被证明具有良好的辐射屏蔽作用。考虑到银河宇宙辐射（GCR）和太阳高能粒子（SEP）的辐射效应，研究人员模拟了不同深度风化层覆盖的辐射效应。这些模拟使用来自测量和原位样品的风化层的材料属性。据估计，在1m和6m的深度下，SEP和GCR的影响分别是完全没有观察到的。即使风化层覆盖厚度仅为1~2m，辐射剂量当量H也远低于既定限值。

根据检测到的熔岩管道的尺寸和顶部厚度的表格数据[148]，几乎所有熔岩管道都超过了2m的最低要求，即无需重型设备也可完全防止辐射。

2. 温度和微流星体

熔岩管道还可以为月球表面的昼夜温度循环提供庇护。LRO的DLRE数据表明，预计管道内部将保持相对温和的恒定温度63°F。此外，熔岩管道是微流星体撞击的天然屏障，例如已知的完整熔岩管道剖面，其上方的月球表面显示有撞击坑。

3. 月尘

由于缺乏直接观测，因此在熔岩管道中发现的月球尘埃数量尚不明确。然而，鉴于熔岩管道内部缺乏微流星体撞击，尤其是远离熔岩管道入口的地方，可以合理地期待一个相对无尘的环境。

7.8.3 熔岩管道的内部加压

1. 问题陈述

从长远来看，熔岩管道可以用可呼吸的空气加压，从而产生比目前使用完全人造材料建造的任何熔岩管道更大的可居住体积。这意味着我们可以在两部分关闭熔岩管道并将其密封以进行加压。

在本节中，将介绍利用2D ANSYS仿真对特定加压熔岩管道系统的结构完整性进行估算。模拟模型中熔岩管道的宽度选择为120m，其图像如图7-70所示。

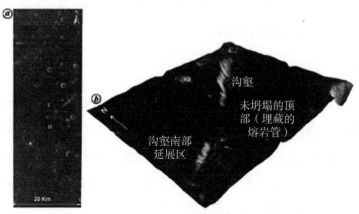

图7-70　使用月船1号数据探测到的熔岩管道成像[147]

这是迄今为止检测到的最小的熔岩管道。较小的管道提供较少的可居住体积，但也需要较少的功率来加压。选择这种熔岩管道的另一个原因是它显然很容易进入，这可以从月船1号图像中推断出来。该管道表现出一个波浪形入口，因为它似乎是管道的残余物，既有塌陷的部分，也有完整的部分。该管的入口可以与其他观测到的天窗形入口进行比较，例如MIH的入口。对于宇航员来说，一个边缘形的入口可能不那么危险。对于建立初始熔岩管道居住地的任务，进入和退出熔岩管道的挑战将是最重要的。对于后来的熔岩管道群落，将有必要建造电梯和其他进入熔岩管道的通道。但是，对于初步任务，这种建筑工程的基础设施将不存在。因此，选择小熔岩管道作为可能的初始地点。

2. 模型几何形状和材料属性

图7-71是基于图7-70的所选熔岩管道ANSYS模型的原理图。表7-1总结了模拟中使用的材料的性质。

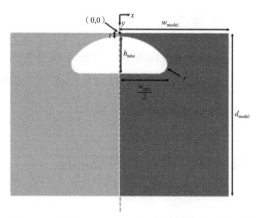

图7-71　用于2D ANSYS仿真的模型尺寸标注[147]

月球玄武岩一般材料性质[147]　　　　　　　　表7-1

属性	值
密度（kg/m³）	3100
无侧限抗压强度（MPa）	100
材料常数	20
泊松比	0.3

3. 结论

对于该模型，对一系列熔岩管道顶板厚度和内部加压幅度进行了计算。基于这些可以得出结论，在保持管结构完整性的同时，用可呼吸的空气对熔岩管道加压。使用60GSI的中值材料模型，可以将顶部厚度 $t=10\mathrm{m}$ 的熔岩管道加压到 $P=90\mathrm{kPa}$，几乎相当于一个大气压。通过对空气中氧气的分压进行轻微调整（从21%到22.5%），由此产生的压力在生理上对居民来说相当于海平面条件。因此，该解决方案被确定为优化解决方案，其参数总结在表7-2中。

内部加压熔岩管道的最佳解决方案[147]　　　　　　　　表7-2

属性	值
管道宽度（m）	120
管道高度（m）	40
圆角半径（m）	10
顶部厚度（m）	10
模型宽度（m）	120
模型深度（m）	200
地质强度指数（GSI）	60
安全系数（仅重力荷载工况）	1.76
安全系数（加压载荷工况）	1.03
最大压力（kPa）	90
氧气分压（%）	22.5

7.8.4 建造流程

研究分析表明，月球熔岩管道MTH内的地面几乎是平坦的。因此，如图7-72所示，格兰德尔选择了MTH来设计一个大约100名居民的原型栖息地，栖息地的建造流程主要有以下三步：

第一步：在月球表面的熔岩管道洞口边缘建造一个由8个模块组成的初始站点，用于管理宇航员执行后续工作。

第二步：将初始站点通过垂直模块化结构扩大到孔的底部。

第三步：在底部完成整个结构。

如果有侧向熔岩管道，则可以在洞穴内应用充气结构，例如用于温室和水产养殖。几十年后，当月球工业成功建立时，可以使用一个透明的圆顶封闭熔岩管道的洞口，再将内部充满空气，为人类创造一个可以长期居住的栖息地。在一个月球日内，可以通过可调节的镜子或帆布模拟24h的周期；在月夜，MTH栖息地使用人造光照亮。

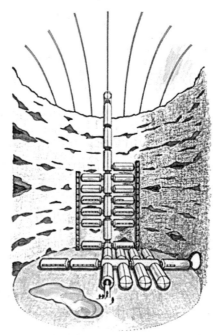

图7-72　月球加压熔岩管道基地的概念图[147]

参考文献

[1]   HARVEY B. Soviet and Russian Lunar Exploration [M]. Berlin: Springer Verlag, 2007.

[2]   LOVELL J, KLUGER J. Apollo 13 [M]. Boston, New York: Mariner Books, 2006.

[3]   Lunar Exploration Analysis Group (LEAG). The United States Lunar Exploration Roadmap [R]. Washington, DC: Lunar and Planetary Institute, 2016.

[4]   NASA. Artemis Plan, NASA's Lunar Exploration Program Overview [EB/OL]. [2020-9]. https://www.nasa.gov/specials/artemis.

[5]   NASA. Moon to Mars Objectives [R]. Washington, DC: Lunar and Planetary Institute, 2012.

[6]   ESA. Space Exploration Strategy [R]. Washington, DC: Lunar and Planetary Institute, 2015.

[7]   ESA. CDF Study Reportmoon Village: Conceptual Design of a Lunar Habitat [R]. Washington, DC: Lunar and Planetary Institute, 2020.

[8]   MAROV M Y, SLYUTA E N. Early Steps Toward the Lunar Base Deployment: Some Prospects [J]. Acta Astronautica, 2021(181): 28-39.

[9]   NASA. Artemis Accord [EB/OL]. [2023-12-1]. https://www.nasa.gov/artemisaccords/.

[10]   Mohammed Bin Rashid Space Center. MARS 2117 [EB/OL]. (2017). https://mbrsc.ae/mars-2117.

[11]   国家航天局. 国际月球科研站合作伙伴指南 [EB/OL]. [2021-6-16]. https://www.cnsa.gov.cn/n6758823/n6758839/c6812148/content.html.

[12]   THE WHITE HOUSE. National Cislunar Science & Technology Strategy [R]. Washington, DC: Lunar and Planetary Institute, 2022.

[13]   CLEATOR P E. Rockets Through Space: The Dawn of Interplanetary Travel [M]. London: George Allen & Unwin, 1936.

[14]   ORDWAY F I, SHARPE M R, WAKEFORD R C. Project Horizon: An Early Study of a Lunar Outpost [J]. Acta Astronautica, 1988, 17 (10):1105-1121.

[15]   LOCKHEED MISSILES, SPACE COMPANY. Study of Deployment Procedures for Lunar Exploration Systems for Apollo (LESA) [R]. Washington, DC: Lunar and Planetary Institute, 1965.

[16]   HARTMANN W, SULLIVAN R. Objectives of Permanent Lunar Bases [R]. Chicago: Astro
        Sciences Center, 1970.

[17]   SPACE DIVISION, NORTH AMERICAN ROCKWELL. Lunar Base Synthesis Study [R].
        Washington, DC: NASA, 1971.

[18]   COHEN A. Report of the 90-day Study on Human Exploration of the Moon and Mars [R].
        Washington, DC: NASA, 1989.

[19] OSBURG J, ADAMS C, SHERWOOD B. A Mission Statement for Space Architecture [C]//
        International Conference On Environmental Systems. Houston, Texas: SAE International,
        2003.

[20]   MA G L, XIAO Y, FAN W J, et al. Mechanical Properties of Biocement Formed by
        Microbially Induced Carbonate Precipitation [J]. Acta Geotechnica, 2022, 17(11): 4905-
        4919.

[21]   SANTOMARTINO R, AVERESCH N J H, BHUIYAN M, et al. Toward Sustainable Space
        Exploration: A Roadmap for Harnessing the Power of Microorganisms [J]. Nature
        Communications, 2023(14): 1391.

[22]   DIKSHIT R, GUPTA N, DEY A, et al. Microbial Induced Calcite Precipitation can
        Consolidate Martian and Lunar Regolith Simulants [J]. PLoS One, 2022, 17(4): e0266415.

[23]   WONG I M, SIOCHI E J, GRANDE M L, et al. Design Analysis for Lunar Safe Haven
        Concepts [C]//Proceedings of the AIAA SCITECH 2022 Forum. Reston: AIAA, 2022.

[24]   International Space Exploration Coordination Group (ISECG). In-situ Resource Utilization
        Gap Assessment Report [R]. Paris: ESA, 2021.

[25]   冯刚顶, 陈超, 张明皓, 等. 对月球重力场特征的理解 [J]. 地球物理学进展, 2007（3）:
        729-736.

[26]   BARENBAUM A, SHPEKIN M. Problem of Lunar Mascons: An Alternative Approach;
        Proceedings of the Journal of Physics: Conference Series, F, 2018 [C]. IOP Publishing.

[27]   DEL PRETE R, RENGA A. A Novel VisualBased Terrain Relative Navigation System for
        Planetary Applications Based on Mask R-CNN and Projective Invariants [J]. Aerotecnica
        Missili Spazio, 2022, 101(4): 335-349.

[28]   ULUBEYLI S. Lunar Shelter Construction Issues: The Stateoftheart Towards 3D Printing
        Technologies [J]. Acta Astronautica, 2022(195): 318-343.

[29]   ZHOU C, CHEN R, XU J, et al. In-situ Construction Method for Lunar Habitation:
        Chinese Super Mason [J]. Automation in Construction, 2019(104): 66-79.

[30] LIM S, PRABHU V L, ANAND M, et al. Extra-terrestrial Construction Processes Advancements, Opportunities and Challenges [J]. Advances in Space Research, 2017, 60(7): 1413-29.

[31] HODGES JR R. Formation of the Lunar Atmosphere [J]. The Moon, 1975, 14(1): 139-57.

[32] VANIMAN D, REEDY R, HEIKEN G, et al. The Lunar Environment [J]. Lunar Sourcebook, 1991(1): 27-60.

[33] WILLIAMS J P, PAIGE D, GREENHAGEN B, et al. The Global Surface Temperatures of the Moon as Measured by the Diviner Lunar Radiometer Experiment [J]. Icarus, 2017(283): 300-25.

[34] 占伟，李斐. 月球内部构造研究综述 [J]. 地球物理学进展，2007（3）: 737-42.

[35] NUNN C, GARCIA R F, NAKAMURA Y, et al. Lunar Seismology: A Data and Instrumentation Review [J]. Space Science Reviews, 2020, 216(5): 89.

[36] 赵娜. 月震特征及与地震的对比 [J]. 空间科学学报，2020，40（2）: 264-72.

[37] NAKAMURA Y, LATHAM G V, DORMAN H J. Apollo Lunar Seismic Experiment—Final Summary [J]. Journal of Geophysical Research: Solid Earth, 1982, 87(S01): A117-A23.

[38] 姜明明，艾印双. 月震与月球内部结构 [J]. 地球化学，2010, 39（1）: 15-24.

[39] RUIZ S, CRUZ A, GOMEZ D, et al. Preliminary Approach to Assess the Seismic Hazard on a Lunar Site [J]. Icarus, 2022(383): 115056.

[40] OBERST J, NAKAMURA Y. A Seismic Risk for the Lunar Base; Proceedings of the NASA Johnson Space Center, The Second Conference on Lunar Bases and Space Activities of the 21st Century, Volume 1, F, 1992 [C].

[41] CUCINOTTA F A, KIM MH Y, CHAPPELL L J. Evaluating Shielding Approaches to Reduce Space Radiation Cancer Risks [J]. NASA Technical Memorandum, 2012: 217, 361.

[42] BIESBROEK R, LAKK H, LAMAZE B, et al. Moon Village: Conceptual Design of a Lunar Habitat [J]. ESA/ESTEC Concurrent Design Facility, 2020.

[43] CUCINOTTA F A. Space Radiation Cancer Risk Projections for Exploration Missions: Uncertainty Reduction and Mitigation [M]. DIANE Publishing, 2002.

[44] BENAROYA H. Building Habitats on the Moon: Engineering Approaches to Lunar Settlements [M]. Springer, 2018.

[45] CREMONESE G, BORIN P, LUCCHETTI A, et al. Micrometeoroids Flux on the Moon [J]. Astronomy Astrophysics, 2013(551): A27.

[46] MOORHEAD A V, KINGERY A, EHLERT S. NASA's Meteoroid Engineering Model 3 and its Ability to Replicate Spacecraft Impact Rates [J]. Journal of Spacecraft Rockets, 2020, 57(1): 160-76.

[47] VANZANI V, MARZARI F, DOTTO E. Micrometeoroid Impacts on the Lunar Surface; Proceedings of the Conference Paper, 28th Annual Lunar and Planetary Science Conference [C]. 1997: 481.

[48] RUGANI R, MARTELLI F. Moon Village: Main Aspects and Open Issues in Lunar Habitat Thermoenergetics Design. Hybrid Lunar Inflatable Structure [J/OL]. Acta Astronautica, 2021(179): 42-55.

[49] DRONADULA R, BENAROYA H. Hybrid Lunar Inflatable Structure [J/OL]. Acta Astronautica, 2021(179): 42-55.

[50] LAK A, ASEFI M. A New Deployable Pantographic Lunar Habitat [J/OL]. Acta Astronautica, 2022(192): 351-367.

[51] BENAROYA H, BERNOLD L. Engineering of Lunar Bases [J/OL]. Acta Astronautica, 2008, 62(4): 277-299.

[52] NOWAK P S, SADEH W Z, MORRONI L A. Geometric Modeling of Inflatable Structures for Lunar Base [J/OL]. Journal of Aerospace Engineering, 1992, 5(3): 311-322.

[53] KENNEDY K J. ISS TransHab: Architecture Description [C]//International Conference on Environmental Systems, 1999.

[54] 白成超，彭祺擘，郭继峰，等. 柔性可展开月球居住舱发展现状 [J]. 载人航天，2023，29（4）: 547-560.

[55] FAIERSON E J, LOGAN K V, STEWART B K, et al. Demonstration of Concept for Fabrication of Lunar Physical Assets Utilizing Lunar Regolith Simulant and a Geothermite Reaction [J]. Acta Astronautica, 2010, 67(1-2): 38-45.

[56] ZHOU C, CHEN R, XU J, et al. In-situ Construction Method for Lunar Habitation: Chinese Super Mason [J]. Automation in Construction, 2019, 104(AUG): 66-79.

[57] ZHOU C, TANG B, DING L, et al. Design and Automated Assembly of Planetary LEGO Brick for Lunar In-situ Construction [J]. Automation in Construction, 2020(118): 103282.

[58] CALUK N, AZIZINAMINI A. Introduction to the Concept of Modular Blocks for Lunar Infrastructure [J/OL]. Acta Astronautica, 2023(207): 153-166.

[59] HAN W, ZHANG C, SUN J, et al. Experimental and Numerical Study on the Structural Behavior of Assembled Interlocking Lunar Landing Pad [J/OL]. Acta Astronautica,

2023(207): 77-88.

[60] CHEN Q, GAO Y, DING L, et al. Genetic Algorithm-Based Multiobjective Optimization for 3D Printable Design of a Double-Shell Lunar Habitat Structure [J/OL]. Journal of Aerospace Engineering, 2023, 36(6): 04023069.

[61] YUAN P F, ZHOU X, WU H, et al. Robotic 3D Printed Lunar Bionic Architecture Based on Lunar Regolith Selective Laser Sintering Technology [J]. Architectural Intelligence, 2022.

[62] TOKLU Y C, AKPINAR P. Lunar Soils, Simulants and Lunar Construction Materials: An Overview [J/OL]. Advances in Space Research, 2022, 70(3): 762-779.

[63] Moon_landing_map.jpg (1100×1070)[EB/OL]. [2023-11-1]. https://nssdc.gsfc.nasa.gov/planetary/lunar/moon_landing_map.jpg.

[64] ISACHENKOV M, CHUGUNOV S, AKHATOV I, et al. Regolithbased Additive Manufacturing for Sustainable Development of Lunar Infrastructure-an Overview [J/OL]. Acta Astronautica, 2021(180): 650-678.

[65] FARRIES K W, VISINTIN P, SMITH S T, et al. Sintered or Melted Regolith for Lunar Construction: State-of-the-art Review and Future Research Directions [J/OL]. Construction and Building Materials, 2021(296): 123627.

[66] NASER M Z. Extraterrestrial Construction Materials [J/OL]. Progress in Materials Science, 2019(105): 100577.

[67] OMAR H A. Production of Lunar Concrete Using Molten Sulfur: NASA/CR-97-206028 [R/OL]. (1993-1-1) [2023-11-1]. https://ntrs.nasa.gov/citations/19980001900.

[68] GRUGEL R N. Integrity of Sulfur Concrete Subjected to Simulated Lunar Temperature Cycles [J/OL]. Advances in Space Research, 2012, 50(9): 1294-1299.

[69] WAN L, WENDNER R, CUSATIS G. A Novel Material for in Situ Construction on Mars: Experiments and Numerical Simulations [J/OL]. Construction and Building Materials, 2016(120): 222-231.

[70] ELALAOUI O, GHORBEL E, MIGNOT V, et al. Mechanical and Physical Properties of Epoxy Polymer Concrete after Exposure to Temperatures up to 250℃ [J/OL]. Construction and Building Materials, 2012, 27(1): 415-424.

[71] BEDI R, CHANDRA R, SINGH S P. Mechanical Properties of Polymer Concrete [J/OL]. Journal of Composites, 2013: e948745.

[72] DAVIS G, MONTES C, EKLUND S. Preparation of Lunar Regolith Based Geopolymer Cement Under Heat and Vacuum [J/OL]. Advances in Space Research, 2017, 59(7):

1872-1885.

[73] Evaluation of Lunar Regolith Geopolymer Binder as a Radioactive Shielding Material for Space Exploration Applications [J/OL]. Advances in Space Research, 2015, 56(6): 1212-1221.

[74] Geopolymers from Lunar and Martian Soil Simulants [J/OL]. Advances in Space Research, 2017, 59(1): 490-495.

[75] ROBERTS A D, WHITTALL D R, BREITLING R, et al. Blood, Sweat and Tears: Extraterrestrial Regolith Biocomposites with in Vivo Binders [J/OL]. Materials Today Bio, 2021(12): 100136.

[76] KIM D J, KANG S H, AHN T H. Mechanical Characterization of High-Performance Steel-Fiber Reinforced Cement Composites with Self-Healing Effect [J/OL]. Materials, 2014, 7(1): 508-526.

[77] HOSHINO T, WAKABAYASHI S, YOSHIHARA S, et al. Key Technology Development for Future Lunar Utilization: Block Production Using Lunar Regolith [J/OL]. Transactions of the Japan Society for Aeronautical and Space Sciences, Aerospace Technology Japan, 2016, 14(ists30): Pk_35-Pk_40.

[78] FATERI M, MEURISSE A, SPERL M, et al. Solar Sintering for Lunar Additive Manufacturing [J/OL]. Journal of Aerospace Engineering, 2019, 32(6): 04019101.

[79] NAKAMURA T, SMITH B K. Solar Thermal System for Lunar ISRU Applications: Development and Field Operation at Mauna Kea, HI [C]//Nonimaging Optics: Efficient Design for Illumination and Solar Concentration VIII. Physical Sciences Inc. Pleasanton, CA 94588; Physical Sciences Inc. Pleasanton, CA 94588. 2011.

[80] ALLAN S M, MERRITT B J, GRIFFIN B F, et al. High-Temperature Microwave Dielectric Properties and Processing of JSC-1AC Lunar Simulant [J/OL]. Journal of Aerospace Engineering, 2013, 26(4): 874-881.

[81] FATERI M, COWLEY A, KOLBE M, et al. Localized Microwave Thermal Posttreatment of Sintered Samples of Lunar Simulant [J/OL]. Journal of Aerospace Engineering, 2019, 32(4): 04019051.

[82] WANG Y, HAO L, LI Y, et al. Insitu Utilization of Regolith Resource and Future Exploration of Additive Manufacturing for Lunar/martian Habitats: A Review [J/OL]. Applied Clay Science, 2022(229): 106673.

[83] LIM S, LE T, WEBSTER J, et al. Fabricating Construction Components Using Layer

Manufacturing Technology [J]. 2009.

[84] ZAREIYAN B，KHOSHNEVIS B. Interlayer Adhesion and Strength of Structures in Contour Crafting-Effects of Aggregate Size，Extrusion Rate and Layer Thickness [J/OL]. Automation in Construction，2017(81): 112-121.

[86] 周思齐，张荣荣，杨湛宁，等. 3D打印模拟月壤道路材料制备与性能研究 [J/OL]. 中国公路学报，2022，35（8）：105-117.

[86] CESARETTI G，DINI E，DE KESTELIER X，et al. Building Components for an Outpost on the Lunar Soil by Means of a Novel 3D Printing Technology [J/OL]. Acta Astronautica，2014(93): 430-450.

[87] ISACHENKOV M，CHUGUNOV S，AKHATOV I，et al. Regolith-based Additive Manufacturing for Sustainable Development of Lunar Infrastructure-an Overview [J/OL]. Acta Astronautica，2021(180): 650-678.

[88] HINTZE P，CURRAN J，BACK T. Lunar Surface Stabilization via Sintering or the Use of Heat Cured Polymers [C]//Aiaa Aerospace Sciences Meeting Including the New Horizons Forum & Aerospace Exposition. 2013.

[89] GERDES N，FOKKEN L G，LINKE S，et al. Selective Laser Melting for Processing of Regolith in Support of a Lunar Base [J/OL]. Journal of Laser Applications，2018，30(3): 032，018.

[90] FATERI M，GEBHARDT A. Process Parameters Development of Selective Laser Melting of Lunar Regolith for On-Site Manufacturing Applications [J/OL]. International Journal of Applied Ceramic Technology，2015，12(1): 46-52.

[91] KHOSHNEVIS B，ZHANG J. Selective Separation Sintering (SSS)-An Additive Manufacturing Approach for Fabrication of Ceramic and Metallic Parts with Application in Planetary Construction [C]//Aiaa Space Conference & Exposition，2015.

[92] KRISHNA BALLA V，ROBERSON L B，O'CONNOR G W，et al. First Demonstration on Direct Laser Fabrication of Lunar Regolith Parts [J/OL]. Rapid Prototyping Journal，2012，18(6): 451-457.

[93] SRIVASTAVA V，LIM S，ANAND M. Microwave Processing of Lunar Soil for Supporting Longer-term Surface Exploration on the Moon [J]. Space Policy，2016，37(2): 92-96.

[94] ALLAN S，BRAUNSTEIN J，BARANOVA I，et al. Computational Modeling and Experimental Microwave Processing of JSC-1A Lunar Simulant [J/OL]. Journal of Aerospace Engineering，2013，26(1): 143-151.

[95] HOWE A S, WILCOX B, BARMATZ M, et al. ATHLETE as a Mobile ISRU and Regolith Construction Platform [C]//ASCE Earth and Space 2016 Conference. Pasadena, CA: Jet Propulsion Laboratory, National Aeronautics and Space Administration, 2016.

[96] DOU R, TANG W Z, WANG L, et al. Sintering of Lunar Regolith Structures Fabricated Via Digital Light Processing [J/OL]. Ceramics International, 2019, 45(14): 17210-17215.

[97] DYSKIN A V, ESTRIN Y, PASTERNAK E, et al. Fracture Resistant Structures Based on Topological Interlocking with Non-planar Contacts [J]. Advanced Engineering Materials, 2003, 5(3): 116-119.

[98] HAN W, ZHANG C, SUN J, et al. Experimental and Numerical Study on the Structural Behavior of Assembled Interlocking Lunar Landing Pad [J/OL]. Acta Astronautica, 2023(207): 77-88.

[99] ZHOU C, CHEN R, XU J, et al. In-situ Construction Method for Lunar Habitation: Chinese Super Mason [J/OL]. Automation in Construction, 2019(104): 66-79.

[100] VASILIEV A, DALYAEV I, SLYUTA E. Design Concept of Lunar Rover for the Moon Geological Exploration [J]. Annals of DAAAM & Proceedings, 2017: 28.

[101] MAROV M Y, SLYUTA E N. Early Steps toward the Lunar Base Deployment: Some Prospects [J]. Acta Astronautica, 2021(181): 28-39.

[102] DETTMANN A, VOEGELE T, OCÓN J, et al. COROB-X: A Cooperative Robot Team for the Exploration of Lunar Skylights [C]//ASTRA 2022 16th Symposium on Advanced Space Technologies in Robotics and Automation. 2022.

[103] ROSSI A P, MAURELLI F, UNNITHAN V, et al. DAEDALUS-Descent and Exploration in Deep Autonomy of Lava Underground Structures: Open Space Innovation Platform (OSIP) Lunar Caves-System Study [M]. 2021.

[104] MIAJA P F, NAVARRO-MEDINA F, ALLER D G, et al. RoboCrane: A System for Providing a Power and a Communication Link between Lunar Surface and Lunar Caves for Exploring Robots [J]. Acta Astronautica, 2022(192): 30-46.

[105] SIDDIQI A A. Beyond Earth: A Chronicle of Deep Space Exploration 1958-2016 [M]. Washington: NASA History Program Office, 2018. Ryder G, Marvin U B. On the Origin of Luna 24 Basalts and Soils [C]//Mare Crisium: The View from Luna 24. 1978: 339-355.

[106] HEATHER D J, SEFTON-NASH E, FISACKERLY R, et al. Esa's Prospect Payload on Luna-27: Development Status [C]//The Eleventh Moscow Solar System Symposium 11M-

S3. 2020: 173-174.

[107]ALLTON J H. Lunar Samples: Apollo Collection Tools, Curation Handling, Surveyor
Ⅲ and Soviet Luna Samples [C]//Lunar Regolith Simulant Workshop. 2009 (JSC-
17994).

[108]CROUCH D S. Apollo Lunar Surface Drill (ALSD) Final Report [R]. Washington: NASA,
1968.

[109]LI C, HU H, YANG M F, et al. Characteristics of the Lunar Samples Returned by the
Chang'E-5 Mission [J]. National science review, 2022, 9(2): nwab188.

[110]ZHENG Y, Mengfei Y, Xiangjin D, et al. Analysis of Chang'E-5 Lunar Core Drilling
Process [J]. Chinese Journal of Aeronautics, 2023, 36(2): 292-303.

[111]TANG J, QUAN Q, JIANG S, et al. Experimental Investigation on Flowing Characteristics
of Flexible Tube Coring in Lunar Sampling Missions [J]. Powder Technology, 2018(326):
16-24.

[112]TANG J, QUAN Q, JIANG S, et al. Investigating the Soil Removal Characteristics of
Flexible Tube Coring Method for Lunar Exploration [J]. Advances in Space Research,
2018, 61(3): 799-810.

[113]GAHAN B, BATARSEH S, REILLY J, et al. Geological Investigation of Lunar and Martian
Subsurface Using Laser Drilling System [C]//Space 2004 Conference and Exhibit, 2004:
6046.

[114]COLAPRETE A, ANDREWS D, BLUETHMANN W, et al. An Overview of the Volatiles
Investigating Polar Exploration Rover (VIPER) Mission [C]//AGU Fall Meeting Abstracts.
2019: 34, 03.

[115]MUELLER R P, SMITH J D, SCHULER J M, et al. Design of an Excavation Robot:
Regolith Advanced Surface Systems Operations Robot (RASSOR) 2.0 [C]//ASCE Earth
& Space Conference, 2016 (STI NO. 25616).

[116]RHAMAN M K, HOSSAIN M J, ANIK K M R, et al. Chondrobot-2: A Simple and Efficient
Semi-autonomous Telerobotic Lunar Excavator [C]//2012 15th International Conference
on Computer and Information Technology (ICCIT). IEEE, 2012: 533-538.

[117]KÓKÁNY A. Practical Questions and Task Analysis of Realization and Operation of a
Lunar Robot for Moving Lunar Surface Materials [C]//Space Resources Roundtable IX.
Golden: Colorado School of Mines, 2007: 20-24.

[118]ZACNY K, BETTS B, HEDLUND M, et al. PlanetVac: Pneumatic Regolith Sampling

System [C]//2014 IEEE Aerospace Conference. IEEE, 2014: 1-8.

[119] ZACNY K, MUNGAS G, MUNGAS C, et al. Pneumatic Excavator and Regolith Transport System for Lunar ISRU and Construction [C]//AIAA SPACE 2008 Conference & Exposition, 2008: 7824.

[120] ADACHI M, MAEZONO H, KAWAMOTO H. Sampling of Regolith on Asteroids Using Electrostatic Force [J]. Journal of Aerospace Engineering, 2016, 29(4): 04, 015, 081.

[121] TANG J, CHEN X, FENG C, et al. Micro Quantitative Sampling Using Electric Adsorption for Lunar In-situ Volatiles Exploration: Method and Validation [J]. Acta Astronautica, 2023(207): 206-218.

[122] CHEN T, ZHAO Z, WANG Q, et al. Modeling and Experimental Investigation of Drilling Into Lunar Soils [J]. Applied Mathematics and Mechanics, 2019, 40(1): 153-166.

[123] LIU T, ZHOU J, LIANG L, et al. Effect of Drill Bit Structure on Sample Collecting of Lunar Soil Drilling [J]. Advances in Space Research, 2021, 68(1): 134-152.

[124] CUI J, HOU X, WEN G, et al. DEM Thermal Simulation of Bit and Object in Drilling of Lunar Soil Simulant [J]. Advances in Space Research, 2018, 62(5): 967-975.

[125] HOU X, GUO H, CAO P, et al. Research on a Lunar Mobile Spiral Surface-soil Sampler [J]. Advances in Mechanical Engineering, 2020, 12(7): 168.

[126] WANG G, SHI Z C, SHANG Y, et al. Precise Monocular Vision-based Pose Measurement System for Lunar Surface Sampling Manipulator [J]. Science China Technological Sciences, 2019(62): 1783-1794.

[127] ZHANG T, ZHAO Z, LIU S, et al. Design and Experimental Performance Verification of a Thermal Property Test-bed for Lunar Drilling Exploration [J]. Chinese Journal of Aeronautics, 2016, 29(5): 1455-1468.

[128] SHI X, DENG Z, QUAN Q, et al. Development of a Drilling and Coring Test-bed for Lunar Subsurface Exploration and Preliminary Experiments [J]. Chinese Journal of Mechanical Engineering, 2014, 27(4): 673-682.

[129] ZACNY K, PAULSEN G, SZCZESIAK M, et al. LunarVader: Development and Testing of Lunar Drill in Vacuum Chamber and in Lunar Analog Site of Antarctica [J]. Journal of Aerospace Engineering, 2013, 26(1): 74-86.

[130] Autodesk Teams Up with NASA's Jet Propulsion Laboratory to Explore New Approaches to Designing an Interplanetary Lander [EB/OL]//Autodesk News. [2023-11-02]. https://adsknews.autodesk.com/en-gb/news/nasas-jet-propulsion-lab-teams-autodesk-explore-

new-approaches-designing-interplanetary-lander/.

[131] KHOSHNEVIS B, CARLSON A, THANGAVELU M. Isru-based Robotic Construction Technologies for Lunar and Martian Infrastructures NIAC Phase Ⅱ Final Report [J]. 2020.

[132] FISKE M, EDMUNSON J. Additive Construction with Mobile Emplacement (ACME) 3D Printing Structures with In-situ Resources [R]. 2017.

[133] MUELLER R P, FIKES J C, CASE M P, et al. Additive Construction with Mobile Emplacement (ACME) [M]. International Astronautical Federation (IAF), 2017.

[134] 3D Printing Technology [EB/OL]. [2023-11-02]. https://d-shape.com/3d-printing/.

[135] SITTA L A. Study on Feasibility of 3D Printing with Moon Highlands Regolith Simulant [J]. Politecnico di Milano, 2017.

[136] Optomec LENSTM CAMM [EB/OL]//Materials Science and Engineering. (2022-02-25) [2023-11-02]. https://mse.osu.edu/optomec-lenstm-camm.

[137] DOGGETT W, DORSEY J, COLLINS T, et al. A Versatile Lifting Device for Lunar Surface Payload Handling, Inspection & Regolith Transport Operations [C]//AIP Conference Proceedings. American Institute of Physics, 2008, 969(1): 792-808.

[138] GOVINDARAJ S, GANCET J, URBINA D, et al. PRO-ACT: Planetary Robots Deployed for Assembly and Construction of Future Lunar ISRU and Supporting Infrastructures [C]// Proceedings of the 15th Symposium on Advanced Space Technologies in Robotics and Automation, 2019.

[139] BRINKMANN W, DETTMANN A, DANTER L C, et al. Enhancement of the Six-legged Robot Mantis for Assembly and Construction Tasks in Lunar Mission Scenarios within a Multi-robot Team [C]//Proceedings: International Symposium on Artificial Intelligence, Robotics and Automation in Space, 2020.

[140] CESARETTI G, DINI E, DE KESTELIER X, et al. Building Components for an Outpost on the Lunar Soil by Means of a Novel 3D Printing Technology [J/OL]. Acta Astronautica, 2014(93): 430-450.

[141] YASHAR M, ELSHANSHOURY W, ESFANDABADI M, et al. Project Olympus: Off-World Additive Construction for Lunar Surface Infrastructure [C]. 2021.

[142] WONG I M, SIOCHI E, GRANDE M L, et al. Design Analysis for Lunar Safe Haven Concepts [J]. AIAA SCITECH 2022 Forum, 2022.

[143] MOTTAGHI S. Design of a Lunar Surface Structure. Order No. 1549962, Rutgers The State University of New Jersey, School of Graduate Studies. United States: New Jersey,

2013.

[144] SMITHERS G A, NEHLS M K, HOVATER M A, et al. A One-piece Lunar Regolith Bag Garage Prototype [R]. 2007.

[145] YUAN P F, ZHOU X, WU H, et al. Robotic 3D Printed Lunar Bionic Architecture Based on Lunar Regolith Selective Laser Sintering Technology [J]. Architectural Intelligence, 2022.

[146] CALUK N, AZIZINAMINI A. Introduction to the Concept of Modular Blocks for Lunar Infrastructure [J/OL]. Acta Astronautica, 2023(207): 153-166.

[147] MARTIN R P, BENAROYA H. Pressurized Lunar Lava Tubes for Habitation [J/OL]. Acta Astronautica, 2023(204): 157-174.

[148] COOMBS C R, HAWKE B R. A Search for Intact Lava Tubes on the Moon: Possible Lunar Base Habitats [C/OL]. 1992[2024-03-04]. https://ntrs.nasa.gov/citations/19930008249.

[149] Meyers C, Toutanji H. Analysis of Lunar-habitat Structure Using Waterless Concrete and Tension Glass Fibers[J]. Journal of Aerospace Engineering, 2007, 20(4): 220-226.

[150] Baughman T H. Bold Endeavors: Lessons from Polar and Space Exploration[J]. The Geographical Journal, 1998(164): 229.

[151] Rudisill M, Howard R, Griffin B, et al. Lunar Architecture Team: Phase 2 Habitat Volume Estimation: "Caution When Using Analogs" [M]//Earth & Space 2008: Engineering, Science, Construction, and Operations in Challenging Environments. 2008: 1-11.

[152] Feng Y, Pan P Z, Tang X, et al. A Comprehensive Review of Lunar Lava Tube Base Construction and Field Research on a Potential Earth Test Site[J]. International Journal of Mining Science and Technology, 2024.